工业智能与工业大数据系列

基于物联技术的
多智能体制造系统

张泽群　朱海华　唐敦兵◎著

电子工业出版社·

Publishing House of Electronics Industry

北京·BEIJING

内 容 简 介

本书系统、详细地介绍了多智能体制造系统的理念、关键使能技术、应用案例。全书共 9 章，主要内容包括：多智能体制造系统理念及框架、基于物联技术的多智能体制造系统组织架构、面向异构制造装备的智能体集成技术、面向异构装备智能体的信息交互技术、多智能体环境下的智能物流调度技术、基于多智能体制造系统的车间调度优化方法、物联制造系统可视化监控技术、基于多智能体制造系统的混线生产调度案例分析、面向个性化定制的多智能体制造系统动态调度案例分析。书中既有理论知识，也有案例介绍，能帮助读者理解、掌握和运用本书所提出的方法，扩大读者在多智能体制造系统领域的知识面。

本书可作为高等学校机械类本科生、研究生的辅助教材，也可作为企业生产制造人员的参考资料，还可供科学研究人员参考。

图书在版编目（CIP）数据

基于物联技术的多智能体制造系统 / 张泽群，朱海华，唐敦兵著．—北京：电子工业出版社，2021.4
（工业智能与工业大数据系列）

ISBN 978-7-121-40789-5

Ⅰ．①基…　Ⅱ．①张…　②朱…　③唐…　Ⅲ．①物联网—应用—智能制造系统　Ⅳ．①TH166

中国版本图书馆 CIP 数据核字（2021）第 046780 号

责任编辑：刘志红　　　特约编辑：张思博
印　　刷：三河市鑫金马印装有限公司
装　　订：三河市鑫金马印装有限公司
出版发行：电子工业出版社
　　　　　北京市海淀区万寿路 173 信箱　邮编　100036
开　　本：787×980　1/16　印张：19.25　字数：492.8 千字
版　　次：2021 年 4 月第 1 版
印　　次：2021 年 4 月第 1 次印刷
定　　价：158.00 元

凡所购买电子工业出版社图书有缺损问题，请向购买书店调换。若书店售缺，请与本社发行部联系，联系及邮购电话：（010）88254888，88258888。
质量投诉请发邮件至 zlts@phei.com.cn，盗版侵权举报请发邮件至 dbqq@phei.com.cn。
本书咨询联系方式：（010）88254479，lzhmails@phei.com.cn。

制造业是国民经济支柱性产业,其发展水平直接影响国家的综合国力。随着社会生产力快速发展与市场多元化影响,消费市场对产品的需求逐渐趋于多样化、个性化和定制化,这使得产品种类不断增加、批量不断缩小,生命周期越来越短。多品种、中小批量的生产模式已逐渐成为制造行业的主流,生产过程逐渐出现高并发、混线和难预测等特征。因此,制造系统的运行环境越来越充满了不确定性,多目标、不确定性事件频繁发生,且经常伴有持续变化而又不可预知的任务(生产任务调整、紧急任务等)和事件(设备故障、产线重组等),生产负荷基本上呈动态性与非线性。如何快速有效地应对制造环境中出现的各种不确定性因素是当前制造系统必须考虑的一个关键问题。

随着"工业4.0"和中国制造强国战略等概念的不断深入,新一代信息通信技术、传感技术与制造业进行快速高度融合,特别是物联网技术与制造技术深度融合的产物——物联制造(IoT-Based Manufacturing,IoTM),更进一步将制造系统推向数字化、信息化、智能化发展的方向。多智能体制造系统与物联制造的概念虽然各有侧重点,但二者其实殊途同归。以多智能体技术为基础来实现物联制造,对处理个性化订单、排除扰动及车间重构上都具有天然的优势。因此,在当前大力提倡"工业互联"的背景下,多智能体制造系统实际上是实现物联制造的理想途径。

本书以多智能体制造系统作为研究对象,聚焦于物联车间智能感知、互联互通与智能决策,实现制造系统自组织协同生产、动态扰动下自适应决策及基于调度知识的调度策略自学习。本书分为基础理论与应用实践两部分内容。在基础理论方面,详细阐述了多智能体制造系统涉及的 Agent 结构模型设计、多智能体制造系统组织架构与协商方式、异构设备适配技术、信息交互技术、智能物流调度技术与可视化监控技术。在应用实践方面,选用混线生产车间调度案例与面向个性化定制的动态实时调度案例这两种典型应用场景,并设计典型实验算例对相关理论与方法进行分析验证,使得读者对多智能体制造系统有进一步的理解与掌握。本书主要包括以下内容。

(1)介绍了多智能体制造系统的产生背景,根据制造资源利用范围将制造系统分为三类,并详细阐述了它们的概念与框架。此外,还简要介绍了基于 Holon 和 Agent 的多智能体制造系统。

（2）阐述了基于物联技术的多智能体制造系统组织架构，包括物联车间调度系统架构、Agent 结构模型设计、多智能体制造系统组织结构与协商方式、物联制造系统总体架构。

（3）介绍了面向异构设备的智能体集成技术，包括装备智能体体系结构与适配器构建方法。

（4）针对物联车间互联互通的需求，详细阐述了面向异构装备智能体的通信机制与信息交互技术。

（5）介绍了智能物流调度技术，包括 AGV 物流冲突管理、AGV 路径规划方法与车间物流调度模型。

（6）介绍了基于多智能体制造系统的车间调度优化方法，包括面向低碳的多目标优化调度模型、车间调度算法及自学习调度决策机制。

（7）介绍了物联制造系统可视化监控技术，包括三维建模、场景环境构建、介入式三维可视化系统设计、监控系统信息集成与交互技术。

（8）介绍了混线生产车间调度实验案例，包括调度策略自学习机制可行性与优越性分析、动态扰动下自适应决策及组合加工案例实验。

（9）阐述了面向个性化定制的多智能体制造系统动态调度案例，包括个性化订单系统设计及开发、智能调度系统架构搭建方法、实验算例设计及动态实时调度实验。

本书所讲内容为智能制造系统的关键技术之一。当前多智能体制造系统呈现出信息化、网络化、智能化等特征，是"工业4.0"和中国制造强国战略等先进制造战略从概念走向实际的实践案例。随着 5G、数字孪生、区块链等新一代信息通信技术与制造系统进一步深化融合，多智能体制造系统相关理论知识也在不断更新发展中。希望本书能对提升智能制造系统抗扰动能力和响应能力具有一定的参考价值。同时，还希望对智能制造专业的本科生、研究生有所帮助。

感谢国家自然科学基金（52075257）及国家重点研发计划（2020YFB1710500）对本书的支持，感谢课题组研究生聂庆玮、张毅、王立平、宋家烨等同学的研究工作与学术贡献。

由于作者学术水平有限，书中难免存在不足之处，恳请同行和读者批评指正。

张泽群，朱海华，唐敦兵
2021 年 3 月

目录

第 **1** 章

多智能体制造系统理念及框架

为了能使制造系统更好地适应新的市场环境，国际上制造领域的学者们先后提出了多种新的制造系统控制和组织模式，其中对多智能体制造系统的研究最为广泛与集中。在相关文献中，多智能体制造系统又以多 Agent 制造系统（Multi-Agent Manufacturing System，MAMS）和 Holon 制造系统（Holon Manufacturing System，HMS）最为典型。多智能体制造系统通过将设备和功能模块视为一个个智能体，智能体间通过信息交互、协商、计算，自主处理生产系统中的各种事件，依靠智能体个体的自主决策和互相协作来实现自组织生产，从而快速应对制造系统中的各种变化。

1.1　多智能体制造系统概述

制造业作为国民经济的基础，其兴衰直接关系到国家的综合竞争力和安全。受全球经济一体化和市场多元化影响，社会对产品的需求趋于多样化、个性化和动态化，这使得产品种类不断增加、批量不断缩小、生命周期越来越短。多品种、中小批量的生产已逐渐成为生产方式的主流，生产过程逐渐出现高并发、混线和难预测等特征。因此，制造系统的运行环境越来越充满了不确定性，多目标、不确定性事件频繁发生，且经常伴有持续变化而又不可预知的任务（生产任务的变化、紧急任务等）和事件（设备故障、资源变化等），生产负荷基本上呈动态性与非线性。如何快速有效地应对制造环境中出现的各种不确定性因素是当前制造系统必须考虑的一个关键问题。

随着"工业 4.0"等概念的不断深入，新一代通信技术和传感技术与制造业进行快速高度融合。特别是物联网技术与制造技术深度融合的产物——物联制造（IoT-based Manufacturing，IoTM），更进一步将制造系统推向数字化、信息化、智能化发展的方向。多智能体制造系统与物联制造的概念虽然各有侧重点，但二者其实殊途同归。以多智能体技术为基础来实现物联制造，对处理个性化订单、排除扰动以及车间重构上都具有天然的优势。因此，在当前大力提倡"工业互联"的背景下，多智能体制造系统实际上是实现物联制造的理想途径。

虽然多智能体制造系统已成为大家公认的一种智能制造模式，受到越来越多研究者的青睐，被认为是解决当前及以后制造业困境的有效手段。然而，一个不争的事实是，多智能体制造系统的概念从提出到现在已有几十年的历史，却鲜有看到其在工业界得到有效应用的报道，其背后的原因值得我们深思。在工程领域，任何理论和方法的提出，最终目的都是为了付诸于实践。一方面，个性化定制、订单不可预知、工艺多变的制造业态势越来越明显，通过多智能体制造系统来实现自组织生产的需求越来越迫切。另一方面，目前对多智能体制造系统的研究仍然主要停留在论文层面，且大多假设认为车间层的物理设备（如数控机床、机器人等）已经是智能体，然后展开相关智能体交互及仿真的研究，但究竟怎样才能将车间层的这些物理设备封装成为具有相互通信、自我决策功能的智能体，这方面的使能技术研究却鲜有人深入研究。这背后的根本原因在于研究人员的知识背景及知识结构的差异性。由于多智能体的概念本身源于计算机领域，所以目前从事多智能体制造系统的研究者大多是从计算机仿真的角度来进行智能体交互及决策方面的研究，缺乏数控系统、机器人控制、设备驱动等与底层设备相关的专门知识，所以难以从设备底层入手进行智能体使能技术的相关研究。

因此，尽管多智能体制造系统的概念早已被人们认可，但该模式难以在实际场合得到落地应用，大多数研究仍然只停留在论文层面。如何将该领域的论文"写"在祖国大地上，"写"在智能制造车间里，迫切需要加强使能技术方面的研究。与此同时，随着物联制造、工业互联、边缘计算等技术的逐渐成熟，多智能体制造系统的架构与体系也需要进一步得到丰富和完善，其中智能体的内涵与内容也需要得到进一步的扩充。

1.2 先进制造系统分类

近年来，随着计算机技术、信息技术以及传感器技术等的快速发展，市场要求企业提供产品的交货期要短、产品质量要高、售后服务要好，企业间的竞争越来越激烈，企业制造模式由大批量生产向小批量甚至单件定制化生产的方式转变，极大地推动了制造企业生产制造模式的创新。制造模式按照制造过程利用资源的范围可分为三种：集成制造，强调企业内部；敏捷制造，强调企业之间；智能制造，强调全局。

1.2.1 集成制造系统

计算机集成制造系统（Computer Integrated Manufacturing System，CIMS）是由美国学者 Joseph Harrington 首次提出的，将企业中的人、技术和管理集成起来，把企业的各个生产环节（市场预测、产品设计、产品加工、产品运输、产品销售等）集成到一块，发挥总体优化作用，达到成本低、质量高和交货期短的目的。CIMS 由管理信息系统（Management Information System，MIS）、工程设计自动化系统、制造自动化系统、质量保证系统、计算机系统网络和数据库管理系统 6 个部分构成，如图 1-1 所示。

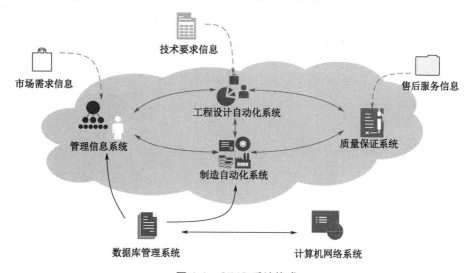

图 1-1　CIMS 系统构成

1.2.2　敏捷制造系统

敏捷制造系统（Agile Manufacturing System，AMS）是制造系统为了实现快速反应和灵活多变的目标而采取的新的制造模式。通过借助计算机信息集成技术，构建了由多个企业参与的虚拟制造环境，以竞争合作为主，可以动态选择合作伙伴，组成面向任务的虚拟公司，快速进行最优化生产。AMS 由虚拟制造环境与虚拟制造企业组成，当接到新的订单产品时，根据不同的功能，网络上的几个企业（设计公司 A、供货商 A、生产车间 1 等）动态地联合起来，构建新的虚拟企业去完成该订单任务。若任务完成，该虚拟企业自动解散。AMS 企业动态联盟如图 1-2 所示。

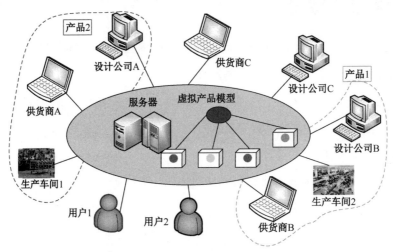

图 1-2　AMS 企业动态联盟示意

1.2.3　智能制造系统

智能制造系统（Intelligent Manufacturing System，IMS）是一种由智能机器和人类相互协作构成的人机一体化制造系统。现代智能制造系统呈现出数字化、集成化、网络化和智能化的特征，其具有智能感知、实时分析与处理、智能决策和自适应调控的功能，如图 1-3 所示。智能制造系统的支撑技术有 MAMS、HMS、人工智能（Artificial Intelligence，AI）等。

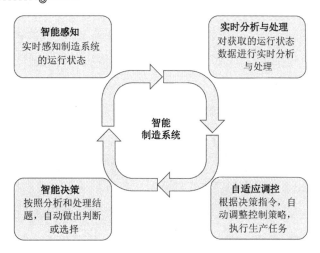

图 1-3　智能制造系统的功能

1. MAMS

MAMS 是由多个具有单独处理扰动能力的 Agent（智能体）构成的系统，一般采用分布式控制。智能体之间通过协商机制来进行通信协调，系统在制造网络内部发布加工任务信息（招标），各智能体进行竞标。该系统具有自治性、自主性的特点，智能体通过相互协作完成加工任务或者处理各种扰动。

2. HMS

在生产过程中，每个 Holon 是系统中最小的组成个体，是一个独立自主的单元，HMS 就是由很多不同种类的 Holon 构成的。HMS 一般由产品 Holon、订单 Holon、资源 Holon 三种基本 Holon 构成。Holon 具有自治性、协作性的特点，同时也接收上级的命令。该系统可以可靠、快速地处理扰动，响应市场的需求，较好地利用资源。

3. AI

AI 主要研究人造的智能机器，通过系统整合，来模拟人类活动的能力。其主要包括机器学习、知识获取、推理与决策、知识处理等方面。机器学习是 AI 的重要研究课题，主要有分析学习、遗传学习和归纳学习等。

总之，制造系统由原来的能量驱动型向信息驱动型转变，要求制造系统不仅要具备柔性，还要智能，否则难以处理如此复杂而大量的信息。面对多变的市场需要和复杂的竞争环境，要求制造系统表现出更高的机动、敏捷和智能，因此智能制造系统越来越成为学者重点关注的热点问题。随着人工智能技术、5G 技术的快速发展，智能化制造技术逐渐成熟，基于信息智能技术的智能制造系统将会成为 21 世纪制造科学研究领域的重要发展方向。

1.3 Holon 与 Agent

针对 Holon 和 Agent 技术在工业上的研究开创了多智能体制造系统，以两者为基础的制造系统体系的提出和研究极大地促进了多智能体制造系统理论建设和实际应用。近 20 年来，关于工业环境下 Holon 和 Agent 的研究论文层出不穷，在很多中文文献中，作者们直接将 Holon 或 Agent 代指为智能体。由于两者的重要性，本节将简要阐述制造系统中 Holon 和 Agent 的相关基础知识，以便读者更好地理解后续内容。

1.3.1 Holon 及 HMS

1. Holon 的概念

Holon 的概念是由哲学家亚瑟·科斯特勒（Arthur Koestler）提出的，目的是解释生物和社会系统的发展。一方面，这些系统在进化过程中会形成自力更生的稳定中间形式；另一方面，在生活和组织系统中，很难区分"整体"和"部分"，因为几乎所有事物都可以同时是一个整体或是某一个整体的一部分。这些发现促使科斯特勒提出了"Holon"一词，该词是希腊语"holos"（意为整体）和希腊语"on"（意为质子或中子）的组合，表示粒子或部分，"Holonic"是"Holon"的形容词，在中文文献中两者通常直接音译为"合弄"。

科斯特勒指出，在完全是自给自足的生物和社会组织中，不存在任何不相互作用的实体。每个可识别的组织单位，如动物中的单个细胞或社会中的家庭单位，都包含更多基本单位（血浆和细胞核，父母和兄弟姐妹），而同时又是更大组织单位的一部分（肌肉组织、社区）。合弄体系的优势在于，它可以构建非常复杂的系统，这些系统仍然可以高效利用资源，对干扰（内部和外部）具有高度的适应能力，并且可以适应环境的变化。在合弄体系中，Holon 可以动态创建和更改层次结构。此外，一个 Holon 可能同时参与多个层次结构。在某种意义上讲，合弄体系是递归的，即一个 Holon 本身可能是一个完整的体系，又可能在一个合弄体系中充当自治和合作单位。

2．Holon 制造系统

Suda 在 20 世纪 90 年代初提出了 Holon 制造系统（HMS）的概念，以应对 21 世纪制造业的挑战，具体包括：有效利用现有设备解决产品变更、升级，维护系统稳定；自主应对制造过程中出现的扰动。

HMS 的提出是基于科斯特勒所设计的"Holon"概念。HMS 由多个 Holon 组成，单个 Holon 可以帮助上位机控制系统。每个 Holon 都可以自主选择适合自己的参数，找到自己的策略并构建自己的结构，Holon 是自治的自力更生单位，具有一定程度的独立性，可以在不征求上级主管部门指示的情况下处理突发事件；同时，Holon 又可以受到（多个）上级主管部门的监管和控制。第一个特性确保了 Holon 是稳定的形式，可以抵抗干扰。后一个特性表明它们是中间形式，可以为更大的整体提供适当的功能。

科斯特勒认为每个 Holon 都应该同时具备以下职责：作为系统某个单元的自治体；作为从属于较高级别 Holon 的控制部分；与其他 Holon 协商共同作用于系统。HMS 参考了最初的 Holon 理论，将制造系统视为由具有分布式控制的自主模块（Holon）组成的系统，目的是在制造业中实现分布式智能，达到个体自治和整体协同的状态，即使制造系统具有强稳定性，能够应对制造系统的动态扰动，使系统能够一直平稳地运行。

HMS 被认为具备面对内部动荡和外部变化的适应性和灵活性，可以有效利用生产资源。参考最初的 Holon 哲学上的职责，HMS 期望最终成型的制造系统架构应当结合集中控制分层控制以及变态分层控制的优点。Holon 既是独立的个体，又能够组成分层结构，也能够在必要时形成变态分层结构。

以下是工业环境下关于 Holon 以及 HMS 的一些基本词条及其含义，多出现于外文文献。

- Holon 是制造系统的自主和协作组成部分，用于转换、运输、存储、验证信息和物理对象。Holon 通常由信息处理部分和物理部分组成。
- Autonomy，即自治，实体创建和控制自己的计划或策略的执行的能力。
- Cooperation，即协作，一组实体制定相互接受的计划并执行这些计划的过程。

- Holarchy 是由多个 Holon 组成的系统,可以依靠 Holon 之间的协助达成某一目标。Holarchy 定义了 Holon 之间协作的基本规则,同时限制了个体完全自治而导致的独立于系统之外。

- HMS。通过设计 Holon 和 Holarchy 可以进行全部生产活动的整合,包括产品的预订和设计、订单生产和营销,最终形成的一套制造系统就是 HMS,用以实现智能制造。

用于生产过程的制造控制系统应当由软件模块以及制造环境的不同物理元素组成,包括生产资源、产品、客户工单等。通过适当的通信网络可以将软件模块和对应的物理实体绑定,这就形成了一个 Holon。每一个 Holon 都能够推理、做决策以及和其他 Holon 交流。软件模块的数量和类型,以及该软件部分与物理实体的互连方式,区分了不同的 Holon 结构。

第一套具体的 Holon 结构是由 Christensen 在 1994 年提出的,如图 1-4 所示。它由两个基本模块组成:物理实体处理模块和信息处理模块。其中物理实体处理模块是可选的,一些种类的 Holon 并没有对应的物理实体,如一些论文中提到的订单 Holon、计划 Holon、调度 Holon 等。物理实体处理模块分为两部分:物理实体及对应的行为;操作物理实体的控制器部分(如 NC、CNC、DNC、PLC)。信息处理模块由三部分组成:Holon 内核,负责 Holon 的推理能力和决策制定;Holon 接口,用于与其他 Holon 进行通信和交互;人机交互,用于人的输入(操作命令)和输出(状态监视)数据。

图 1-4 最初的 Holon 结构

3. 典型的 HMS 架构

目前最为典型和著名的 HMS 架构是由 Van Brussel 等人在 1998 年提出的 PROSA

（Product, Resource, Order, Staff Architecture，产品—资源—订单—辅助体系）架构，后续的 HMS 架构基本上都是以 PROSA 为蓝本进行升级改造的，较为知名的有 ADACOR 架构、和 MetaMorph 架构等。ADACOR 架构由 Leitao 和 Restivo 在 2006 年提出，在 PROSA 的基础上增加了监督性 Holon，用以协调和优化系统整体性能；MetaMorph 架构由 Maturana 和 Balasubramanian 等人在 21 世纪初提出，是一种整体控制架构，其基础是通过一组作为中央决策中心的中介机构进行控制。MetaMorph 架构一直是某些工业兴趣的焦点，并促使了 IEC 61499 标准的制定。下面介绍 PROSA 架构，其他 HMS 架构基本由其衍生而出。

PROSA 的核心由三种类型的基本 Holon 组成：产品 Holon（Product Holon，PH）、资源 Holon（Resource Holon，RH）和订单 Holon（Order Holon，OII），其结构如图 1-5 所示。PH 包含产品制造过程，即通过获得足够的质量来确保其制造所必需的知识。它充当 HMS 其他功能的信息服务器，但不包含产品状态。RH 包含一个物理部分（即生产设备）和一个信息处理部分，该部分对设备进行订购并包含资源分配方法。OH 代表生产系统中的一项任务，它负责在期限内完成分配的工作，它控制实际产品、产品状态模型，并管理与工作相关的物流信息处理。

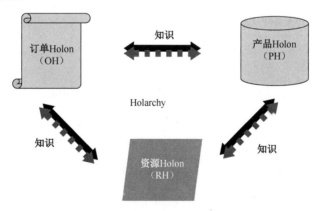

图 1-5　PROSA 架构

与生产相关的知识管理是这三种类型的 Holon 之间相互作用的结果。PH 和 RH 交互作用提供了过程知识：资源，容量，可达到的质量和可能的结果的执行方法。PH 和 OH 相互作用提供了生产知识：批次说明（要交付的数量、产品参考、报价文件等）。RH 和 OH 交互作用提供了执行过程的知识：对资源上的过程执行进行跟踪、监视进度和过程中断等。

PROSA 还设想使用辅助 Holon（Staff Holon，SH）来支持基本 Holon 执行任务，解决阻塞情况或寻求优化的可能性。辅助 Holon 没有任何决策权，但是可以根据基本 Holon 传递给它们的数据提出总体解决方案，以解决问题，这些基本 Holon 仍然负责最终决策。辅助 Holon 的使用仍然非常接近分层结构，以集中方式详细阐述了解决方案的建议。

4．从 Holon 到 Agent

HMS 从理论上搭建了一套完善的多智能体制造系统结构，用以应对 21 世纪制造环境带来的挑战。然而，技术实现手段的缺乏限制了 Holon 系统的进一步发展。Holon 体系一直缺乏一套独立的程序开发框架，即研究人员没有成熟的手段直接构建单个 Holon 的程序。

在这种情况下，有完善开发体系、开发框架以及被各种程序语言支持的 Agent 技术被引入了 Holon 研究体系，成为很多研究人员开发 Holon 程序的首选。然而，Agent 技术不仅是作为 Holon 体系的实现手段存在，围绕 Agent 技术，一套独立的面向制造系统的研究体系被建立了起来，并快速被制造领域的专家们所接受。在大多数情况下，中国的学者直接将 Agent 解释为"智能体"，多 Agent 制造系统（MAMS）在多数情况下也直接被翻译为"多智能体制造系统"。

1.3.2　Agent 及 MAMS

1．Agent 的概念

目前，学者对 Agent 系统理论没有统一的定义，其研究算法和相关概念基本都来源于人工智能学科。Franklin 和 Graesser 把 Agent 称为能感知环境并对环境做出反应的智能体，与工业领域最为契合。各 Agent 分别建立各自的事件流程，并可以影响要感知的信息。Wooldridge 和 Jennings 提到 Agent 应具有自主性、反应性、主动性和社会性 4 个基本特征。在人工智能领域中，Agent 能够感知身体内部的运行状态和所处环境的变化信息，并具有推断和决策功能的行为实体，各 Agent 之间通过信息交互，改进自身决策和调控能力，完成求解问题。单 Agent 的研究主要集中在认知和模拟人类的智能行为，如计算能力、记忆能力和学习能力等。

一般来说，可以将 Agent 看成作用于特定环境的一段程序。它能够感知周围环境、自治运行。Agent 的最基本特性包括反应性、自主性、面向目标性和针对环境性，可以将其看成一个黑箱，Agent 能够获取环境信息，分析信息并做出符合自身规则的解释，并根据解释做出符合当前环境的动作选择。Agent 基本结构如图 1-6 所示。

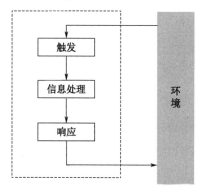

图 1-6　Agent 基本结构

随着研究的深入，Agent 结构也在发生变化，其中认知型和反应型是目前两种被使用得较为广泛的主流结构，如图 1-7 所示。图 1-7（a）给出了认知型 Agent 结构。与基本结构相比，在接受外部信息后，认知型 Agent 会根据内部状态进行信息融合，产生修改当前状态的描述符，并在知识库的支持下制定计划。图 1-7（b）给出了反应型 Agent 结构。此类型中没有实际的模型和规划，主要通过设置简单的行为模式，依靠外部环境刺激做出反应，与认知型 Agent 结构类似也需要知识库支持。拥有知识库支持也是目前 Agent 结构共有的特征。需要注意的是，应用于具体工程的 Agent 还需要考虑应用对象，本书主要针对柔性离散型作业制造车间，其中面向设备实体的 Agent 是系统的主要组成部分。

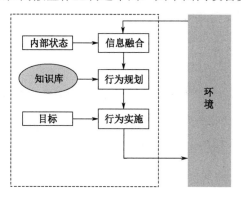

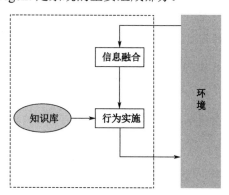

（a）认知型 Agent 结构　　　　　　（b）反应型 Agent 结构

图 1-7　认知型 Agent 和反应型 Agent 结构

2. 多 Agent 制造系统

多 Agent 系统（Muti-Agent System，MAS）是多个 Agent 组成的集合，各个 Agent 之间是松散耦合的关系。多 Agent 系统的研究主要集中在各 Agent 之间智能行为的协调，产生相应的行为，解决相关问题，实现共同的全局目标。在求解复杂问题的过程中，可以将复杂的系统分为多个具有一定功能的 Agent 个体，这些 Agent 个体通过某种规则或结构独立开展并行运算，然后进行信息交互和协调控制，提高整个复杂系统的信息处理能力。

在多 Agent 系统中，各 Agent 通过相互通信来交流合作，并组成不同的体系结构，通过一定的控制方式进行有效组合，组合的目的是将多 Agent 的整体目标分解到各个 Agent 个体上，实现多 Agent 系统的协调控制。

多 Agent 系统中，因各 Agent 自身存在目标不同、信息不完整或功能不同，各 Agent 的目标需要多 Agent 之间建立有效的协商机制，相互协调配合共同完成复杂任务，使系统的性能达到最优。在当前的先进制造系统中，自动化设备越来越智能，通信网络技术越来越成熟等，这些因素都为 Agent 在制造系统中的应用提供了条件保障。目前，现代制造系统一般由加工设备、检测设备、自动导引装置（Automated Guided Vehicle，AGV）等物理设备构成，这些不同的物理构成及其逻辑关系是典型的分布式系统，可以把这些物理设备看成是 Agent，因此可以把现代制造系统看成是由许多自治的 Agent 之间通过协作所构成的复杂系统。这种运用多 Agent 思想的智能制造系统组织模式就是多 Agent 制造系统，即 MAMS。在 MAMS 中，每一个 Agent 都具有自治特性，多 Agent 之间可以通过一定的机制进行交流协商，可以在复杂动态的制造环境中高效地完成各种目标或任务。MAMS 在发挥单个 Agent 自治特性的同时，多个 Agent 通过协同合作，充分发挥群体的优势，使整个 MAMS 的性能得以显现。

现代制造系统由其内部的物理实体（生产设备、立体化仓库、机械手、AGV 小车等）和逻辑构成（生产任务、订单等）组成，每个物理实体和逻辑构成均可看成单个 Agent。因此，可以把制造系统看成是一个由多个 Agent 组成的复杂系统，该系统是典型的分布式系统，Agent 之间通过相互协调来应对内外界环境的变化。本书把 MAS 思想应用于制造系统的组织模式过程中。

Agent 是按照特定的方式进行封装并可以映射生产制造车间的实体，多个 Agent 之间构成松耦的组织结构，为车间控制系统的开发奠定基础。目前，制造系统按控制结构可分为集中式控制结构、层次式控制结构、异构式控制结构以及混合式控制结构四种，如图1-8所示。

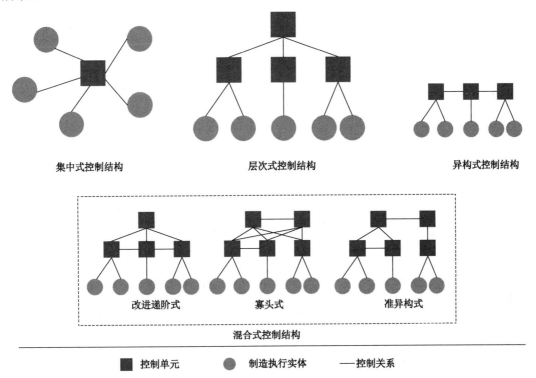

图 1-8　基于 Agent 的智能调度体系结构

（1）集中式控制结构是由一个中央控制单元负责整个制造系统的控制决策的一种控制架构。显然，集中式控制结构下中央控制单元拥有制造系统的全部信息，也容易产生全局最优的决策控制。但是集中式控制结构的缺点也是显而易见的。首先，中央控制单元的职责过重，降低了系统运行效率和可靠性。其次，系统对动态变化缺乏良好的响应性。最后，系统中任意单元的变动都会引发整个控制系统的变更。因此，集中式控制结构已逐步被主流制造系统淘汰。

（2）层次式控制结构是依据制造系统不同模块的控制范围以及包容性关系逐层划分的一种控制架构。层次式控制结构中，上层控制单元生成决策对其所属的下一层子系统进行控制。同层之间、非相邻层之间无法直接通信。层次式控制结构分散了控制职责，降低了控制单元的设计复杂度，是当前应用最为广泛的一种控制结构。但是对于单个控制单元来说，采用的仍是集中式控制结构，因此层次式控制结构也有着同集中式控制结构相同的缺陷：结构刚度过高、控制单元设计难度大、缺乏柔性。

（3）异构式控制结构（heterarchical framework）可以视作一系列具有自治性的设备单元的集合。异构式控制结构中没有层次划分和集中控制，所有的决策来自设备单元之间的交互合作。异构式控制结构具有高度柔性，能够便于制造系统添加、删除、更改遵循同一协议的设备单元；同时，其也具有良好的稳健性，能够便于制造系统及时处理未预见的扰动事件。异构式控制结构通常以 MAS 的形式实现，现已成为物联制造、信息物理系统等智能制造系统的主要控制结构。但是异构式控制结构也存在着一定缺陷，如设备单元决策与系统整体运行目标缺乏协调，系统运行状态难以预测等。

（4）混合式控制结构综合了层次式和异构式控制结构的优点，既具有上层 Agent 的全局观念，又有分布式 Agent 协商的优点。

MAMS 通过强调系统决策实体的智能化、自治性及决策能力和职责的分布与协调，实现可靠、灵活、开放和自组织的制造控制。为了使制造系统的控制系统具有柔性，当不确定性因素（紧急订单、机床故障、工艺路线变更等）发生时，控制系统可以通过调整来应对该扰动。以往的研究表明，层次式控制结构和异构式控制结构都很难实现控制系统柔性的目标，虽然基于知识的方法和最优化方法在层次式结构中得到广泛应用，由于其忽略了制造系统实际扰动的不确定性和复杂性等，致使层次式不能建立精确的模型，在现代分布式制造系统中不太被使用。此外，由于异构式控制结构具有一定的柔性，但因其只能在单元控制器内进行信息交互，缺少全局性的观点。Van Brussel 等人曾提到，若实体完全独立则影响异构式结构中对全局性的获取，致使集中式控制或调度变得困难。

3. 基于多 Agent 的制造系统实现方法

如何实现多 Agent 系统，使其能够真正使用于制造系统依旧是目前研究的主要难点。目前研究者们采用的典型的多 Agent 制造系统模型如图 1-9 所示。在这种模型中，车间层所有设备的控制器和传感装置都默认安装了统一的数据交互接口，如 OPC UA 或 MTConnect，研究人员默认能从车间层提取研究中所要求的数据，并通过相应的数据处理，将从底层设备所提取的数据转变为系统利用的信息包或知识体。在服务端，设计人员建立了对应于车间层实体的 Agent 程序，每个 Agent 程序即一个线程，依靠从车间层提取的信息驱动程序运作。当 Agent 程序完成决策后，同样依靠统一的数据交换接口将行为指令发送给对应的实体设备。

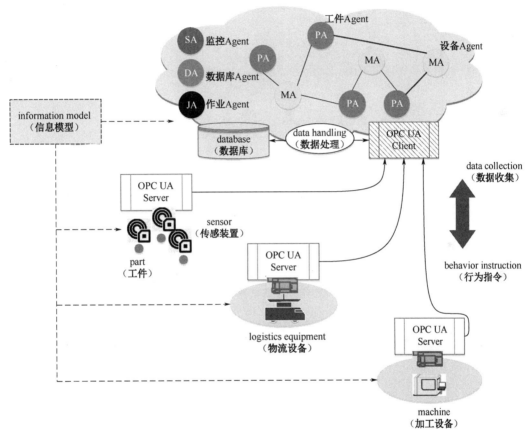

图 1-9　典型的多 Agent 制造系统模型

　　从车间层的信息流向来看，这种多 Agent 制造系统对车间层的控制还是一种上下层的控制关系，随着车间层规模扩大，数据量增多，不利于实现真正意义上的分布式控制和决策。从系统层次来设计多 Agent 制造系统时，一般将制造系统中的物料流与信息流等资源表示成不同的 Agent 结构，如机床、物流设备、机械手以及订单信息或工艺规程等，然后通过 Agent 协议及网络设施将独立的 Agent 连接成多 Agent 制造系统。

图 1-10 所示为基于 Agent 思想的多 Agent 制造系统架构。当系统中有新订单任务进入时，任务 Agent 被订单 Agent 激活，并通过分布式的网络向各设备 Agent 发送加工信息，设备 Agent 根据自己的加工能力决定是否接受任务。最终，通过多个 Agent 的自治与协调共同完成各种生产任务。

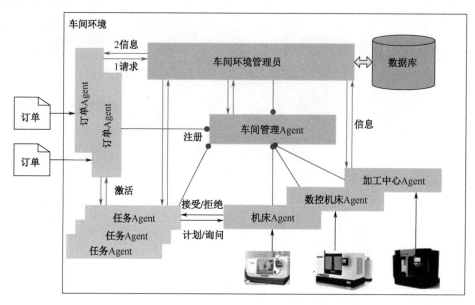

图 1-10　基于 Agent 思想的多 Agent 制造系统架构

多 Agent 制造系统中，单个 Agent 具有自治特性，Agent 之间通过一定协商机制进行信息交流与合作，共同完成生产任务。MAMS 通过一定的协商机制把多个 Agent 关联起来，既可以发挥 Agent 的自治特性，又可以充分利用 Agent 群体的资源和优势来弥补个体的局限性，进而使得整个制造系统性能和效率远远大于单个 Agent。

由于制造系统研究中 Agent 的智能性以及研究的广泛性，本书后续内容中出现的 Agent 在没有特殊说明的情况下，都可以认为是制造系统中智能体的意思。

1.4　本书研究内容及结构安排

本书主要针对基于物联技术的多智能体制造系统的实现形式，对制造车间及其底层使能技术进行研究。通过对物联网络构建、物联感知、通信协议设计等物联制造核心技术的研究，设计了基于物联技术的多智能体制造系统组织架构，为研究异构制造装备智能体集成与实时信息交互打下基础。接着，利用智能化改造技术将车间制造装备改造成具有感知、分析、决策和通信功能的装备智能体。设计了面向异构装备智能体的信息交互标准，使得异构装备之间能够互联互通。另外对车间 AGV 智能调度技术进行了研究，提出了基于 AGV 智能体的冲突协商策略，建立了 AGV 调度数学模型。紧接着，研究了多目标环境下车间调度优化方法，分别设计了面向低碳的车间多目标优化调度模型、基于模糊综合评价的订单排序规则、考虑物流时间的多目标车间调度模型与基于调度知识的自学习决策机制。然后，研制了物联制造可视化监控系统，面向物联制造流程进行三维可视化监视与仿真。最后，围绕基于物联技术的多智能体制造系统搭建了物联制造车间实验平台，并通过具体混线生产调度实验案例分析与面向个性化定制的多智能体制造系统调度案例分析，验证了该系统的有效性。

本书共分 9 章，内容组织结构如图 1-11 所示。其核心研究内容总结归纳如下。

（1）通过介绍当前先进的制造系统模式如集成制造系统、敏捷制造系统与智能制造系统等，引出多智能体制造系统，并对其进行了背景介绍与系统概述。

（2）设计了基于物联技术的多智能体制造系统组织框架，通过射频识别（Radio Frequency IDentification，RFID）系统、各类传感器和工业互联网构建物联制造车间感知体系，为后续的调度算法研究提供实时数据支持。介绍了面向制造资源的智能体结构模型、多智能体之间的协商交互机制。

（3）通过引入面向异构装备的智能体结构模型，将车间制造装备与智能体软件结合构建装备智能体，为底层实时调度系统的设计打下了基础。打通异构设备之间的通信协议，使得异构装备智能体间能够进行通信。

（4）研究了物联车间通信协议与信息交互技术，设计了标准化的信息传输规范与交互机制，在异构装备智能体通信的基础上，完善了物联自组织生产的使能技术。

（5）研究了面向车间 AGV 的智能调度技术，包括基于 AGV 智能体的冲突协商策略和以配送时间最短为目标函数的 AGV 系统调度模型。

（6）通过基于多智能体系统的车间调度优化方法研究，设计了面向低碳的车间多目标优化调度模型、多智能体调度算法以及自学习调度决策机制。

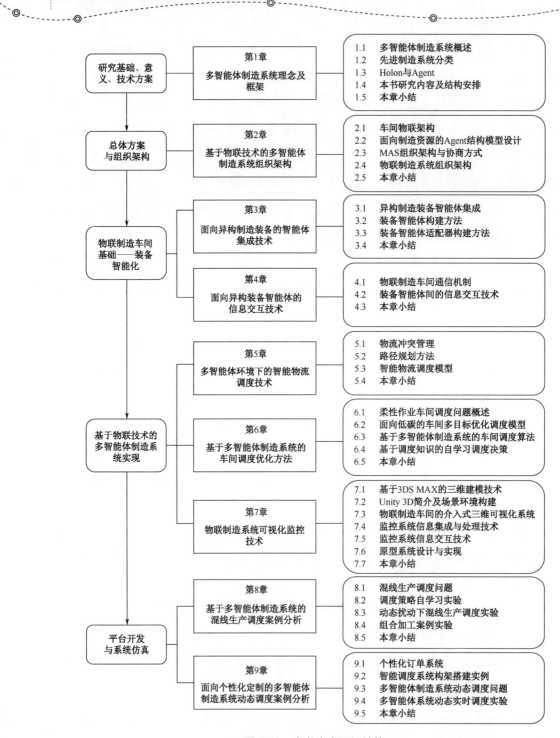

图 1-11　本书内容组织结构

（7）研究了面向物联制造系统的三维可视化监控技术，通过复习底层物联自组织车间的生产需求，对其进行数字孪生建模，提出了介入式三维可视化监控系统构架，通过仿真实际物联自组织车间生产流程，实现了整个监控系统的构建。

（8）分析了多智能体制造系统在混线生产中的实际调度过程，通过策略自学习实验、动态扰动下的混线生产实验与组合加工实验，验证了多智能体制造系统在实际制造车间的可行性与优越性。

（9）搭建了面向物联制造车间的云实验平台，通过研制个性化订单系统、多智能体制造系统，设计并进行了实时调度实验，采集相关数据进行分析与说明。

1.5　本章小结

本章在分析国内外关于物联制造研究现状的基础上，对多智能体制造系统的概念进行了综合阐述，并从制造过程资源利用的三个维度对先进制造系统进行分类，然后对 Holon 和 Agent 这两种智能体模型的结构与制造系统应用进行了分析，在此基础上提出了多智能体制造系统的架构。

第**2**章

基于物联技术的多智能体制造系统组织架构

物联技术被认为是继计算机、互联网与移动通信网之后的世界信息产业第三次技术浪潮，受到全球政界、商界和学术界的重视，已成为当今信息技术研究关注的重点。在物联网的热潮下，物联技术开始向制造业渗透，物联技术与制造技术的融合势在必行。物联制造（或称制造物联）就是将互联网技术、传感网、嵌入式系统和智能识别等信息技术与制造系统相结合，对制造资源及产品信息进行智能感知、实时处理与动态控制的一种新型的制造管理和信息服务模式。将物联技术结合上一章提出的多智能体制造系统，成为实现智能制造的一种典型范式。

2.1 车间物联架构

2.1.1 制造系统控制结构发展过程

制造系统控制结构是制造系统设计过程中需要考虑的一个重要因素，它将直接影响整个系统的性能和生产的效率。常见的制造系统控制结构有以下三种。

1. 集中式控制结构

集中式控制结构如图 2-1 所示。中央控制计算机是整个制造系统的核心，系统所有数据的处理、生产调度任务分配和系统监控等功能都在中央控制计算机上完成，产生的决策指令则由各个设备控制器进行执行。

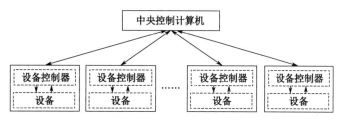

图 2-1　集中式控制结构

集中式控制结构的优点如下。

● 易于实现全局优化；

● 需要的控制器少，实施方便。

集中式控制结构的缺点如下。

● 可扩展性和柔性较差；

● 中央控制计算机承载负荷大。

2. 分层递阶控制结构

集中式控制结构难以适应车间制造系统不断增加新的设备资源的情况，因此分层递阶控制结构出现了，如图 2-2 所示。分层递阶控制结构采用自上而下的控制方式，将制造系统的控制功能进行分解，使得控制任务分摊到不同的控制器上。上层决策命令一层层向下发送，直到最终的设备控制器；设备生产状态也一层层向上反馈。最高层是由一台主控制计算机负责全局目标的规划。

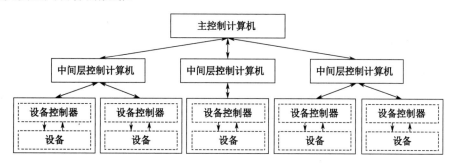

图 2-2　分层递阶控制结构

分层递阶控制结构的优点如下。

● 相比于集中式有较高的可靠性。

● 降低了整体控制的难度。

分层递阶控制结构的缺点如下。

● 控制层数较多，对环境变化反应缓慢，导致工作效率低和灵敏性差；

● 上层故障时，下层不能正常工作。

3. 分布式控制结构

分布式控制结构如图 2-3 所示。它把制造系统中的设备资源当成一些独立的个体，并且不存在从属关系。个体间建立了通信网络，当系统中有新的生产任务到达时，个体之间进行通信，并协商出任务分配的方案。分布式控制结构有效提升了系统的适应性和自治性。

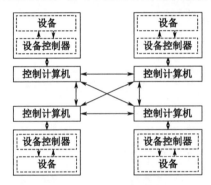

图 2-3　分布式控制结构

分布式控制结构的优点如下。

● 高可靠性和扩展性好；

● 实体有充分的自治权，易于维护和修改；

● 可以采用模块化开发系统软件，开发周期短。

分布式控制结构的缺点如下。

● 难以实现全局优化；

● 需要高效的通信网络支持。

2.1.2　物联调度系统架构设计

通过上述对三种制造系统控制结构的分析可知，分布式制造系统具有高可靠性、高柔性和扩展性好的优点，易于实现对制造系统的改造。分布式控制结构通常以 MAS 的形式实现，由于各设备资源个体具有良好的自治性和反应性，使系统能够快速响应扰动事件。目前，分布式控制结构已成为物联制造系统的主要控制架构。

近年来，伴随互联网技术和大数据的快速发展，诸如云计算、工业云、云制造、智能制造云端化等理念不断兴起。国内很多企业也推出了一些云计算平台产品，如阿里巴巴的阿里云、百度的百度云、中国移动的大云平台、华为的云帆计划等。当前对云制造的研究工作已有较多成果。李伯虎等人提出了一种面向服务的网络化制造新模式——云制造；张映锋等人研究了制造加工设备云端化封装与云端化接入方法，使得制造过程信息透明和实时可访问；刘强等人设计了云制造服务平台的访问控制模型，定义了系统级别的宏安全策略及访问控制与响应的流程；张霖等人研究了云制造模式下分散资源的感知、虚拟接入、服务化和云服务部署等关键问题。随着云技术的不断提升，将云技术运用到制造系统中已成为趋势。

图 2-4 所示为一种基于 MAS 分布式控制结构的自治物联调度系统架构。其结合云技术，将车间层物联系统与云端系统相融合，实现制造云端化。

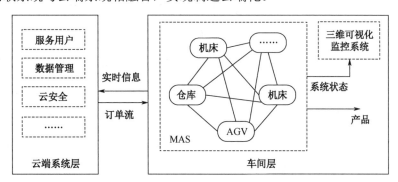

图 2-4　物联调度系统架构

该物联调度系统分为车间层和云端系统层两层。该系统将传统车间中 ERP（Enterprise Resource Planning，企业资源计划）的功能集成到云端系统，云端系统可以服务于客户，客户在云端定制的订单经系统排产后直接下达车间生产。对于受扰动因素影响最大的车间层，采用 MAS 实现分布式控制。同时将 MAS 运用在车间调度上，具有计算速度快、实时性高等优势，使车间系统能够快速响应各种扰动事件，有利于提升车间层制造系统的适应性、自治性和可重构性。

在该物联调度系统架构中，云端系统层主要负责订单的收集、预排产及状态追踪；车间层主要负责实际生产调度和运行，并对车间系统运行状态进行三维可视化实时监控。

2.2 面向制造资源的 Agent 结构模型设计

当今时代正处于传统车间制造向智能制造转型的关键时期，而向智能制造转型的关键一步就是车间制造单元智能化。制造单元智能化最具有潜力的解决方案是将具有知识库、信息交互、决策推理和设备控制等功能的 Agent 软件系统与物理车间制造装备相结合构成装备智能体。良好、多样的 Agent 映射方式和规范的 Agent 结构设计是建立有效的作业车间多 Agent 调度模型的基础。传统 MAS 调度模型 Agent 映射方式单一、Agent 结构设计不清晰，严重制约了模型的运行效率。

2.2.1 Agent 的基本特性

Agent 是一种为实现特定功能而设计的独立的软件或硬件实体，并封装了推理决策、通信和知识库等模块以解决特定问题。包振强等人将 Agent 描述成在动态复杂的环境中能自我感知周边环境并能通过外部动作改变环境，从而完成预设目标或任务的计算系统。基于 Agent 的思想，只需对系统对象中的各个功能模块和物理实体进行简单的抽象和映射，建立起对应的 Agent 实体，就可以方便地对复杂系统进行描述、降低其建模难度，并预测其行为。而 MAS 则是一系列相互协作的 Agent 组成的松散耦合系统。目前，学术界对 Agent 还未形成统一的定义标准，Agent 的结构也缺乏建模标准。但是，几乎目前所有的 Agent 定义都包含以下四个 Agent 基本特征。

1. 自治性（autonomous）

Agent 具有自己的数据库、知识库、计算资源和控制自己外部行为的能力，能够在脱离外界控制的情况下，根据自身知识库自主地实现某些行为。

2. 反应性（reactive）

反应性是指 Agent 具有感知周围环境信息的能力。当 Agent 收到感知设备感知到的信号或者收到其他 Agent 发送的信息时，会将其存储到自身数据库中，并根据知识库中的规则进行响应。

3．主动性（proactive）

主动性是指 Agent 内部预设了很多目标，Agent 能够主动采取行动来实现这些目标。这说明，Agent 不仅能够被动地通过接收信息来执行动作，也能够主动地改变外部环境。主动性是 Agent 最重要的特点。

4．社会性（social）

社会性是指单个 Agent 的存在是没有意义的，必须与其他 Agent 组合形成多 Agent 网络。Agent 网络中的 Agent 个体之间可以进行信息共享和通信互知，并且能够以协作的方式一起实现特定的任务或功能。

除了以上基本特性外，学者们还为 Agent 定义了其他一些特性，如移动性、进化性、善意性等。研究者可根据实际需要为所设计的 Agent 添加特性，但是要实现 MAS 的基本功能，所设计的 Agent 模型必须同时具备上述四个特性。

2.2.2　Agent 的映射方式

Agent 的映射方式、映射粒度决定了整个系统的结构和性能。将什么样的功能实体（包括逻辑功能和物理实体）映射（或称封装）为 Agent，决定了 Agent 的粒度，同时也会影响整个系统的功能。当前，缺乏系统而完善的理论和工程方法来指导 Agent 的映射工作，从而精简 MAS 模型同时保证运行效率。通常使用自然的方法对系统对象进行功能分解和 Agent 映射，但这要依赖设计人员的经验。

在 MAS 研究及应用领域，将功能实体封装为 Agent 主要存在以下两种方式。

1．按照功能模块来进行映射

在基于功能的分解中，Agent 的映射对象为制造系统中的各个功能模块，如物流优化模块、系统资源规划、作业调度计算等。Agent 和制造系统中的生产资源实体，如机床、自动化立体仓库（Automated Storage and Retrival System，AS/RS）等之间没有明确的对应关系，Agent 通过感知系统中的各种变量、状态进行运算，这注定了其成为多 Agent 系统信息交互和数据处理的中心。

2. 按照物理实体进行映射

制造车间存在很多制造装备。制造装备具备自治性、社会性、反应性和主动性等特征，将不同的制造装备映射成不同的 Agent 是非常简单而又自然的。在基于物理的分解中，Agent 的映射对象为制造系统中的生产资源实体，如加工中心、工件、AGV、AS/RS 等。Agent 和生产资源实体存在简单而明确的一一对应关系。通过此类映射获得的 Agent，其自身状态定义和信息管理相对独立，在网络中的信息负载也相对较小。

上述两种映射方式中，按照功能模块来进行映射需要开发人员具备良好的系统模块化能力，难度相对较高，而且在车间系统规模比较庞大的情况下，单个功能模块所承载的负载压力会比较高。按照物理实体进行映射是传统 MAS 车间常用的 Agent 映射方式，将制造装备与 Agent 一一对应，具有建模简单、扩展性强和容错性好等优点，适合大规模分布式制造系统，但也因为 Agent 多使用简单、单一的物理分解，造成 MAS 调度模型缺乏统一规划和全局优化能力。因此，笔者将这两种映射方式相结合，以基于物理实体进行映射方式为主，同时基于功能特点构建专门用于动态扰动事件感知和生产过程全局优化的监控 Agent，用于提升系统的全局优化能力和稳定性。

2.2.3 Agent 的基本结构

进行 Agent 结构模型设计需要解决以下问题：Agent 具有哪些功能模块？Agent 如何感知外界信息？如何通过感知到的信息来影响内部状态和行为？以及如何把多个功能模块组合起来形成整体？Agent 根据逻辑结构和功能特性可以分为智能型 Agent（Smart Agent）、思考型 Agent（Deliberative Agent）、反应型 Agent（Reactive Agent）和混合型 Agent（Hybrid Agent）。

1. 智能型 Agent

智能型 Agent 是由 Rao 等人设计的一种最具智能性的 Agent。其结构如图 2-5 所示。其结构设计基于 BDI 的思想，即信念（Belief），表示 Agent 对环境的理解；愿望（Desire），表示 Agent 要实现的目标；意图（Intention），表示 Agent 为实现自身目标而主动执行的动作。解释器负责实现信念、愿望和意图的联通和整合。智能型 Agent 也称为 BDI 型 Agent。但是，智能驱动的设计理念限制了 Agent 对环境变化的适应能力，且执行效率不高。

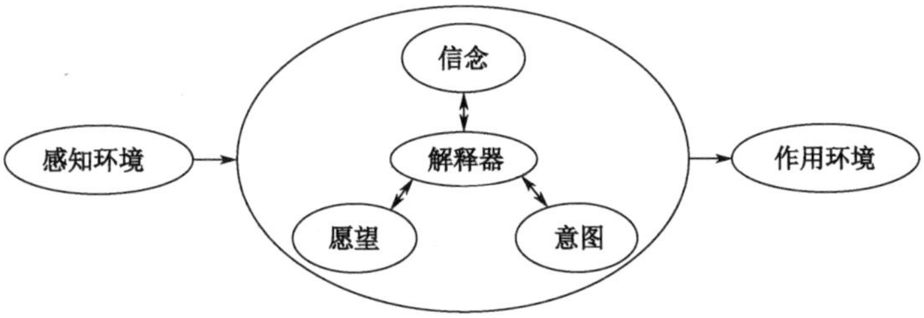

图 2-5　智能型 Agent 结构

2. 思考型 Agent

思考型 Agent 通过感知设备来接收外界环境的信息，并与 Agent 内部状态进行信息融合，产生当前状态变更的描述信息，接着在知识库的作用下形成一系列描述动作，通过执行装置对外界环境产生作用。其结构如图 2-6 所示。基于上面的描述可以发现，思考型 Agent 类似于专家系统，是一种基于知识库的系统。它根据感知得到的外部环境信息，从知识库中生成对应的处理策略。但是，Agent 中知识库包括的策略集合相对比较固定，遇到未记录在内的紧急事件，难以做出合理的应急策略，往往会造成难以弥补的损失，因此不适用于环境复杂的离散制造车间。

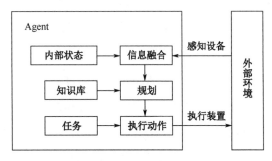

图 2-6　思考型 Agent 结构

3. 反应型 Agent

反应型 Agent 不同于思考型 Agent，其核心是"感知—动作"机制，Agent 的动作受到某种信息刺激而引发，所以被称为反应型 Agent。其结构如图 2-7 所示。当外部环境发生变化时，反应型 Agent 能够快速做出反应，但其规则比较单一、固定，而且智能性、自治性相对于思考型 Agent 较低。因此在复杂场景下该类型 Agent 应用较少。

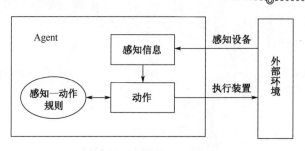

图 2-7 反应型 Agent 结构

4. 混合型 Agent

纯粹的智能型 Agent、思考型 Agent 和反应型 Agent 结构均存在一定的缺陷，各具有其局限性，无法适应复杂应用场合的建模要求。实际上在调度模型设计中，比较好的方法是将这三种结构结合起来，形成混合型 Agent。混合型 Agent 既保留了智能型 Agent 和思考型 Agent 的智能性，又具备了反应型 Agent 应对外部环境变化的快速响应能力，更加适合在实际车间中实施落地。混合型 Agent 由两层结构组成，高层是实现智能型 Agent 和思考型 Agent 功能的决策层，底层则模拟反应型 Agent，构建对环境的快速响应能力的反应层。

典型的混合型 Agent 结构是一个 Agent 中包含两个（或以上）子 Agent。其中，处于高层的是思考型 Agent，根据外部信息和知识库进行逻辑推理与决策，负责处理抽象性较高的数据；处于底层的则是反应型 Agent，用来处理复杂度较低、紧急异常的事件，不用进行复杂逻辑运算就生成处理策略，侧重于 Agent 的短期目标。

通过对上述四种常用 Agent 结构的研究，对比、分析其性能优劣，并在参考混合型 Agent 设计思路的基础上，将在后续章节中设计出改进型 MAS 车间调度模型的统一 Agent 结构。改进后的 Agent 结构模型既能满足多智能体制造系统的自组织生产需求，又能即时感知、处理随机性动态扰动问题。

2.2.4 Agent 结构模型设计

在第 2.2.2 节内容中提到了主要按照物理实体即生产资源来对 Agent 进行映射，而对于生产资源来说，作为生产制造任务的实际执行者，其主要功能可以总结为以下几个。

（1）能够保存和管理制造装备的基本属性信息。

（2）能够通过知识库中的控制指令来操作制造装备执行相应动作，并通过相关接口对制造装备的运行状态进行监控与管理。

（3）能够通过既定的通信协议与其他智能体进行正常通信与信息交互。

（4）能够根据当前物理设备的运行状态、历史数据和生产能力，识别出其他智能体发出的通信信息，并对具体信息内容做出判断、分析与决策。

由于制造装备的复杂性，多智能体制造系统中 Agent 既能实时监测制造装备的运行参数，判断其当前运行状态，并在设备故障时及时调整生产策略，又要能够根据自身知识库、数据库等数据信息，通过协商机制与其他智能体进行协商，最终在动态扰动下生成重调度决策结果。因此，基于 MAS 的物联制造车间中的智能体主要包括以下几个模块：知识库、数据库、学习与进化模块、通信模块、事件感知模块、设备操作与监控模块、推理与决策模块、人机交互接口等。

其各功能模块分别介绍如下。

（1）数据库。数据库存储装备智能体本身的属性数据和运行状态数据，如制造装备的型号、名称和加工能力等基本属性信息，完工件、在制品和缓存区任务等状态数据。

（2）知识库。知识库存储装备智能体进行调度决策时所使用到的规则和策略。知识库中的内容经学习与进化模块的学习和逻辑推理不断丰富。

（3）学习与进化模块。借助于自学习模块的学习规则，Agent 对已有的知识进行不断更新，更好地指导自身的行为，实现预定的目标。其中知识源有两个：Agent 已实现的成功事件；上个环节未达成预期目标的失败事件。此外，该模块会不断通过感知到的信息来丰富数据库和知识库。

（4）通信模块。通信模块在逻辑模块的控制下实现 Agent 与网络内其他 Agent 的通信，是 Agent 与外界信息交互的通道；通过特定的智能体间通信协议与其他装备智能体接收和发送消息，并能够屏蔽操作系统的差异。

（5）事件感知模块。该模块通过从通信模块传来的消息和自身状态来判断事件的类型，从而实现从消息到事件的转化。

（6）设备操作与监控模块。该模块可以监控和记录制造装备的运行状态，根据决策结果向制造装备发出特定控制信号，实现装备的动作操控，是连接制造装备和上层软件的桥梁。

（7）推理与决策模块。该模块根据感知到的事件查询知识库，确定响应事件的策略和方法，计算得到系统的响应输出。

（8）人机交互接口。操作人员可以通过该接口直接进行系统干预和调整。

改进型 MAS 调度模型的 Agent 设计采用如图 2-8 所示的统一的 Agent 结构，降低了软件设计的复杂程度，提高了 MAS 的可重构性和设备的互换性。但针对不同功能和优化目标的 Agent，其内部结构会略有差别，如监控 Agent 不需要设备接口模块。

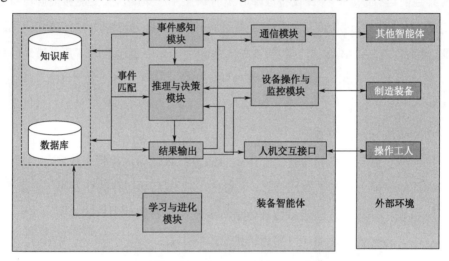

图 2-8　改进型 MAS 调度模型的 Agent 结构

2.3　MAS 组织架构与协商方式

多智能体制造系统进行任务调度分配时，提出以交货期、利润率、客户等级和工艺难度为生产指标的订单优先级排序规则，并设计了一种考虑 AGV 配送时间的多目标优化调度模型。选择合同网协议作为智能体间合作分工的协商机制，并针对经典合同网协议存在的标书无限制发布、仅进行单步调度优化等问题进行改进优化，最终减轻了通信网络负载和提升了全局优化性能。将功能实体抽象、封装成 Agent 并确定 Agent 功能结构，是 MAS 调度模型设计的第一步。如何将各 Agent 有效地组织在一起并实现 Agent 间的高效协商，则是 MAS 调度模型设计的另一个内容和重点，对 MAS 调度模型的运行性能具有十分重要的影响。这部分内容又涉及两个细分研究内容：MAS 组织结构设计和 MAS 协商机制设计。

2.3.1　MAS 基本组织结构

本书将 MAS 的组织结构分为三种基本类型，分别是集中式组织结构、层级式组织结构和分布式组织结构。三者的结构体系如图 2-9 所示。

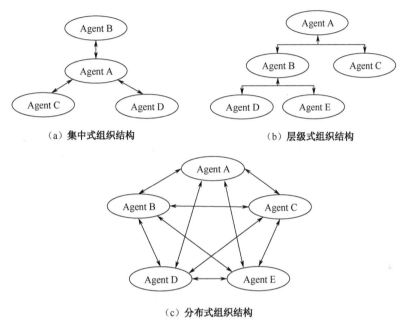

（a）集中式组织结构　　　　　　　　（b）层级式组织结构

（c）分布式组织结构

图 2-9　MAS 基本组织结构

1.　集中式组织结构（centralized organization）

集中式组织结构由一个总控 Agent 负责整个 MAS 模型的控制决策，主控 Agent 和其他 Agent 构成主从关系，如图 2-9（a）所示。显然，由于集中式组织结构下的总控 Agent 拥有 MAS 模型的全部信息，故容易获得全局最优解。但是，集中式组织结构的缺点也是显而易见的。首先，主控 Agent 处于多 Agent 网络的核心节点，系统内其他 Agent 的运行都要依靠总控 Agent 的正常运转，属于单点集中控制，一旦总控 Agent 出现故障，整个 MAS 将崩溃；此外，当系统中 Agent 的粒度较小时，总控 Agent 的运算负荷将增大。在环境稳定、规模较小的应用场景下，集中式组织结构获得了较为广泛的运用。

2.　层级式组织结构（hierarchical organization）

层级式组织结构是依据MAS中各Agent的控制范围及包容性关系而逐层划分的一种组

织结构，如图 2-9（b）所示。在层级式组织结构中，上层 Agent 生成决策并对其所属的下一层子系统进行控制，同层以及非相邻层之间无法直接通信。层次式组织结构分散了控制职责，降低了系统的设计复杂程度，但对于某个位于非底层的单个 Agent 来说，其及其下属的 Agent 之间仍然是简单的集中式组织结构，集中式组织结构的固有弊端仍然存在。

3．分布式组织结构（distributed organization）

分布式组织结构由一系列平等的自治 Agent 组成，该组织结构中没有层次划分和集中控制，所有的决策来自个体 Agent 间的交互协商，如图 2-9（c）所示。分布式组织结构具有高度的柔性和稳健性，但是由此付出的代价是系统通信量大，个体 Agent 固有的贪婪性得不到抑制，往往导致 Agent 的决策是局部最优。该结构是传统基于 MAS 的作业车间调度研究常采用的 MAS 组织方式。

2.3.2　MAS 协商机制概述

在多智能体制造系统中，Agent 之间良好的协商机制是实现系统高效运行的重要保障。一方面，单个 Agent 的处理、分析能力往往是有限的，为解决超出单个 Agent 执行能力的复杂任务，必须同其他 Agent 协作完成。例如，某个加工单元 Agent 需要对某一工件进行加工，但是其不具备运输工件的能力，因此必须请求 AGV Agent 与其进行协作共同完成对该工件的运输、加工。另一方面，单个 Agent 所拥有的计算资源、所能接触到的环境是有限的，因此单个 Agent 的优化目标必然是局部优化的。这就导致了不同 Agent 之间、单个 Agent 与整个系统之间的目标不一致。因此必须通过协调 Agent 之间的目标和资源，才能实现整个 MAS 的全局优化。例如，为实现制造系统全局的最优化目标，加工单元 Agent 可以放弃选择满足自身最优化目标的工件而选取其他次优方案。

Agent 之间的协商机制涉及社会学、博弈论等多个学科的交叉领域，是 Agent 社会性的体现。许多学者对 MAS 模型进行了研究，并提出了很多不同的 MAS 协商机制。其中最具代表性、应用最为广泛的三种协商机制分别为合同网协议、黑板模型和群体智能机制。

1．合同网协议

合同网协议（Contract Net Protocol，CNP）由 Smith 在 20 世纪 80 年代提出。CNP 引入市场中的招标—投标—竞标机制，网络中的任务发起节点和任务执行节点之间构成合同关系，用于分布式问题求解过程中节点之间的任务动态分配，是 MAS 最主要的协商机制，并且已经成功应用于生产制造系统。合同网协议流程如图 2-10 所示。合同网协议中参与交互协商的 Agent 分为两种角色：发起者 Agent（Initiator Agent，IA）和参与者 Agent（Participator Agent，PA）。当使用合同网协议的多 Agent 系统中某个 Agent 存在需要进行协调处理的任务时，该 Agent 便会成为一个发起者。发起者会通过广播向系统内的其他 Agent 发布包含任务各项要求的招标信息。其他 Agent 作为参与者收到招标信息后，会根据自身能力、负载等情况决定是否参与该任务竞标。决定参加竞标的参与者将自身状态封装成标书，回复给发起者。发起者对所有收到的标书进行评估，选出最适合的参与者，并向其发送确认信息。参与者收到确认信息后决定是否接受本次合作，若接受则回复确认信息，完成合同签订。

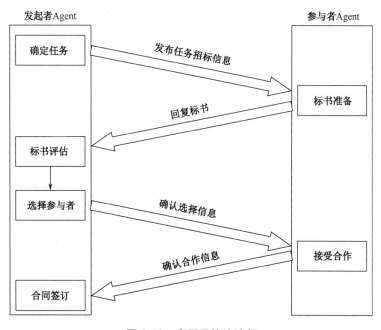

图 2-10　合同网协议流程

合同网协议采用了招标—投标—竞标的方式进行 Agent 之间的协商。整个过程与现实生活中签署合同的方式比较贴近，易于理解与实现，便于异构型多 Agent 系统中实现资源的优化配置。但是合同网协议也存在通信量较大、协商效率较低等问题。

2. 黑板模型

黑板模型是专家系统在 MAS 上的一种实现方式。黑板模型由黑板、知识源和控制机构组成，如图 2-11 所示。在黑板模型中，黑板是一个全局动态数据库，存放有系统的原始数据以及各个知识源所获得的局部解。知识源是一个独立的知识库，拥有一定的资源和局部问题的求解能力。在 MAS 中，知识源对应的是自治的 Agent 实体。控制机构负责监控、更新黑板数据状态，并根据黑板数据激活相应的知识源进行问题求解。

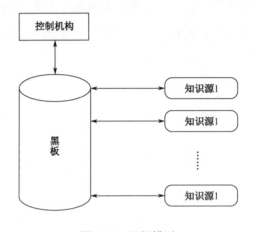

图 2-11　黑板模型

与合同网协议不同，黑板模型中各个 Agent 之间不能直接通信。各个 Agent 通过访问黑板获取所需数据进行问题求解或任务执行，并将结果发送至黑板供其他 Agent 使用。黑板上的内容可以不断添加、删除、修改。当控制机构检测到某项触发条件达成时，便会通知相应的 Agent 执行任务。MAS 通过不断重复上述步骤，最终实现整个系统的调度运行控制。

由于黑板模型中全局数据库的存在，系统易于实现全局优化调度。此外，所有 Agent 只需要同黑板 Agent 进行通信，减少了系统中的通信量。但是黑板模型的缺点也很明显。黑板和控制机构的 Agent 模型结构非常复杂，涉及的知识源以及相关设备过多，导致在解决具体问题时实现难度大。而且系统中所有的 Agent 都由控制机构 Agent 进行统一调度，系统刚度大，只能适用于集中式组织结构，易导致单点故障、中心节点负荷大等问题。而集中式组织结构在计算大规模、复杂度高的调度问题时，求解时间太长，不适用于动态调度模型。

3. 群体智能机制

群体智能机制是如蚁群算法等群体智能算法在 MAS 上的应用。由于群体智能算法源于对自然界蚁群、鸟群、蜂群等群体行为的模拟，若将其中的个体视为 Agent，那么多 Agent 算法则是群体智能算法的自然实现。以蚁群智能机制在制造系统的应用为例，将工件 Agent 视为蚂蚁，加工单元 Agent 视为路径节点。工件的每次加工会在加工单元上留下一定的信息素，信息素会随时间消散。信息素浓度越高的加工单元越能吸引工件选择其进行加工。通过上述正反馈环节，最终实现最优加工路线。

群体智能算法与 MAS 结合度高，实现容易，且在静态调度中已经体现出分布式并行计算的优势。但是其运行初始阶段优化性和对扰动响应性差，而且由于实现正反馈需要假设路径节点的容量无限大，这在实际车间生产调度系统中难以实现。因此多用于物流调度或加工路径规划，而很少用于车间层的实际生产调度。

2.3.3　MAS 组织结构设计

为了适应物联制造车间多品种、小批量、柔性化的生产模式，解决扰动事件频发、动作响应不及时、优化性能低等问题，分别基于功能映射与物理映射对车间制造资源进行 Agent 结构建模，并采用层级式组织结构和分布式组织结构混合的设计思想来设计改进型 MAS 车间动态调度模型，具有全局优化、扰动及时响应等优势。针对制造车间中的现场复杂环境，为动态调度模型建立了异常事件扰动的驱动策略，扰动发生时可及时做出合理应对措施，以维持制造系统正常生产。改进后的 MAS 车间调度模型既能在复杂的车间制造环境下实现自组织生产，又能及时处理随机性动态扰动问题。

离散制造车间具有信息量大、设备种类多、异常事件频发等特点，因此集中式组织结构不适用于离散制造车间建模，易出现响应不及时、单点故障等问题。为兼具 MAS 模型的全局优化性能和最优解求解速度，同时保证 MAS 的稳健性，本节将采用层级式组织结构和分布式组织结构混合的设计思想来设计改进型 MAS 车间调度模型。基于 MAS 的改进型车间调度模型的基本构架和组成如图 2-12 所示。

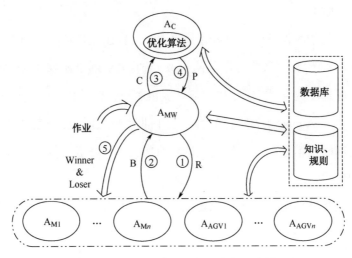

图 2-12　基于 MAS 的改进型车间调度模型

　　基于 MAS 的物联制造车间中，主要的制造资源包括 AGV 小车、原料库、成品库和加工设备四种，分别映射为 A_{AGV}（AGV 智能体）、A_{MW}（原料库智能体）、A_{PW}（成品库智能体）和 A_M（机床智能体）。此外，出于对动态扰动事件监控和全局性能优化的考虑设置了 A_C（监控智能体）。

　　其中，A_{AGV}、A_{MW}、A_{PW}、A_M 都是基于物理映射，分别对应于车间内的生产实体物料运输设备、原料库、成品库和加工设备；A_C 为功能映射，没有与之对应的车间生产实体，其内部封装了多目标优化算法和扰动事件处理策略库（优化算法部分将在第 6 章详细介绍）。A_C 和 A_{MW} 位于资源规划层，多个 A_{AGV} 和 A_M 位于任务生产层和任务执行层，每一层均为分布式组织结构，层与层之间形成集中式组织结构，即资源规划层决定资源生产层的作业生产调度序列。改进型 MAS 模型中的五类 Agent 主要模块的功能介绍如表 2-1 所示。其中逻辑模块功能较为复杂，将对其进行详细论述。

表 2-1　装备智能体模块功能介绍

模块		A_M	A_{AGV}	A_{MW}	A_{PW}	A_C
感知模块		判断信息类型：A_{AGV} 的到达信息；招标书信息；工位台上 RFID 电子标签存储信息；A_M 自身设备状态信息等	判断信息类型：配送时间请求信息，工件出库信息；感知磁条与 RFID 芯片；感知自身位置	判断信息类型：来自 A_M 的投标书信息和应标书信息；A_{AGV} 到达信息；车间机床状态信息等	判断信息类型：成品入库请求信息；A_{AGV} 的到达信息	判断信息类型：设备是否在线的信息；紧急订单插入信息；订单优先级变动信息；机床故障信息
设备操作与监控模块		控制托盘出入工位台；根据加工信息执行数控代码；向 A_C 反馈自身状态信息	执行 AGV 行驶、转弯、急停和障碍检测等功能；向物流任务发起者反馈负载信息；向其余 A_{AGV} 反馈位置信息	控制托盘出库；RFID 信息初始化；向云平台反馈订单完成进度和车间状态信息	控制托盘入库；成品 RFID 信息读取；将托盘搬运入库	向监控平台发送执行状态信息
知识库		存储机械手交互、任务信息分解与加工、合同网招投标策略等	存储配送时间计算、路径规划、冲突管理策略等	存储合同网招投标、RFID 信息初始化策略等	存储成品入库流程策略	存储扰动处理策略
数据库	状态	存储工位台信息、自身加工能力、当前加工工件状态等信息	存储执行路径、当前位置、自身电量等信息	存储仓库库位状态信息	存储仓库库位状态信息	存储车间其他设备运行状态信息
	订单	存储设备待执行的订单优先队列和当前执行的订单信息			存储已完成订单信息	存储紧急订单信息
	任务	存储设备待执行的任务优先队列和当前执行的任务信息			存储已完成任务信息	存储将要发布的紧急任务信息
通信模块		负责与其他装备智能体的交互与通信				

2.3.4　Agent 逻辑模块

此处所设计的 MAS 调度模型的五类 Agent 中，逻辑模块负责通过信息分析、产生执行决策，以管理、控制整个 Agent 单元运行和动作。但是由于其软硬件结构设计复杂，功能繁多，难以用较短篇幅详细叙述全部决策过程。因此，对模型中各个 Agent 逻辑模块的主要功能进行简单介绍。

1. 原料库智能体（A_{MW}）

A_{MW} 的逻辑模块主要负责订单处理、设备选择和工件出库。其流程如图 2-13 所示。A_{MW} 通过向云平台发送请求来获得新增订单。由于客户所下订单一般包含多种类型的工件，每种工件需要进行多种工序加工，所以将订单拆分成工序任务，根据交货期和客户重要程度等指标计算任务的优先级，最后将任务根据优先级插入任务队列中。接着 A_{MW} 从任务队列中取出优先级最高的任务，收集执行调度算法所需信息后选择一组 AGV 和机床来完成任务的运输和加工。选中的 AGV 来到 A_{MW} 出库口后，A_{MW} 控制机械结构将原料从库位运送到 RFID 读写器处进行标签信息初始化，接着再将原料输送至 AGV 上。

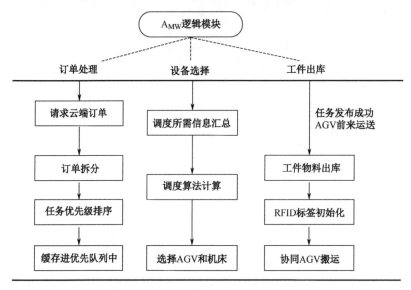

图 2-13　原料库智能体逻辑模块流程

2. 成品库智能体（A_{PW}）

A_{PW} 的逻辑模块只负责控制工件入库。其流程如图 2-14 所示。当某个工件的所有工序全部加工完成后，接收运输任务的 AGV 将工件成品运送至 A_{PW} 入库口，A_{PW} 协同 AGV 将工件输送至 RFID 读写器处进行信息状态读取、存储和上传至云端，最后通过 A_{PW} 机械装置将工件输送至成品库中对应位置处。

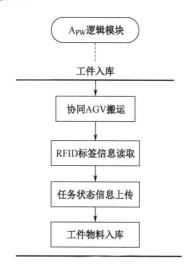

图 2-14 成品库智能体逻辑模块流程

3. 机床智能体（A_M）

A_M 的逻辑模块负责任务工件的加工和竞标。其流程如图 2-15 所示。当收到招标书时，A_M 会根据自身加工能力和缓冲区是否有空位再决定是否投标，如果招标方选中该 A_M，A_M 收到选标书之后会再次确认缓冲区是否有空位再回复是否应标。A_M 也负责工件的加工，当工件工序加工完成后，需要对工件 RFID 芯片数据进行读取，判断是否还有下一道工序需要完成，如果工序已经全部完成，则通知 AGV 入库，否则针对下一道工序向其他智能体发送招标书，进行招标。

4. AGV 智能体（A_{AGV}）

A_{AGV} 的逻辑模块主要负责物流任务的接收和执行。其流程如图 2-16 所示。A_{AGV} 接收到物流任务后根据任务优先级大小插入到优先级队列中。A_{AGV} 在执行物流任务时先根据物流任务的起点和终点查询离线路径库，按照查到的最优路径执行任务，如果执行任务期间碰到路径冲突，通过查询冲突事件策略库搜索对应的解决策略，重新规划路线，完成物流任务。

5. 监控智能体（A_C）

由于 A_C 主要负责车间动态扰动事件的监控和处理，所以 A_C 的逻辑模块就是根据感应到的扰动事件来匹配和执行知识库中对应的扰动处理策略。具体的扰动事件和扰动处理策略将在第 4.2.2 等节中详细介绍。

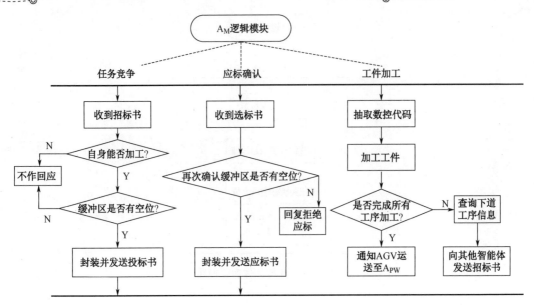

图 2-15　机床智能体逻辑模块流程

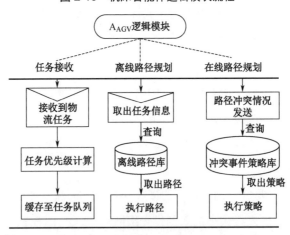

图 2-16　AGV 智能体逻辑模块流程

2.4　物联制造系统组织架构

2.4.1　物联技术概述

随着 2009 年"感知中国"概念的提出，物联网技术和传感网络技术蓬勃发展起来。《中国制造 2025》中提出，要将新兴的信息技术与制造业融合，实现制造过程工序智能化、加工设备智能化、物流设备智能化以及生产过程管理智能化，从而实现整个制造车间的智能化。近年来，传统制造业与新一代的物联网技术迅速融合发展，根据实时采集的制造车间现场信息可以实现车间生产过程中设备及时控制、状态及时反馈、异常及时感知。

物联网与制造车间的融合也加快了生产调度算法的发展，物联网高效获取车间实时资源信息和生产信息的能力，为调度算法，尤其是动态实时调度算法提供了数据层面的支持，从而使得调度算法更加准确实时。动态扰动发生时可以通过实时数据快速准确定位事故地点和事故原因，及时调用相关人员或抗扰动策略来解决问题。

1995年比尔·盖茨写的《未来之路》一书中提到了"物物互联"一词。1999年由麻省理工学院自动标识研究中心提出"物联网"概念：物联网就是把所有物品通过无线射频识别等信息互联传感设备与网络相连接，实现物品的智能识别与管理。2005年国际电信联盟（International Telecommunication Union，ITU）正式将物联网定义为：通过二维码识读设备、射频识别装置、红外感应器、全球定位系统和激光扫描器等信息传感设备，按约定的协议，把任何物品与互联网相连接，进行信息交换和通信，以实现智能化识别、定位、跟踪、监控和管理的一种网络。

物联技术被认为是继互联网之后，世界信息产业发展的又一大热潮，受到全球政界、商界和学术界的重视，已成为当今信息技术研究关注的重点。各国政府相继推出相应的物联网发展计划。日本提出了"U-Japan"计划，欧盟发表了欧洲物联网行动计划，美国将"智慧地球"上升为国家战略。我国也提出了"感知中国"计划，并在十一届全国人大三次会议的政府工作报告中将物联网列为国家五大新兴战略性产业之一。

在物联网的热潮下，物联技术开始向制造业渗透，物联技术与制造技术的融合势在必行。典型的物联制造系统架构如图2-17所示，主要包括感知层、传输层和应用层。其特点为动态感知、稳定传输、实时处理。感知层包括加工设备、机械手、AGV等制造执行机构，以及红外、RFID等传感器组成的传感网络。感知层实现了物理制造资源的互联、互感，确保制造过程中生产制造信息能够实时、精确和可靠地获取。传输层的基本功能是利用多种网络通信技术，将感知层采集到的信息无障碍、可靠、安全地进行传输。应用层的基本功能是对物联制造系统中的各类数据进行分析、处理，为制造系统提供制造资源实时监控、生产任务动态调度、物料优化配送等多种服务，实现物联制造系统执行信息的全面溯源、动态感知和智能管理。

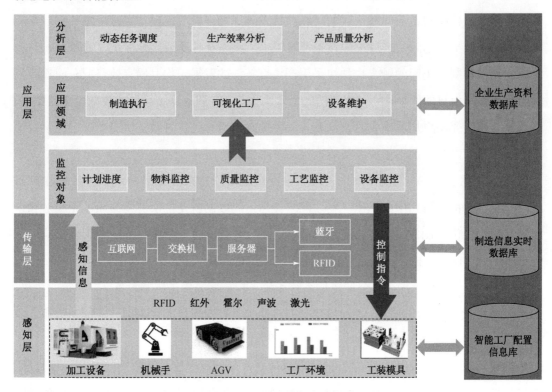

图 2-17　物联制造系统架构

物联制造技术利用物联、传感和通信技术加强生产制造信息的管理和服务，形成各类制造资源物物互联、互感，实现生产过程的工人、工序、工件、工时的实时统计和精确计算，从而减少人工干预，提高生产过程的可控性，实现车间实时化、透明化管理。在实现客户高度个性化需求的同时，保证产品的质量和效率，并控制生产成本和制造时间，最终形成一个高效、敏捷、柔性的智能化生产系统。

在国外方面，Paulo 等人研究了在信息物理系统（Cyber-Physical Systems，CPS）环境下工业系统的多智能体系统控制方案。McFarlane 等人提出了带有 RFID 标签的智能产品，实现了产品与自身加工信息的耦合，方便了产品与加工单元之间的自主信息交互。Dimitropoulos 等人结合 MAS 技术，提出了基于 Agent 技术的物联设备控制管理方式。许多传统制造业巨头，也开始尝试物联制造生产方式。例如，西门子数字化工厂利用物联技术实现了物流和质检的高度自动化，将产品交货期缩短了 50%；空客为所有关键零部件添加了大容量 RFID 标签，实现了生产、检测、使用、维修、报废的产品全生命周期信息检测和管理；IBM 提出了物联 3.0 的概念，着重研究物联技术、大数据和云计算的融合，提升物联制造系统的数据分析和处理能力。

在国内方面，虽然物联制造技术仍处于发展的初级阶段，但已经受到了社会各界的广泛关注，并且有越来越多的学者和企业参与到该领域的研究中。在政策层面，国家《"十二五"制造业信息化科技工程规划》中已明确将制造物联集成技术开发与应用作为研究重点，并提出要以制造智能化为目标，将物联技术应用到制造系统的各个过程，实现对制造过程的实时跟踪、智能管理和优化控制，提高生产效率、降低物流成本。在研究层面，西北工业大学的张映峰等人尝试利用物联技术对制造执行系统（Manufacturing Execution System，MES）进行改造，设计了一种基于物联技术的 MES 体系构架，并提出了相应的技术关键和实现框架。华南理工大学的姚锡凡等人研究了物联制造的定义，并对物联制造系统应该具备的关键特征进行了总结。中国海洋大学的侯瑞春等人从企业角度出发，提出了面向车间、企业和产业链的物联制造技术构架。香港大学的黄国全等人提出了一种基于"即插即用"式 RFID 设备的物联制造系统构建解决方案，并已经开始同企业进行项目合作。

2.4.2　物联制造车间的特点

物联制造车间是基于物联技术，向制造工厂提供信息化、专业化、数据化的系统构建方法，将信息技术利用至生产车间，进一步对制造装备进行信息化构建，从而使制造工厂更加透明，制造过程不再盲目。

物联制造车间是数据获取、处理与制造过程高度融合的车间，其具备以下特点。

（1）进度监控，在线调度。在传统车间中，监测人员每天会统计生产状况，根据车间数据绘制生产报表，以此反映生产进度，经常出现上报延误、生产异常处理不及时等情况，导致车间效率较低。在物联制造车间中，设备都连接在同一局域网内，采集的生产数据可以及时反馈，并根据实时数据进行分析，对设备报警、负载异常、进度问题进行预测，车间管理人员根据预测情况及时对生产进行跟踪调度，保证交货期。对于出现工艺故障、生产指令下达错误的情况，通过物联系统对车间设备直接锁定，并根据生产情况进行实时调度，保证生产质量，提高生产效率。

（2）实时状态，全面监控。在传统制造车间内，生产数据需要班组巡视、人工观察获取，随着车间不断扩大，设备不断增多，人员配备就更加庞大，而且数据上报不及时。在物联制造车间，设备状态可以自监控。通过局域网连接，设备各种运行状态如开关机、运行状态、加工过程等，可以直接采集并反馈。根据采集的数据，制作多种类型对比分析图表，支持各种终端显示，一目了然，增强数据可读性。

（3）标准接口，开放集成。物联制造车间中的制造装备，会根据车间控制要求和监测数据种类提供需要的接口。该接口一般具有标准形式和统一规范，以便于调用统一接口实现不同种类设备的控制，并且可以与工控软件系统集成。基于标准接口，可以进一步实行车间层软件系统开发，实现基于物联制造环境的多设备控制系统。

（4）设备联网，状态共享。传统制造装备只作为个体存在于制造车间中，自身状态信息无法与其他制造装备共享，同时不能根据环境信息及时进行加工状态调整。在物联制造环境下，制造过程是通过制造装备彼此协作完成的，制造装备间必须实现状态共享，包括当前工件加工信息、工艺步骤信息以及装备运转信息。通过状态共享，能够更好地获得车间运转状态，及时进行加工调整，提高制造装备运行的稳定性。

2.4.3 物联环境下多源信息采集

在智能制造背景下，分散在制造系统独立单元中的数据资源被重新赋值，把异构系统异构数据类型的多源异构数据进行标准化采集、集成与挖掘等处理，实现由传统模式下的功能驱动向工业 4.0 时代数据驱动的制造模式变革。制造过程大数据在由客户端产品需求到资源端产品输出的完整生态链中，先后集成了研发设计、物料采购、生产制造、产品销售及产品售后五个阶段。通过物联技术开发分布式生产设备与工艺数据采集系统以及数据集成中间件公共模式，实现对产品生产制造过程中产生的制造资源数据、制造过程数据和制造任务数据等多源异构数据的采集与集成。物联环境下多源信息采集与集成方案如图 2-18 所示。

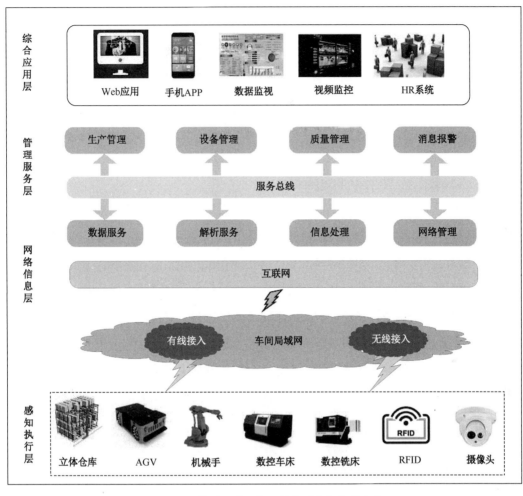

图 2-18　物联环境下多源信息采集与集成方案

1. 完整制造生态链中多源异构数据的采集

数据采集主要实现大量原始数据准确、实时的采集，为数据集成阶段提供原始数据源。针对不同类型生产制造企业生产过程中的多源异构数据，采用不同的数据采集方法和工具。针对典型的数据采集场景，其结构化数据采用 RFID、传感器、设备控制系统自身接口等传统数据采集方法；而针对非结构化数据，为满足更加实时性、精确性的采集要求，利用脚本编程,开发专用的数据采集系统,兼容多种数据传输协议(如 Modbus、PROFIBUS、Ethernet 等)，将设备连接到服务器并上传至数据库。

2. 产品制造生态链中多源异构数据的集成

针对制造现场采集到动辄几PB（1PB=1 024TB）的制造数据，数据集成主要实现数据的存储、清洗、转换、降维等预处理以及构建海量关联数据库，为数据分析阶段提供预处理后的数据源。整合来自多个数据源的数据，屏蔽数据之间类型和结构上的差异，解决多源异构数据的来源复杂、结构异构问题，实现数据的统一存储、管理和分析，实现用户无差别访问，以充分发挥数据的价值。

3. 工业大数据驱动的物联制造新模式

现有制造企业向数字化、信息化转型的常用做法是在生产线高度自动化的基础上，通过各种工业管理软件实现整个生产供应链中各环节的互联互通，属于管理层横向的业务互联，这些工业软件各司其职，如ERP负责资产管理、MES负责任务下放、SCADA（Supervisory Control And Data Acquisition，数据采集与监视控制）负责与设备通信等。基于工业软件的制造模式从本质上来说是功能驱动的，对于制造数据按需索取，这样就会导致相当数量的数据被忽略，难以发挥指导作用。基于数据驱动的制造模式通过对制造生产全过程数据的采集、集成与挖掘，能够有效帮助管理者更加合理地规划生产计划，实现制造过程的科学决策，最大程度实现生产流程的自动化、个性化、柔性化和自我优化。

2.4.4　物联制造车间的总体架构

通过对物联制造车间的特点进行分析，物联制造车间的选中架构如图2-19所示。

物联制造车间的结构主要分为制造装备层、网络信息层、数据服务层以及综合应用层。制造装备层是车间的基础硬件层，主要由车间中的加工设备、相关辅助装备以及一些传感设备、物流设备组成，具有信息感知和动作执行功能。信息感知主要由RFID、传感器等为代表的硬件组成，是物联制造车间的数据采集源。动作执行则是车间内制造装备的基本功能，主要由加工设备、物流设备、机械手等实现，其中加工动作、工件搬运动作是车间在制造过程中的基本动作，其产生的动作信息以及状态信息是物联制造车间的基本信息源。

网络信息层的硬件部分主要由路由器、交换机组成，传输媒介则由数据总线、工业以太网组成，是物联环境下设备信息交互的基础部分。物联制造车间在执行任务过程中，设备采集的信息会通过网络信息层进行传输。在制造过程复杂多变的情况下，信息数据则会更加庞大，数据传输稳定性决定车间的物联可靠性，因此优化网络信息层至关重要。

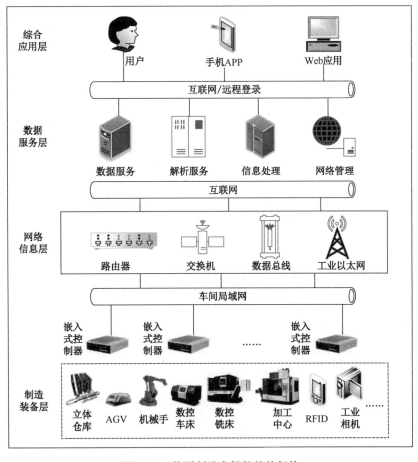

图 2-19　物联制造车间的总体架构

数据服务层主要负责车间的数据管理和通信保障，主要包括数据存储、数据解析、网络管理等。是基于网络信息层而实现的服务层，该层为综合应用层提供了基础的数据服务以及信息管理渠道。数据服务层是物联制造车间的数据中心，将网络信息层的数据进行存储，并进行相关解析后传递至综合应用层。同时将网络信息层与综合应用层解耦、应用软件与数据硬件分离。

综合应用层是物联制造车间运行应用软件的部分，主要包括车间云端订单应用软件以及车间综合信息管理软件。管理人员通过应用层的软件实现对车间信息化管理。综合应用层为制造车间提供了初始加工信息，同时也监测车间的整体运行状况。

2.4.5 物联制造车间的物理架构

根据上一小节的物联制造车间总体架构，再结合实际搭建的车间实验平台，建立了如图 2-20 所示的通用车间层物联制造的物理架构。

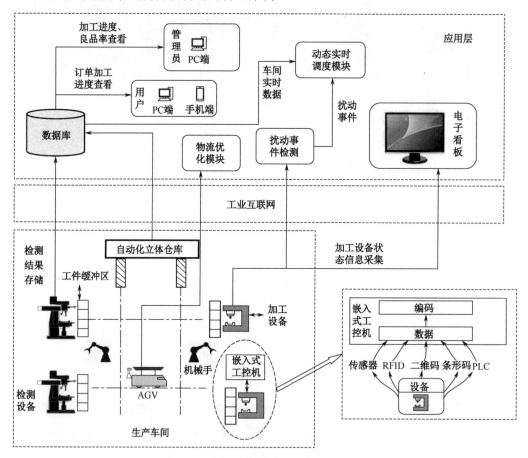

图 2-20 通用车间层物联制造的物理架构

生产车间的物理资源环境由自动化立体仓库、机械手、加工设备、工件缓冲区、AGV、检测设备以及任务工件等组成，除了任务工件外其他制造装备都配备一个嵌入式工控机。嵌入式工控机是一种在工业生产环境下使用的计算机。车间物理资源上的感知设备描述如下。

1. 任务工件

任务工件放置在工件托盘上，工件托盘上粘有一个 RFID 芯片，该 RFID 芯片在工件加工流程中与工件绑定，存储着唯一标识该工件的订单编号、工件种类、工艺路线、当前工序编号及当前工序状态等信息。

2. 自动化立体仓库

自动化立体仓库的出库位和入库位都加装了红外线传感器和 RFID 读写器。原料出库时，红外线传感器感知到工件托盘，通过 RFID 读写器将该工件的固定信息如订单编号、任务序号等信息和非固定信息如当前工序编号写入托盘 RFID 电子标签中。

3. 物流设备

物流设备即 AGV，AGV 上加装了 RFID 感应器。该感应器的作用是实时感知地图上的 RFID 电子标签，通过解析标签数据来实现自身定位，为上层系统实现物流调度和冲突管理提供实时位置信息。

4. 工件缓冲区

工件缓冲区用来为加工设备存储原料，可以提高加工效率，减少物流系统压力。工件缓冲区上的感知设备包括压力传感器和 RFID 读写器。压力传感器用来感知工件托盘是否运送到位。工件托盘运送到位后，RFID 读写器读入托盘标签信息，与接收到的任务信息进行对比确认。工序加工完成后，RFID 读写器负责更新托盘标签中的工序状态信息，并根据工艺路线查询下一道工序信息。

5. 机械手

机械手负责将缓冲区的工件夹持到加工设备上。由于机械手内置了机器人系统，通过机器人厂商提供的软件接口可实时获取机器人各个轴的位置和夹爪状态，在应用层处理后可以实现机械手姿态控制和状态监控。

6. 加工设备

加工设备除了承担加工工件的职责外，还需要提供给应用层实时的设备运行状态数据。应用层可以将加工设备信息如各主轴位置、进给量、主轴转速、加工进度和加工影像等信息实时显示在加工设备配备的电子看板上，供车间工人巡查。

7. 检测设备

工件加工完后，通过 AGV 将工件运输到检测设备进行质检，通过光学传感器对其切削面进行测量，判断其加工精度是否符合要求。将测量结果通过传输层上传到检测结果数据库中，便于上层应用进行产品质量实时监控诊断。

在应用层主要通过下层上传的标准化数据信息来实现具体的服务和应用，如用户订单进度实时查看、物流优化、动态实时调度和车间制造资源实时监控等。

在物联制造车间体系架构下，感知设备和制造装备的协同合作保证了生产数据集的准确性、一致性和实时性，为车间生产过程的智能、精益管控提供了数据支撑。

2.4.6 物联制造软件系统总体框架

装备智能体构建主要分为三层：适配层、交互层、分析决策层。装备智能体软件系统构建主要分为两个部分。第一部分是根据基本的适配层实现的管理软件。管理软件是对单体设备进行管理，包括控制设备运动、监测设备数据、相关文件传输等；同时调用适配层的监测层接口，从装备智能体获取数据，实时更新至相关数据库中，并可以根据监测数据进行运动调整。

软件系统构建第二部分是装备智能体整体运行软件设计。整体运行软件是装备智能体在试验平台执行加工任务过程中，实现装备智能体的控制、交互和分析决策的功能。整体运行软件以适配层为基础，并基于适配层开发交互层和分析决策层，实际加工过程中，该软件运行在工控机中，用于实现制造装备加工过程运动控制、加工任务选择以及 NC（Numerical Control，数字控制）文件的选择与传输等功能。物联制造试验平台软件系统总体框架如图 2-21 所示。

1. 硬件层

硬件层是软件系统运行的硬件基础，主要包括试验平台数控装备以及以太网等网络设备。数控装备配备嵌入式工控机，工控机用于运行软件系统，并通过以太网将平台中的装备进行连接，形成局域网，负责装备间的集成与信息交互。

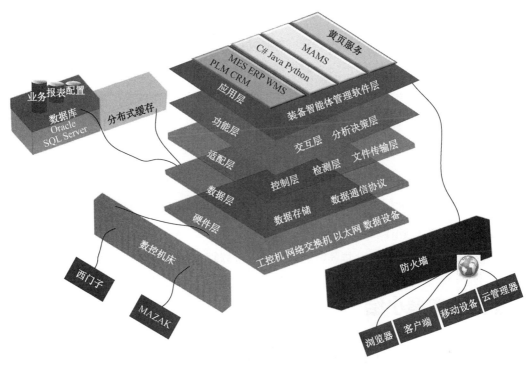

图 2-21　物联制造实验平台软件系统总体框架

2．数据层

数据层主要由两部分组成，数据存储与数据通信协议。数据存储是利用数据库技术对平台中的信息进行持久化操作，存储内容包括装备智能体状态信息、装备智能体控制信息以及工件任务信息。数据通信协议是不同厂商提供的用于实现与数控系统通信的基本协议，试验平台软件系统使用到的主要有 SIEMENS 系统的 OPC UA 协议与 FANUC 系统的 FOCASII 协议。将数据层单独作为一层，与适配层和硬件层解耦，提高数据存储与通信的灵活性与可变性。

3．适配层

适配层是软件系统的基础层，基于数控系统通信协议，实现最基本的控制、监测、文件传输功能；并根据面向对象语言的程序设计模式，设计成统一接口。软件系统中的所有高级功能都是以适配层为基础进行二次开发，是对适配层功能进行更加复杂的逻辑化过程。

4．功能层

功能层是基于适配层进行开发的具有特定功能需求的软件层，主要包括交互层与分析决策层。交互层是根据交互模型进行开发的交互功能系统，依据规定的信息格式，负责平台中装备智能体状态信息、加工任务信息等的交互。分析决策层的主要功能是对装备智能体的动作信息与加工任务信息进行分析，依据构建的分析模型，进行软件层编写和计算分析结果。

5．应用层

应用层是根据功能层以及适配层开发的应用软件系统，主要负责提供人机交互、总体执行功能，并对用户操作进行响应。

本书试验平台中主要针对装备智能体开发管理软件与运行软件。

2.5　本章小结

本章首先根据对物联制造车间控制结构的研究，提出了一种分层式的物联制造车间系统架构。在此基础上，设计了基于装备智能体的 Agent 结构模型及 Agent 间的协商方式。最后对传统离散车间生产流程进行分析，总结了传统车间向物联车间转变的信息感知需求，并详细研究了实现物联制造系统的关键技术。

第 **3** 章

面向异构制造装备的智能体集成技术

在物联制造环境下，制造装备间存在异构性和封闭性，为解决物联制造车间中异构数控系统信息采集格式不统一的问题，装备需要封装为智能体，使其具备相互通信的能力。本章通过设计数控系统信息采集统一接口，是指实现车间管理系统对车间不同数控系统的运动控制、状态信息监测和获取、信息交互等功能。

3.1 异构制造装备智能体集成

3.1.1 异构制造装备集成过程中的问题分析

传统制造业中，消费者与制造企业之间、企业管理者与执行者之间，以及生产车间设备之间，存在着交流困难、信息滞后等问题。物联网技术同制造系统深度融合的产物——物联制造（IoT-Based Manufacturing，IoTM），将制造企业的研制、生产过程由传统的"黑箱"模式转变为"多维度、透明化、泛在感知"的全新模式。该制造模式使得制造企业与消费者的联系更加紧密，个性化定制使得规模经济和个性化产品与服务进行有效结合，实现了制造企业从生产驱动向消费驱动的转变。

加工设备在加工过程中将产生大量的加工生产信息，而不同厂商的数控系统存在异构性和封闭性，导致车间管理层要获取这些不同数控系统所产生的信息数据，就要开发不同类型的信息采集接口，造成工作量大，且效率低下。

数控机床运动控制主要包含程序启动、运行模式选择、运动控制以及刀具和夹具的选择等。状态信息监测是实现对数控机床的设备状态、加工参数和程序执行状态等的监测功能。信息交互是实现不同厂商的数控系统之间以及数控系统与车间其他设备之间的物联等功能。

"工业4.0"环境下的智能制造装备是具有预测、感知、分析、推理、决策、控制功能的各类制造装备的统称，是在数控装备基础上，将物联技术、人工智能技术与制造技术相结合的一种更先进、更高效率的制造装备。现阶段，国内外主要着眼于单体设备的持续研发。

目前对装备智能体问题的研究主要集中在加工工艺智能设计、制造装备智能控制监测、工艺参数自适应控制、设备信息感知与故障预测等方面。研究中大多针对单体设备进行智能化改造，没有对设备在制造系统中执行加工任务的过程进行系统考虑，无法体现物联环境下制造车间的功能。其主要体现在以下两个方面。

（1）车间中制造装备种类繁多，不同类型制造装备控制系统与通信协议存在异构性和封闭性。装备智能体构建需要实现对制造装备的基本控制和相关信息采集，由于系统间相互孤立，导致在应用系统开发时，采集方案相互不兼容，开发工作量较大，复杂性较高。因此，需要构建制造装备适配器，并且实现统一接口。通过对统一接口的调用，就可以实现对多种类型设备的控制、监测等相关操作。

（2）在物联制造环境下，制造过程愈发强调装备之间的互联互通，制造装备不再是独立的个体。因此需要根据制造装备的运行状况，定义其在正常运行状态以及扰动状态下的交互方式。现阶段制造装备间并未实现互联互通，导致制造装备在执行加工任务的过程中，制造装备之间无法进行交流与协作。同时制造装备在执行加工任务时会产生大量的加工信息，没有对信息进行合理分析和未及时对加工任务进行调度，导致信息资源浪费。同时，合理设计交互信息流，明确装备间交互信息的来源与内容，根据交互信息流，构建装备智能体分析决策层，包括装备自身动作信息分析、环境相关的加工任务信息分析，实现对装备动作的智能控制，并合理选择加工任务的功能。

针对上述问题，提出物联制造环境下的装备智能体构建方法，加强制造装备在加工过程中的联系，使制造装备在加工过程中具备感知、交互、分析、执行等能力，提升制造车间的设备利用率和降低制造成本。该构建方法主要分为以下两个部分。

（1）以车间中最复杂的制造装备——数控设备，为研究对象，针对车间多类型设备设计数控系统适配器，并结合上层应用开发需求设计适配器统一接口。适配器包括三个部分：控制层、监测层、文件传输层。控制层主要实现对设备的基本动作控制，如 NC 程序的启停、加工模式的选择、运动轴运动方向的选择、刀具和夹具的控制等。监测层则是对设备在加工过程中相关信息的监测，包括当前加工状态、加工参数、运动轴坐标、程序执行状态等。文件传输层的功能是在与设备建立连接的基础上，实现 NC 文件以及相关配置文件的传输。

（2）为提升制造装备在加工过程中与制造系统中其他设备的交互能力，针对制造装备在物联环境下的加工状态，分别定义其在正常运行状态下和扰动状态下的交互模型，并设计交互信息流，根据交互信息，构建分析决策层，包括装备自身动作信息分析、环境相关的加工任务信息分析，实现对装备动作的智能控制，并合理选择加工任务的功能，从而提升制造车间的设备利用率和降低设备扰动造成的影响。

3.1.2　装备智能化需求分析

制造装备作为制造车间中最重要的生产单元，其智能化发展对于提高整个制造车间的智能性有着举足轻重的作用。随着互联网技术与传统制造装备的不断融合，制造装备智能化发展进程不断加速。制造装备智能化是制造装备发展的高级阶段，能够实现高度自动化，进一步提高生产效率，减少人类的体力和脑力劳动。在物联制造过程中，制造装备间通过相互交流，将自身信息与订单信息相互通知，合作完成订单任务；在制造过程中，产生大量的数据信息，通过分析制造装备当前状态，对提升制造装备加工性能具有重要的参考价值。本书提出的物联制造环境下装备智能体构建方式，是制造装备智能化构建的一种方法，是对制造装备历史加工经验的总结与提炼，使制造装备不再是单独的个体，而是能够与其他设备进行交互信息，通过环境与自身状态信息的分析，来给出正确的加工方案。在现阶段，制造装备的智能化水平还处在发展阶段，随着人工智能等技术的不断深入融合，实现真正意义上的智能个体近在咫尺，因此研究装备智能体的构建方式具有十分重要的意义。

在分析了物联制造车间特点的基础上，为提出加工设备智能化的总体方案，还需要研究加工设备智能化的需求。物联制造车间中，以数控机床为代表的加工设备，在加工过程中产生的信息具有总量大、结构复杂多样等特点，经过分析，得出物联制造环境下加工设备智能化的需求如下。

（1）首先，制造业信息化的热潮和企业对车间层特别是数控机床提出了信息采集的迫切需求，但由于不同数控系统的异构性和封闭性，以及采集需求和目标的差异性，导致了以实际应用为导向的各种采集方案缺乏通用性和兼容性，也形成了目前各种方法孤立并存的局面。其次，在物联制造车间运行过程中，需要监测加工设备的状态信息以及在加工设备出现故障后，车间管理者能实现对其控制。最后，在物联制造车间中，数控机床与车间其他加工设备在加工过程中存在信息交互的问题。因此，就需要构建针对不同数控系统的统一接口，用于实现不同数控机床的运动控制、数据采集和对外交互等功能。

（2）加工设备在物联制造车间生产过程中，积累了大量的历史加工信息，需要从加工设备历史加工信息中，提取出能优化加工设备加工参数、提高车间加工效率和提升产品质量的关键信息。针对每一台加工设备，首先是利用其大量历史加工信息，从中分析出提高制造车间生产效率、优化加工设备加工参数的信息。其次，在物联制造环境下，建立加工设备智能化评价体系，来实现对加工设备智能性以及对提高车间加工效率的评价，以验证加工设备智能化的可行性和优越性。

3.1.3　异构系统接口统一软硬件基础

通过分析物联制造车间的特点和结构，可以看出在物联制造车间中，制造装备间的联系更加紧密，加工过程愈发强调装备间的交互协作。而在传统制造车间执行加工任务过程中，制造装备间并未实现互联互通，导致制造装备之间无法进行交流与协作。因此，针对上述问题，本章结合物联制造技术，构建面向物联制造车间的装备智能体。

装备智能体是具有感知、交互、分析、执行功能的制造装备，它可以感知自身状态信息，与车间内其他制造装备交互任务信息，并根据车间环境信息与自身状态信息及时对加工任务进行调度。装备智能体不仅仅指制造装备本身，而是软件部分与硬件实体的综合体。

软件部分是实现装备智能体的关键部分，一般由三部分组成：适配层、交互层与分析层。其中，适配层是基础软件，主要实现对制造装备的控制与监测；交互层软件负责装备间信息交互；分析层软件则用于对交互信息与状态信息进行分析，并做出合理决策。软件运行需要与相应的控制器进行绑定，然而制造装备自身控制器往往在设备出厂的时候已经设定好，而且控制器系统不符合一般开发需求，不同厂商的控制器种类不同，很难实现一个统一的开发方式。因此为了解决软件运行需要的硬件环境问题，在制造装备实体基础上加装嵌入式工控机，制造装备通过网络接口连接至嵌入式工控机，软件运行控制监测信号通过嵌入式工控机发送，从而实现对制造装备的控制与监测。嵌入式工控机内部软件架构如图 3-1 所示。

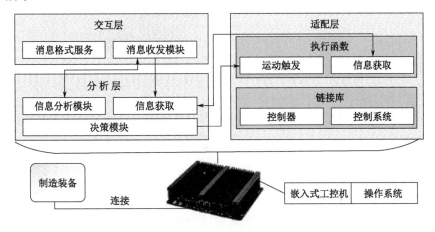

图 3-1　嵌入式工控机内部软件架构

硬件部分除了制造装备本体与运行软件部分的嵌入式工控机之外，配套相应的工件缓冲区，用于存放等待加工的工件。同时工件信息的读取需要 RFID 读写器设备，制造装备其他状态监测需要安装传感器。为了方便集成，硬件都与嵌入式工控机连接，并按照规定的通信协议实现通信，连接结构如图 3-2 所示。

工件缓冲区通过网线与工控机连接，利用 TCP/IP 协议进行通信。RFID 中存储工件信息，通过 RFID 读写器可以读取内部信息，RFID 读写器通过串口连接至工控机。工控机与制造装备连接大多采用统一网口，控制与监测信息传递一般与制造装备的通信协议有关，通信则通过 TCP/IP 实现。

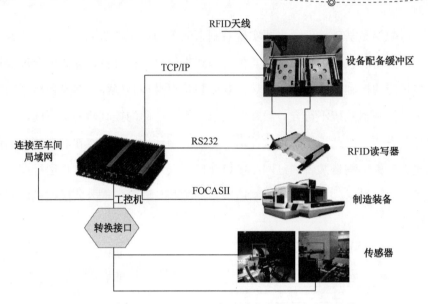

图 3-2 嵌入式工控机与装备智能体硬件部分的连接结构

物联制造环境下的离散车间内异构制造装备的集成是一个软硬件结合的过程，根据物联制造技术理论，本章提出了一种面向物联制造车间的装备智能体构建方案，在此基础上实现异构系统集成。该方案主要由两部分组成：一是对于制造装备本身来说，通过构建适配器，实现装备的通信与控制模式的统一，并结合上层应用开发需求，设计适配器统一接口；二是从制造装备与车间其他设备互联的角度出发，分别定义制造装备在不同加工状态下的交互方式，并设计交互信息流，明确装备间交互信息的来源与内容。基于交互信息，构建分析决策层，包括装备自身动作信息分析、环境相关的加工任务信息分析。

数控系统适配器的建立，作为不同数控系统之间以及数控系统与车间其他设备交互的媒介，实现不同数控系统数据接口的统一，同时也是加工设备加工效果评估预测模块与数控系统数据交换的桥梁。

通过建立装备智能体适配器，从而实现车间中多类型制造装备通信与控制方式的统一，为分析决策层开发以及装备智能体软件系统开发奠定基础。本章重点为适配器的设计，装备之间的交互解决方案将在下一章介绍。

3.2 装备智能体构建方法

加工设备作为制造车间最基本、最重要的组成部分，在提高产品质量和降低车间生产成本等方面，都起着关键的作用。数控机床作为制造车间加工设备的典型代表，作为现代制造业的基本组成部分，数控机床每一次革命性发展，都对制造业的升级改造产生了深远的影响。随着互联网、传感器等技术的发展，数控机床也从原来的"呆板制造"，向着"智慧智造"进行转型升级。

3.2.1 装备智能体体系结构

根据第 3.1.2 节对物联制造车间中加工设备智能化的需求分析，本节提出加工设备智能化总体方案。该智能化方案围绕数控系统展开，主要包括两部分：一是在数控系统物理层建立适配器，用于屏蔽不同数控系统的硬件差异；二是针对车间中每一台加工设备，通过对其历史加工信息的分析，建立相对应的加工效果预测模块，以实现加工设备对未加工工序加工效果评估的预测。通过建立面向不同厂商数控系统的适配器，屏蔽不同数控系统的硬件差异，为实现加工设备预测待加工工序的加工效果评估，提供了统一平台，作为加工设备实现预测功能的数据传输统一接口。加工设备智能化总体方案架构如图 3-3 所示。

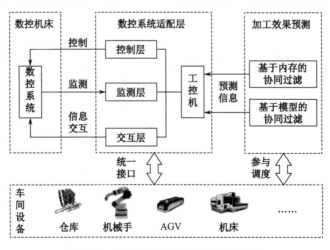

图 3-3 加工设备智能化总体方案架构

在加工装备智能化框架中，为物联制造车间中的每一台数控机床都配备了嵌入式工控机，作为数控系统适配器和加工效果预测模块运行的物理平台。不同厂商生产的数控系统存在异构性和封闭性，在物联制造车间加工过程中产生的大量生产数据不能顺利交互。因此，提出数控系统适配器的概念，建立不同数控系统的数据交互统一接口，以实现对不同数控系统的运动控制、状态信息的监测和获取以及与制造车间其他设备交互等功能。

根据上述对装备智能体构建问题的分析结果，本节提出装备智能体构建总体方案。装备智能体基本体系结构如图 3-4 所示。按照其功能主要分为三部分：信息采集模块、分析决策模块、执行机构。

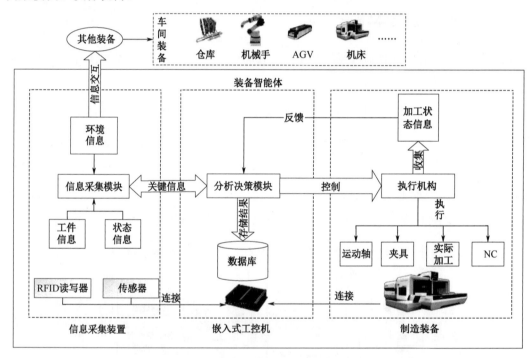

图 3-4　装备智能体体系结构

（1）信息采集模块是装备智能体的感知部分，接受工件信息、设备状态信息、环境信息，将其进行归类统计打包发送至分析决策模块；同时担任着与其他制造装备交流的任务，将自身的加工状态与制造车间中其他制造装备实时交流，根据其他设备的状态信息，对自身的加工做出合理地调整与规划。信息采集模块的硬件基础是装备智能体配备的 RFID 读写器与相应的传感器，它们连接至嵌入式工控机中，将采集的信息按照规范通信格式传递至工控机。

（2）分析决策模块是装备智能体的核心部分，是装备智能体的大脑。根据信息采集模块传递过来的信息，并结合装备自身反馈的加工状态信息，进行合理分析决策，实现不同类型加工的调整；同时也会将分析结果信息反馈至信息采集模块，用于与制造车间中其他制造装备交互，并将相关的处理结果、控制信息存储至数据库，方便实现信息化管理；通过将分析结果转换成控制信号，用于控制执行机构。分析决策模块的硬件基础是嵌入式工控机，它是装备智能体的核心硬件，所有的分析决策算法、应用程序都运行在嵌入式工控机内，实现装备智能体的分析决策、基本的控制监测等功能。

（3）执行机构是装备智能体的基础部分，主要作用是根据控制信号，控制制造装备执行动作，如运动轴动作、夹具动作、加工启动以及执行 NC 代码等。执行机构在加工过程中会产生相关信息，包括运动轴坐标、运动速度、夹具开合状态、加工是否完成、NC 执行情况等。执行机构会采集这些加工状态信息，并反馈至分析决策模块。执行机构的硬件基础就是制造装备本体，制造装备连接至工控机，通过接受工控机的运动控制、状态监测等信号，实现基本的加工动作。

3.2.2 装备智能体功能模块

装备智能体是在制造装备基础上添加具体的应用功能而实现的，采用模块化的设计思想，对物联制造环境下装备智能体功能结构进行设计。所设计的功能模块主要包括装备智能体适配器、装备智能体交互模型以及针对环境信息与自身加工信息的分析决策层。装备智能体的功能结构如图 3-5 所示。

1. 装备智能体适配器

不同厂商的数控系统之间以及数控系统与制造车间其他设备之间，存在数据交互格式不统一、数据结构不兼容的问题。本章所设计的数控系统适配器解决不同数控系统信息采集接口在数据结构不能相互兼容的问题。为此，所设计的数控系统适配器应包含对不同种类数控系统的控制、数控机床状态信息的监测以及数控系统和制造车间其他设备之间的信息交互等功能。

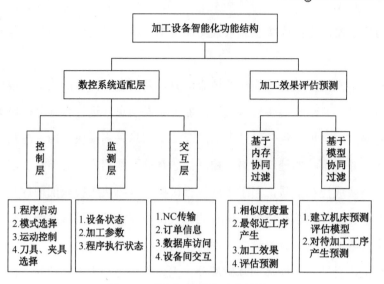

图 3-5 装备智能体的功能结构

其中，控制层主要是实现对数控机床的程序启动、机床模式选择、机床运动以及刀具或夹具的选择等控制功能；监测层是实现对数控机床的设备状态、加工参数、程序执行状态的监测和获取等功能；交互层主要是实现数控机床 NC 代码上传、下载及删除，以及与车间其他设备的交互等功能。

制造车间中制造装备种类繁多，不同厂商制造装备控制系统与通信协议存在异构性和封闭性，设备的通信与控制无法通过统一模式实现，导致针对不同制造装备的运动控制系统开发工作量大，后期扩展复杂。对此，设计装备智能体的适配器，用于解决不同类型制造装备在信息采集、控制方式、通信格式不同的情况下相互不兼容的问题。所设计的适配器包括对制造装备基本的控制、监测以及相关文件信息的传输。适配器的功能结构如图 3-6 所示。

其中，运动控制主要实现的是对制造装备基本动作的控制，包括运动程序启动、运动轴控制、夹具控制等；信息监测主要实现的是对制造装备自身信息的采集，包括运动位置、加工状态、夹具状态、程序执行状态等；信息交互实现对制造装备基本配置信息以及文件信息的传递，包括 NC 文件的上传/下载、控制系统配置文件的传输等。

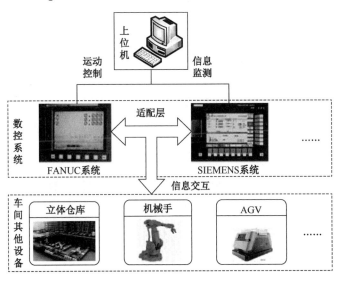

图 3-6　适配器的功能结构

2. 装备智能体交互模型

物联制造车间加工过程是由多种装备智能体相互配合完成的,因此装备间信息交互是车间物联非常重要的一部分。根据物联制造车间加工过程的特点,装备智能体间的交互信息主要包括两个部分:一是装备智能体在正常运行情况下交互的信息;二是当装备智能体发生扰动时交互的信息。

装备智能体在正常运行情况下,主要执行加工任务,与其他装备智能体间交互的主要内容是当前设备的加工信息。在装备智能体发生扰动的情况下,根据具体的扰动状态,信息传递方式不同。当设备发生的是非通信故障,故障设备主动交互故障信息,同时也会交互加工任务信息;当设备发生通信故障,设备故障状态则是由其他装备智能体主动感知获取。

3. 分析决策层

分析决策层是装备智能体的核心部分,通过对传递的信息进行合理分析,从而实现及时调整加工参数、合理选择加工任务。传递的信息主要有两个来源:一是装备智能体自身状态信息,状态信息通过适配器中的监测层获取,包括加工状态、程序执行状态、设备运行状态;二是通过装备间交互获得的其他制造装备信息,统称为环境信息。

对于自身状态分析,主要是确保在明确加工任务的情况下,保证装备及相关辅助装备的操作准确性。对于环境信息,主要考虑是否可以接受正在进行加工工件的下一工艺步骤,保证加工任务选择的合理性。

3.2.3 装备智能体间信息传递

车间内制造装备能进行有效、实时交互的前提是建立了良好的设备间通信。安全可靠的通信基础是构建装备智能体交互决策层的必要保障。一般制造装备间通信分为有线方式与无线方式。有线方式包括工业以太网与现场总线等，现场总线常用于车间低速连接网络，常用的硬件接口为POWERBUS、RS485、CAN 等。工业以太网一般采用TCP/IP（Transmission Control Protocol/Internet Protocol，传输控制协议/网络协议）协议，常见的硬件接口为网口。有线方式传输稳定，传输信息量大，工业以太网常用于车间固定装备间通信。无线方式则包括蓝牙、GPRS 和 WiFi 等。由于 WiFi 具有协议标准广泛，传输带宽大的优点，被广泛应用于制造车间。

在信息传递过程中，最常用的是 TCP/IP 协议。TCP/IP 协议是网络通信协议的统称，主要工作在网络七层模型中的传输层和网络层，它是网络传输过程中最基本的通信协议。TCP/IP 传输协议规定了互联网中各部分进行通信的标准和方法，是保证网络数据信息及时、完整传输的两个重要协议。

IP 协议是网络层协议，TCP 协议是传输层协议。TCP/IP 传输的最小数据单元称为报文，其格式如图 3-7 所示。传输数据以报文的形式存在，保证在网络传输中的有效性与可靠性。基于 TCP/IP 协议传输数据具有以下特点：全双工传输、面向连接和可靠的数据传输。

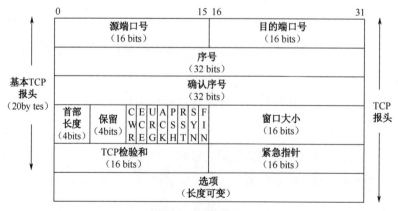

图 3-7 报文格式

基于上述讨论的具体通信方式，结合车间设备的不同特点，装备智能体间的通信结构如图 3-8 所示。

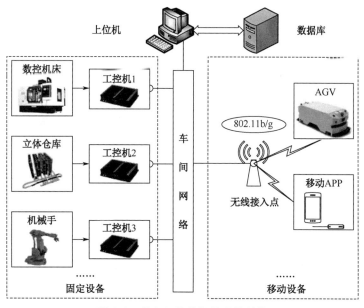

图 3-8　装备智能体间的通信结构

根据物联制造车间中制造装备的特点，可以将装备分为两类：一类是固定装备，如数控设备、立体仓库等；另一类是移动装备，如物流运输 AGV 等。针对固定装备，为每个设备配备一个嵌入式工控机，设备自身通过网线连接至工控机，再将工控机通过网口连接至交换机、路由器等设备。针对移动设备，由于需要在制造车间内进行移动，所以采用无线通信的方式，在移动设备上安装无线通信组件，将设备连接至无线网络。若将所有的制造装备连接至同一个网络，形成局域网，则物联制造车间内的装备智能体可通过建立的局域网进行通信。

由前文可知，车间通信网络是由屏蔽网线和 WiFi 连接而成的。一般可以将网络模型分成四层，分别为链路层、网络层、传输层、应用层。TCP/IP 协议是工作在网络层和传输层上的协议。TCP 协议通过三次握手、四次挥手、超时重传、确认应答、序列号和窗口控制等手段提供端到端的可靠传输服务，而且独立于硬件和操作系统。因此为了保证车间层网络的信息收发安全，在此采用 TCP/IP 协议作为车间传输层的网络传输协议。

1．TCP 粘包半包问题

TCP 是基于字节流的传输协议，虽然在应用层面发送的是大小不一的数据块（即装备智能体之间交互的信息），但是 TCP 仅仅是把数据块看成是一连串无结构的字节流。从发送端发送的数据在 TCP 层面上是单个字节，自然地，到了接收方也是按照单个字节的方式来读入。如图 3-9 所示，智能体 2 正常接收到了 Packet1 和 Packet2 两个数据包。而如图 3-10 所示，智能体 2 将 Packet2 和 Packet1 的一部分当成了一个数据包，出现了粘包半包问题。出现这个问题的根本原因是 TCP 协议处理的字节流没有边界信息，接收时无法确定信息隔断位置。

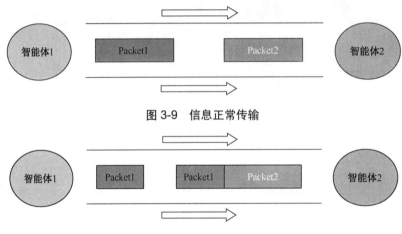

图 3-9　信息正常传输

图 3-10　发生粘包半包现象

2．通信协议设计

针对上述粘包半包问题，一般有以下几种解决方案。

（1）发送端在发送时给每个数据包添加包的首部信息。包首部信息包含数据包的长度字段，这样接收端在接收数据包时，通过读取包首部信息的长度字段，便可以知道这个数据包的实际长度。

（2）发送端将每个数据包都封装成固定长度的数据包（不够的可以通过补 0 来填充），这样接收端每次读取固定长度的数据包就可以将每个数据包分隔。

（3）发送端在每个数据包的末尾添加特殊字符，用以标记数据包结束。

由于第二种方案中固定长度数值不好确定，如果设置过大会浪费传输带宽，加重网络压力，如果设置过小会存在数据包无法容纳的问题。而第三种方案接收端在接收的时候需要对每个字节进行解码（使用固定编码集将字节转换为字符），性能较差。综合上述分析并考虑到以后通信协议的升级等问题，设计如图 3-11 所示的装备智能体通信协议结构。

图 3-11　装备智能体通信协议结构

装备智能体通信协议结构说明如下。

（1）协议头。通信协议第一个字段为协议头，一般是固定的几个字节，在此设定为 4 个字节，用来表示协议的唯一性。车间生产中可能同时存在多个通信协议，当遵循其他通信协议的数据包发送到装备智能体接收窗口时，接收窗口可以先检查前 4 个字节的协议头是否符合协议标准，如果符合则继续向下解析，如果不符合，则丢弃该数据包。

（2）协议版本号。一般情况下是一个预留字段，为了能够支持后期的协议升级。

（3）序列化算法。在实际编程中，当装备智能体需要发送的信息具有多个不同属性时，倾向于使用面向对象的编程思想来封装该信息，这样更加简单清晰。但是因为 TCP 传输时只能传输字节流，所以需要通过序列化算法将对象和二进制数据互相转换，流行的序列化算法有 JSON、Thrift、Hessian 和 XML 等，在此使用 JSON 作为序列化算法。

（4）指令类型。不同的指令类型代表了装备智能体接收到信息后不同的处理逻辑。使用一个字节来表示，最多支持 256 种指令。

（5）数据长度。这表示数据部分的字节数，占 4 个字节。

（6）数据。这是实际传输的数据内容。每一种指令类型对应的数据都不同，如 AGV 位置监控指令的数据内容是 AGV 位置信息，而机床状态监控指令的数据内容是机床轴位置、转速和进给量等数据。

图 3-12 所示为对象传输底层原理图。将需要传输的数据以对象的形式进行封装，选择序列化算法将对象序列化成字节数组，将协议头、协议版本号、序列化算法、指令类型、数据长度和数据依次写入字节流并通过 TCP 传输通道发送给接收方；接收方再通过协议特点依次解析协议字段，最终拿到数据的字节数组，通过协议指定的序列化算法将字节数组

反序列化成对象，拿到传输数据。该流程过程清晰，扩展性好，因此广泛应用于网络通信和分布式应用。

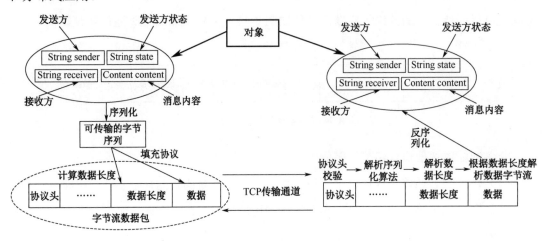

图 3-12　对象传输底层原理图

通信规范是指在通信时，消息发送方和接收方之间需要遵守的规则和数据格式。开放系统互联参考模型把网络通信分为 7 层。TCP/IP 协议是工作在传输层及网络层上的协议，用于数据的传输。本节采用 TCP/IP 协议进行数据传输，而在网络的应用层上制定一些智能个体间通信的规范。

3．数据格式定义

根据车间信息传递的特点，基于 TCP/IP 协议传输的数据通常会采用的格式如图 3-18 所示。其中数据长度代表的是从发送方地址到数据内容所包含的字节数。

图 3-18　信息传输指令格式

第一个字段是魔数，一般情况下为固定长度的几个字节，指定魔数保证数据接收对象更加具有目的性，接收方通过对魔数的对比，可以高效地识别该数据是否为传递给自己的。第二个字段是版本号，通常作为预留字段，用于通信格式升级时使用。第三个字段是序列化算法，表示如何把数据对象转化成网络中传输的二进制及如何从二进制转化回数据对象。第四个字段是指令，表示发送端或接收端相应的处理逻辑。第五个字段表示的是实际传递数据的长度，通过对该长度的获取，可以合理地进行数据包的拆解，有效防止粘包。最后一个字段就是实际传递的数据，接收方根据序列化算法转化成可用的数据包。

目前，面向对象的程序设计（Object-Oriented Programming，OOP）得到了广泛的应用，它使程序具有灵活性和可维护性。对象是对现实生活中存在事物个体的形象描述，对象中包括事物个体的各种属性（如姓名、年龄、体重等）。对象内的属性是无序存储的，不需要进行顺序组合，具有随取随存的特点，因此本节将传输的数据封装成对象。如图 3-14（a）所示，数据封装成 Data 对象，Data 对象里有多个属性，属性类型可以是字符串、整型等，内容则用多个属性依次表示，分别为内容 1、内容 2、内容 3 等。当内容数据十分复杂时，可以采用如图 3-14（b）所示的方法，将内容封装成 Content 对象。Content 对象中包含所有的消息内容，在 Data 对象里则引用 Content 对象作为一个属性。

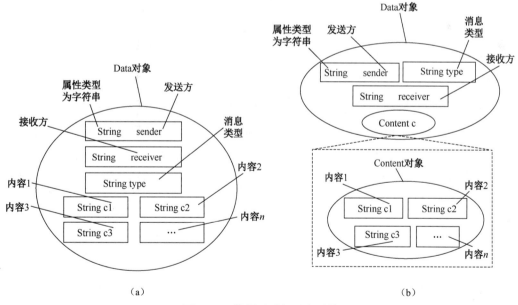

（a）   （b）

图 3-14　数据以对象形式封装

3.2.4　接口统一方案模型设计

根据物联制造环境下装备智能体体系结构，结合具体的功能模块，设计装备智能体总体方案模型如图 3-15 所示。

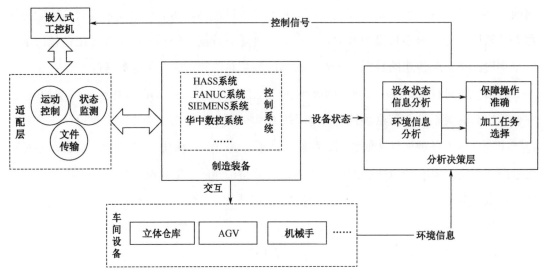

图 3-15　装备智能体总体方案模型

　　每个制造装备都会安装嵌入式工控机，开发的适配器与基于适配器开发的应用软件安装在工控机中，用于实现相应的功能模块。通过适配器，可以实现对装备智能体基本的运动控制、状态监测以及相关控制文件的传输。通过定义装备智能体之间的交互模型，实现装备间在不同运行状态下的信息交互。对装备智能体自身状态与环境信息进行分析，保障制造装备运动、加工等操作的准确性，实现对加工任务的合理选择，最终会以控制信号的形式反馈给控制端，从而对制造装备执行的加工任务做出调整。

　　装备智能体构建主要围绕两个部分展开：一是针对车间多类型制造装备构建的适配器；二是针对装备在加工过程中的运行状态，定义交互方式，用于加工过程中与其他制造装备交互，同时分析装备间交互信息与装备自身状态信息，对加工参数调整与加工任务选择做出合理决策。

　　根据物联制造环境下加工设备智能化功能结构，设计加工设备智能化模型，如图 3-16 所示。加工设备智能化模型以数控系统为核心，一方面建立了针对不同厂商数控系统的适配器，用于车间管理层实现对加工设备的运动控制以及状态信息的监测和获取，为加工设备智能化监控提供了平台。构建的数控系统的适配器，为车间不同设备之间的数据交互提供了统一的数据接口，实现了生产车间不同设备之间的物联。另一方面，加工设备在生产过程中产生的大量加工数据，对于加工设备优化加工参数提供了宝贵的数据资源。从加工设备历史加工信息中，挖掘出数据之间的内在联系，以改善加工设备在未来加工过程中的加工性能，包括加工设备能耗的降低、加工时间的减少和加工质量的提高等。

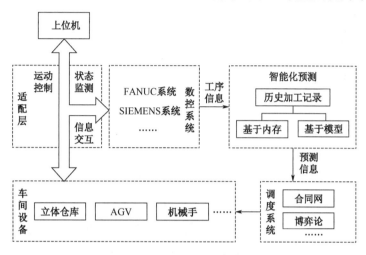

图 3-16　加工设备智能化模型

3.3　装备智能体适配器的构建方法

在实际生产环境中，由于不同厂商的制造装备控制系统与通信协议存在异构性和封闭性，设备的控制与通信无法通过统一模式实现，导致设备在制造系统中的互联效率较低，因此，需要构建兼容多类型制造装备的适配器。本节以车间中最复杂的制造装备——数控设备作为研究对象，阐述装备智能体适配器的构建方法。首先，分析车间实际运行情况，提出构建适配器的目的，对市场上常用的数控系统进行分析，并根据构建需求，设计适配器基本结构。其次，为了兼容不同上层应用调用，设计适配器统一调用接口。最后，针对生产车间典型的 FANUC 和 SIEMENS 数控系统进行适配器的详细设计。通过对适配器的构建，为后续交互决策层研究奠定基础。

物联制造的核心就是车间内的设备实现自主互联，一方面是设备主动要求其所需要的信息，另一方面是设备能积极接受其他设备发送的信息并能按照一定规则解析出该信息的含义。物联制造车间的通信主要包括三个层面：第一，制造系统各信息层之间的信息传递，信息在制造系统的信息管理层、信息执行层和信息采集层之间传递；第二，制造系统各信息层内部的信息传递，包括信息管理层内部的云端服务器和本地数据库，信息执行层内部的仓储系统、物流系统和执行系统，以及信息采集层各传感器之间的信息传递；第三，制造系统各智能体之间的信息传递，各智能体之间的协调是实现制造车间智能化的核心所在，是物联制造车间区别于传统自动化车间的一个显著特点，即设备的互联互通。

3.3.1　适配器构建目的

现阶段，制造车间内加工设备的信息采集和交互与设备本身密切相关，不同厂商的设备关注重点不同，缺乏统一的标准和规范，信息难以有效的集成。而且，不同厂商的数控系统与车间其他设备也都是彼此封闭的。物联制造车间在运行过程中，车间内的加工设备将产生大量加工信息，而车间内数控系统之间以及与车间其他设备之间交互困难的问题，成为物联制造车间实现实时调度的障碍。以制造车间中典型的 FANUC 和 SIEMENS 数控系统为例，数控系统之间以及与车间其他设备间的交互现状如图 3-17 所示。

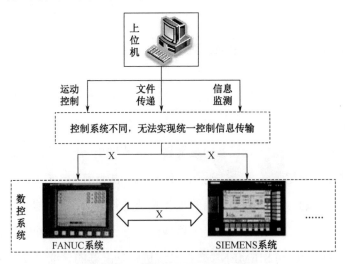

图 3-17　制造装备间的交互现状

由于不同厂商的制造装备采用的通信协议不同，在进行信息传输接口开发时需要根据装备具体的通信格式来实现，同时由于信息传输接口的差异，无法通过调用统一接口实现不同类型制造装备的控制、监测等功能，使后续的交互层和分析层开发变得更加复杂与不便。因此，为了实现物联制造车间中装备智能体的构建，需要进行装备智能体构建的基础部分——适配器的开发，并为了兼容不同上层应用调用，设计适配器统一调用接口。

数控设备作为制造车间中最复杂的制造装备，具有控制系统种类繁多、通信协议复杂等特点。因此，通过对数控设备适配器构建方法的研究，能够有效总结出车间装备智能体适配器构建的一般规律。

3.3.2 数控系统概述

控制系统是自动化装备的重要组成部分，通过它可以按照所希望的方式保持和改变机器、机构或其他设备内任何感兴趣或可变的量。在制造业应用领域，最常见的控制系统为数控系统，数控系统常用于机床、机械手等制造装备中。

数控系统是计算机数字控制（Computer Numerical Control，CNC）系统的简称，是根据计算机存储器中存储的控制程序，执行部分或全部数值控制功能，并配有接口电路和伺服驱动装置的专用计算机系统。通过利用数字、文字和符号组成的数字指令来实现一台或多台制造装备的动作控制，它所控制的通常是位置、角度、速度等机械量和开关量。数控系统的基本组成结构如图 3-18 所示。

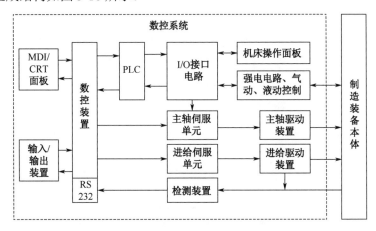

图 3-18 数控系统的基本组成结构

输入/输出装置的作用是进行数控加工或运动控制程序、加工与控制数据、机床参数，以及坐标轴位置、检测开关的状态等数据的输入、输出。键盘和显示器是任何数控设备都必备的最基本的输入/输出装置。数控装置是数控系统的核心，由输入/输出接口线路、控制器、运算器和存储器等部分组成。数控装置的作用是将输入装置输入的数据，通过内部的逻辑电路或控制软件进行编译、运算和处理，并输出各种信息和指令，以控制机床的各部分执行规定的动作。伺服驱动通常由伺服放大器（亦称驱动器、伺服单元）和执行机构等部分组成，主要作用是执行实际的运动，完成具体的加工功能。

目前全球知名的数控系统品牌主要有日本的 FANUC、德国的 SIEMENS、日本的三菱、德国的海德汉、日本的 MAZAK 以及国内的华中数控和广州数控等。在国内制造企业中，使用最多的数控系统是日本的 FANUC 和德国的 SIEMENS 系统，本章将以这两种系统的适配器构建作为案例说明具体的构建过程。

3.3.3 常见的数控系统通信协议

适配器是针对不同类型的数控系统进行统一的控制和监测接口开发。适配器构建的关键在于实现与数控系统的基本通信，不同厂商针对其数控系统提供了可使用户实现基本通信的 SDK（Software Development Kit，软件开发工具包）链接库。本节利用厂商提供的链接库接口，基于物联制造技术，构建对应系统的适配器，实现对不同数控系统的控制与监测等功能。表 3-1 所示为常见的数控系统及其通信协议。

表 3-1 常见数控系统及其通信协议

设备类型	控制系统	生产国家	通信协议
数控机床	FANUC	日本	FOCASII
数控机床	Mitsubishi	日本	Ezsocket
数控机床	SIEMENS	德国	OPC UA
机器人	Omron	日本	OPC
数控机床	华中数控	中国	HNCSDK
数控机床	广州数控	中国	IO
数控机床	HASS	美国	串口
数控机床	MAZAK	日本	MTConnect

其中，日本的 FANUC 数控系统采用的通信协议是 FOCASII，该协议提供了基本的连接数控系统、PLC（Programmable Logic Controller，可编程逻辑控制器）寄存器点位读写、断开连接等基本功能，需要基于此基本功能实现具体的适配器开发；德国的 SIEMENS 数控系统采用的通信协议是 OPC UA，该协议为 OPC 基金会应用在自动化技术的机器对机器

网络传输协议，是一种标准的协议，同样提供了基本的连接、读写等功能。

3.3.4 适配器基本结构

物联制造车间的加工任务执行过程，是由车间内多种类型制造装备交互协作完成的。制造装备的加工过程是基本的控制、监测信号组合完成的一系列动作。装备智能体的开发，基础部分就是需要完成对制造装备的控制、监测以及基本文件的传输。目前，不同厂商的数控系统之间存在通信差异，因此需要开发针对不同数控系统的适配器。适配器是根据制造车间内不同类型的制造装备而构建的统一控制、采集、交互程序的集合。根据上述分析，结合制造装备实际的运行特点构建适配器，其结构分为三个部分：控制层、监测层以及文件传输层，如图 3-19 所示。

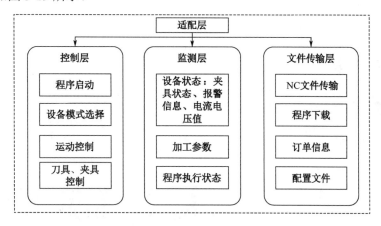

图 3-19 适配器的基本结构

控制层针对的是装备智能体的执行机构，承担对制造装备最基本的控制任务，包括最基本的运动控制、夹具与刀具的控制以及程序的执行控制。通过控制层，可以实现针对具体的运动需求开发不同的控制系统软件。

监测层针对装备智能体各部分机构所产生的数据，主要负责对制造装备当前的状态进行监测，包括设备的基本状态，如夹具信息、报警信息等；同时也可以监测与具体加工相关的信息，如加工参数、转速进给信息以及程序执行状态。通过监测层，可以实现针对不同数据需求的监测系统开发，实现装备数据的可视化。

文件传输层针对装备智能体加工所需的控制文件以及相关配置文件等，在实际运行过程中主要包括 NC 文件传输和运动配置文件传输。NC 文件又称数控程序文件，采用简单、习惯的语言对加工对象的几何形状、加工工艺、切削参数及辅助信息等内容按规则进行描述。数控系统会根据具体描述转化成制造装备的具体加工运动过程。运动配置文件是配置文件的一种，主要用于对制造装备相关运动参数的调整与配置。

目前，不同厂商的数控系统，从体系结构上可以划分为专用计算机数控系统和通用计算机数控系统两大类。专用计算机数控系统之间，因其是针对不同的应用场合所设计的数控系统，因此通用性较差。而通用计算机数控系统在软硬件方面的兼容性，为解决专用数控系统通用性方面的缺陷提供了解决方案。为此，对于每个制造装备，都会配备一个嵌入式工控机嵌入到不同厂商的专用数控系统中，工控机内运行基于适配器开发的软件，从而实现对数控制造装备的基本控制。适配器工作的基本原理如图 3-20 所示。

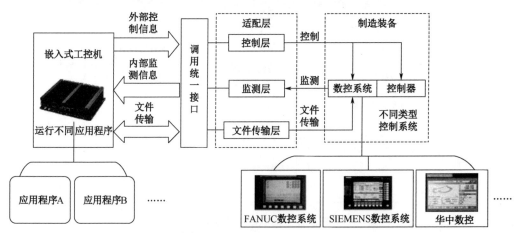

图 3-20 适配器的工作原理

适配器作为装备智能体的基础部分，结合相应的应用系统软件运行在工控机中，相关的外部控制信号会调用适配器中控制层模块，根据不同数控系统转换成具体协议，通过以太网的形式传输到数控系统及控制器中，被数控系统识别进行具体的操作；同时监测的数据也会从数控系统的相关寄存器中读出，通过适配器的监测层，对数据格式及编码进行转换，给用户呈现可读性强的数据。NC 文件与相关配置文件的控制包括两个方向：一是工控机中的文件上传至数控系统中；二是数控系统中的文件下载至本地工控机中。文件的传输通过适配器的文件传输层，根据数控系统具体的文本控制格式实现两个方向的传递。

因此，适配器构建主要围绕两个方面展开：一是针对不同类型的控制系统，根据其提供的通信协议实现基础的控制层、监测层与文件传输层开发；二是为了方便应用层开发，对适配器调用进行统一接口设置，应用程序只需调用同一接口，可实现控制不同类型的制造装备。

物联制造车间在运行过程中，车间内的加工设备将产生大量加工信息，物联车间为了实现高效调度，依赖于对设备状态的监测以及车间设备之间的交互。车间设备之间的物联是实现物联制造的基础。为了能够实现车间内加工设备之间以及加工设备与车间其他设备之间的互联，要求对加工设备的动作驱动和信息进行获取，需要根据不同种类的设备开发相应的适配器。

在此将工业中通用计算机——嵌入式工控机，嵌入到不同厂商的专用数控系统中，通过建立数控系统适配器，将二者联系起来。基于嵌入式工控机的数控系统车间交互如图3-21所示。

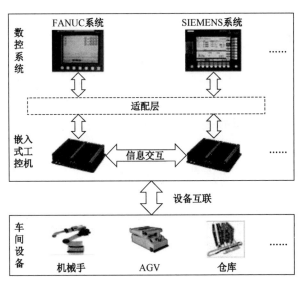

图 3-21　基于嵌入式工控机的数控系统车间交互

根据制造系统对数控系统的要求，为解决加工设备之间以及加工设备与制造车间其他设备之间通信的问题，所设计的统一接口——适配器，应该满足以下功能：能实现对加工设备的控制、对加工设备状态信息的监测和获取、对外交互等功能。

通过上述分析，构建的数控系统适配器框架应该包含三部分：控制层、监测层和文件传输层。由上述适配器功能需求分析可知，本章设计的数控系统适配器框架如图 3-22 所示。

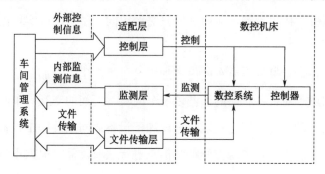

图 3-22　数控系统适配器框架

数控系统适配器中每一层的含义及功能如表 3-2 所示。

表 3-2　数控系统适配器含义

适配器框架	含义	功能
控制层	实现对数控系统的控制	程序启动、设备模式选择、运动控制，以及刀具、夹具控制等
监测层	对数控系统内部各个状态信息的监测与提取	监测设备、夹具、刀具以及报警等状态，加工参数以及程序执行状态
文件传输层	数控系统信息传输	NC 文件上传、下载，订单信息查询等

3.3.5　适配器的工作过程

适配器构建完成后，作为装备智能体的基础部分运行在配备的工控机中，具体的工作过程如图 3-23 所示。

工控机与数控系统建立连接，适配器运行在工控机中。控制装备智能体时，通过调用具体的控制接口，控制信号通过适配器传递至数控系统中，实现对数控系统 PLC 梯形图中控制寄存器的写操作。对装备智能体状态监测时，读取数控系统 PLC 梯形图寄存器状态值，返回至适配器的监测层，通过适配器将监测数据进行可视化转换，提供给调用方。文件的传输则是调用适配器文件传输方法，将 NC 文件等上传至数控系统中的文件系统进行统一管理。

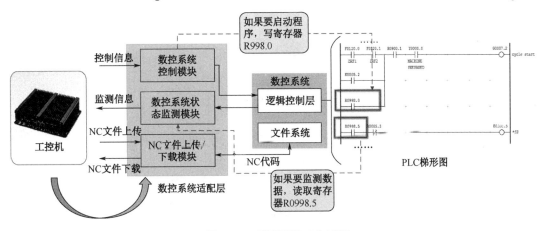

图 3-23　适配器的工作过程

异构数控系统直接实现接口的统一非常困难，也没有固定的国际标准来实现，一般通过加装第三方控制器，利用开发好的配套软件实现异构数控系统的集成。适配器作为软硬件集成的平台，解决了异构系统接口不统一的问题，为后续设备间的交互建立了通道，也为设备智能化奠定了基础。总结针对不同数控系统开发通用适配器的一般方法为：数控系统适配层的框架主要由控制层、监测层和文件传输层三部分组成，分别实现对数控系统运动控制、状态信息监测与获取以及对外交互等功能；根据不同厂商生产的数控系统提供的链接库，对适配层中的控制层、监测层和文件传输层进行具体设计。

3.3.6　统一接口设计模式

早期针对数控系统的适配器接口开发模式如图 3-24 所示。由于不同厂商的数控系统提供的通信协议不同，会根据不同的数控系统开发对应的接口。此时的管理软件由于多种类型的接口，内部代码量特别的庞大，而且不同代码混合在一起，使应用程序可读性差，系统开发困难，扩展性低。

随着面向对象编程的技术持续发展，相关的设计模式也不断推陈出新，出现了针对多种类型接口的设计模式——桥接模式。所谓桥接，就是在不同类型的接口之间搭建一个"桥"，让它们能够连接起来，可以相互通信。桥接模式的结构如图 3-25 所示。

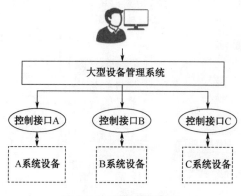

图 3-24　早期开发模式

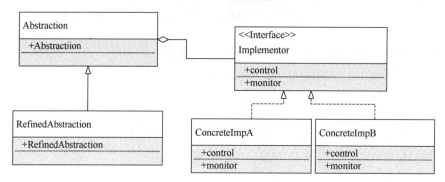

图 3-25　桥接模式的结构

桥接模式各功能模块说明如下。

（1）Implementor 模块。在具体功能方面，该模块是统一接口，内部定义了对设备控制与监测的规则。在实际使用时，使用该模块就可以实现使用同一方法对不同类型数控系统的控制。在软件开发层面，该模块是一个定义实现部分的接口，通常提供基本的操作。

（2）ConcreteImpA,B 模块。该模块是接口的具体实现，对应的是具体的数控系统，基于统一接口定义的规则，根据不同类型数控系统的实际通信方式进行实现。在软件开发层面，该模块是统一接口的实现类，是具体的对象。

（3）Abstraction 模块。该模块是统一接口业务层面相关的体现。通常在该模块中，维护一个具体实现部分的引用。该模块中的方法，需要调用具体的实现对象来完成。

（4）RefineAbstraction 模块。该模块是扩展模块。通常在该模块中，定义与实际业务相关的方法，同时用户也可以根据自己的具体需求进行功能扩展。该模块中的方法通常来自

Abstraction 中的定义，也可以通过调用统一接口中的具体方法。

桥接模式最重要的功能就是将不同类型的实现与统一规范进行了分离。对应到适配器构建过程中，就是将不同类型的数控系统的链接库与适配器统一接口开发进行分离。具体的链接库在统一接口的规范下进行实现，这样在进行上层应用开发时只需调用适配器统一接口就可以实现多类型设备的控制。

通过对桥接模式的使用，提高了系统的可扩充性，在多种类型数控系统开发中，不再需要修改原有系统，可以对用户隐藏实现细节，同时减少程序开发过程中的模块个数，提高可读性。

3.3.7　基于桥接模式的统一接口实现

根据桥接模式基本结构，针对设计模式中各个模块的具体功能，设计适配器统一接口结构如图 3-26 所示。

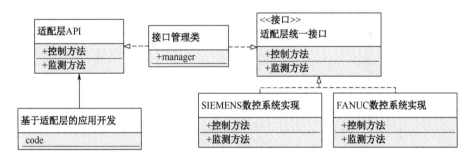

图 3-26　适配器统一接口结构

适配器统一接口定义操作不同类型制造装备的功能规范，主要包括适配器定义的三层功能：控制层、监测层以及文件传输层。适配器构建在统一接口的标准下，根据系统自身通信协议进行实现。添加接口管理模块，该模块相当于中间对象，通过该模块将适配器统一接口与适配器的 API（Application Programming Interface，应用程序接口）对接起来，方便对统一接口的管理，同时也将接口与应用解耦，提高适配器开发的扩展性。适配器的 API是适配器统一接口的具体实现，接口定义了规范，API 则在实际应用开发过程中根据具体功能需求选用；适配器的 API 相当于桥接模式的 Abstraction 模块部分，既是对统一接口使用的体现，又能够进行功能扩展。

在针对不同类型的数控系统适配器的构建过程中，关注的是通过厂商提供的通信链接库，在统一接口的规范下进行开发。在使用适配器进行总体实现时，都是基于统一接口的 API 开发应用层软件，可以实现调用统一接口控制多种类型数控系统，避免了传统的多接口的调用，大大减少了开发工作量以及程序复杂性，调用过程如图 3-27 所示。

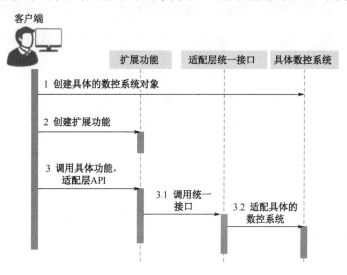

图 3-27　统一接口调用过程

客户端首先会创建具体的数控系统对象，用于调用具体的接口，在面向对象编程中，通过统一接口去创建具体的对象。然后客户端程序会根据当前功能需求创建不同的扩展功能，并且与适配器统一接口的功能共同放置在同一模块中，方便功能的集中调用。在实际使用某个功能时，会调用具体的适配器 API 方法，从而调用适配器统一接口的规范方法，通过统一接口适配当前所需要控制的数控系统。由于接口是统一的，数控系统在被调用端可以随意替换，若符合统一接口规范，则可以实现之前调用的功能。

3.3.8　基于 SIEMENS 数控系统构建适配器

SIEMENS 数控系统适配器的构建是按照适配器的基本结构划分每一层功能，包括

SIEMENS 控制层、SIEMENS 监测层以及 SIEMENS 文件传输层。SIEMENS 数控系统采用的通信协议是 OPC UA。OPC（OLE for Process Control，用于过程控制的 OLE）用于控制对象在加工过程中的连接与嵌入（Object Link Embed，OLE）；UA（Unified Architecture）为统一架构。该协议为工业机与服务机之间通信规范了统一标准。

OPC 和 OPC UA 协议的不同之处是使用的 TCP 层不一样，OPC 是基于 DOM/COM 上，应用层是最顶层；OPC UA 是基于 TCP/IP Socket 传输层。OPC UA 数据读写过程如图 3-28 所示。

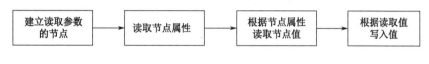

图 3-28　OPC UA 数据读写过程

OPC UA 协议给用户提供了最基本的连接功能、寄存器读写功能，基于这些最基本的功能，开发适配器的每一个模块。

在进行基本的读写之前，首先要与 SIEMENS 数控系统建立通信，通信方式采用 OPC UA 官方提供的通信方法。读取数据之前，首先建立读取参数节点，该节点对应寄存器的地址；然后读取节点属性，属性值对应读取数据的具体类型，不同类型的数据在寄存器中存储的位数不同，读取长度也就不同；最后根据属性值与具体节点地址进行读写操作。

OPC UA 协议具备以下优势。

①一个通用接口集成了之前所有 OPC 的特性和信息。

②更加开放，具有平台无关性，兼容 Windows、Linux 操作系统。

③在协议和应用层集成了安全功能，更加安全。

该协议对于数控系统只提供了读和写两种功能，与其他系统不同的是，SIEMENS 数控系统的读写参数是通道参数。

针对 SIEMENS 数控系统的特点以及一般数控系统适配器的通用框架，设计的 SIEMENS 数控系统适配器框架如图 3-29 所示。SIEMENS 数控系统适配器由三个模块组成，分别为 SIEMENS_Control_Module、SIEMENS_Supervisor_Module 和 SIEMENS_Interaction_

Module，分别对应一般数控系统适配器的控制层、监测层和文件传输层。

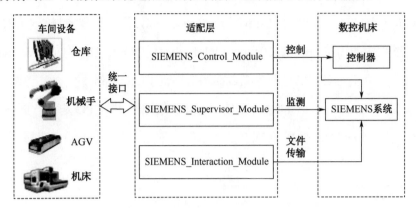

图 3-29　SIEMENS 数控系统适配器框架

通过 OPC UA 协议实现基本的通信、读写功能之后，就可以建立具体的适配器三层功能了。

1. SIEMENS 数控系统适配器控制层

SIEMENS 数控系统内部所有的控制逻辑最终都是转换成 PLC 的控制信号，从而实现对装备智能体的控制。在进行所有操作之前，首先需要建立通信。PLC 内部某些点位不允许用户直接写入操作字，一般需要对 PLC 梯形图进行修改。图 3-30 所示为修改 NC 程序启动的 PLC 梯形图。

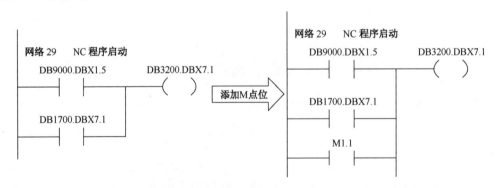

图 3-30　PLC 梯形图修改示例

SIEMENS 控制层每个具体功能的开发基本按照以下步骤进行：找到具体的 PLC 控制

地址；添加可写入点位；调用基本读写寄存器功能在添加的点位中写入控制字。在实际调用控制层时，控制层的实现逻辑如图 3-31 所示。

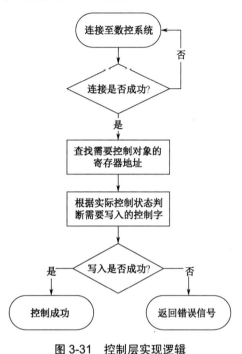

图 3-31　控制层实现逻辑

　　首先调用数控系统厂商提供的链接库中的连接函数连接至数控系统，如果连接不成功，一般采用的方式是持续连接；连接成功后，根据具体的控制功能找到 PLC 中的寄存器，一般控制点位是在开发适配器时修改 PLC 添加的点位；找到具体的控制点位后，按照控制逻辑写入控制字，一般对寄存器的写入都是 0、1 数值；最后判断写入是否成功，写入成功则说明控制成功，否则写入失败，需要给调用方返回错误信号，方便调用方做出修改错误的处理。

　　根据装备智能体在加工过程中的控制需求，SIEMENS 数控系统适配器的控制层主要有以下几个控制方法：连接与断开数控系统、设置当前程序执行状态、设备运行模式设置、运动方向控制、夹具与安全门的开闭控制。按照适配器统一接口设置，具体控制方法如表 3-3 所示。

表 3-3　SIEMENS 数控系统控制方法

方法名	参数说明	功能
SIEMENS_Connect (uid, username, password)	uid 表示装备标号，username 表示用户名，password 表示用户密码	连接设备
SIEMENS_DisConnect()	（空）	断开连接
SIEMENS_Program_State(state)	state 表示程序状态	程序启动或暂停
SIEMENS_Setting_Mode(mode)	mode 表示设备模式	设置运行模式
SIEMENS_Axis_Dir (direction)	direction 表示运动方向	设置各轴运动方向
SIEMENS_Fixture_Control (state)	state 表示夹具状态	夹具控制
SIEMENS_Door_Control (state)	state 表示安全门状态	安全门控制

2．SIEMENS 数控系统适配器监测层

监测层的主要功能是对装备智能体运行时的状态进行监测，并将监测值返回给调用方进行具体的数据处理。制造装备相关的状态信息存储于 PLC 寄存器中，SIEMENS 数控系统提供了最基本的寄存器读取方法，因此监测层状态数据通过读取 PLC 寄存器状态值来实现。同时，SIEMENS 数控系统也可以通过通道变量实现对报警编号、报警内容的读取。图 3-32 所示为监测装备智能体 PLC 中的夹具状态。

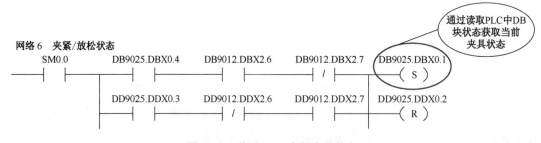

图 3-32　监测 PLC 中的夹具状态

对于监测一些开关量的状态，如程序启动/停止、夹具张开/闭合等，这类寄存器读取结果通过 0 或 1 的信号量表示。为了使结果含义更加明确，在构建监测层时要对监测数据的具体状态含义进行可视化的转换。根据装备智能体在运行过程中的监测需求，结合适配器统一接口规范，具体监测方法如表 3-4 所示。

表 3-4　SIEMENS 数控系统监测方法

方法名	参数说明	功能
SIEMENS_Ma_Alarm()	（空）	获取设备报警状态
SIEMENS_Sup_Coordinates(axis)	axis 表示轴编号	获取设备运动坐标
SIEMENS_Sup_Spindle ()	（空）	获取主轴转向
SIEMENS_Sup_rCurrentProgram()	（空）	获取程序执行状态
SIEMENS_Sup_FixState()	（空）	获取夹具状态
SIEMENS_Sup_DoorState()	（空）	获取安全门状态
SIEMENS_Sup_Spindle_Speed()	（空）	获取主轴转速

3. SIEMENS 数控系统适配器文件传输层

适配器中的文件传输层主要是向数控系统中传递文件，包括 NC 文件的上传、下载，以及重要配置文件的传输。SIEMENS 数控系统使用 FTP（File Transfer Protocol，文件传输协议）。FTP 是 TCP/IP 协议组中的协议之一。FTP 将设备作为服务器，需要传输文件的计算机作为客户端对其进行连接，连接成功后根据指定的文件存放路径就可以将文件上传至数控系统中。

根据文件传输需求，在适配器统一接口规范下定义的具体文件传输方法如表 3-5 所示。

表 3-5　SIEMENS 数控系统文件传输方法

方法名	参数说明	功能
SIEMENS_File_Upload(targetPath, sourcePath)	targetPath 表示目标文件路径 sourcePath 表示源文件路径	上传文件
SIEMENS_File_Download(targetPath, sourcePath)	targetPath 表示目标文件路径 sourcePath 表示源文件路径	下载文件

3.3.9　基于 FANUC 数控系统构建适配器

FANUC 数控系统适配器的构建也是按照适配器的基本结构划分每一层功能。与 SIEMENS 数控系统相同设计为三层，包括 FANUC 控制层、FANUC 监测层以及 FANUC 文件传输层。FANUC 数控系统采用的通信协议是由 FANUC 公司官方提供的 FOCASII 协议。该协议提供了连接数控系统、PLC 的读写以及对文件操作等一系列基本功能。

针对 FANUC 数控系统的特点以及一般数控系统适配器的通用框架，设计的 FANUC 数控系统适配器框架如图 3-33 所示。FANUC 数控系统适配器由三个模块组成，分别为 FANUC_Control_Module、FANUC_Supervisor_Module 和 FANUC_Interaction_Module，分别对应一般数控系统适配器的控制层、监测层和文件传输层。

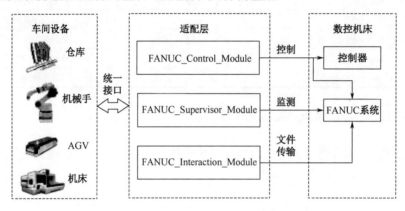

图 3-33　FANUC 数控系统适配器框架

1. FANUC 数控系统适配器控制层

对于 FANUC 数控系统的控制信号，最终也是转换成通过控制其 PMC（Programmable Machine Controller，可编程机床控制器）寄存器来实现的，FOCASII 协议提供对 PMC 内部点位控制的链接库。利用控制 PMC 的链接库，根据 PMC 梯形图，查找不同控制量读写的寄存器地址。通过读写相对应寄存器的值，达到对数控系统控制的目的。

FANUC 数控系统 PMC 对于用户来说是封闭的，无法直接对硬件点位寄存器读写，因此需要与 SIEMENS 系统一样，修改 PMC 梯形图。图 3-34 所示为修改 NC 程序启动的 PMC 梯形图。

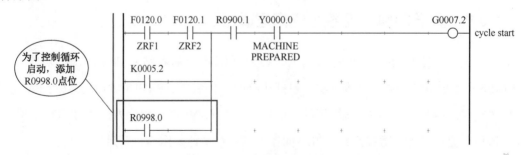

图 3-34　PMC 梯形图修改示例

根据装备智能体在制造车间的加工需求，FANUC 数控系统适配器控制层主要有以下几个控制方法：数控系统的连接与断开、NC 程序的执行、设备工作模式选择、夹具与安全门的操作。根据适配器统一接口定义，具体控制方法如表 3-6 所示。

表 3-6　FANUC 数控系统控制方法

方法名	参数说明	功能
FANUC_Connect (uid, usart, Flibhndl)	uid 表示设备编号，usart 表示设备串口号	连接设备
FANUC_DisConnect(Flibhndl)	（空）	断开连接
FANUC_Setting_ProStart (Flibhndl)	（空）	程序启动
FANUC_Setting_MaMode (Flibhndl, mode)	mode 表示工作模式	模式选择
FANUC_Axis_Movingdir(Flibhndl, direction)	direction 表示运动轴编号	连续运动
FANUC_Setting_Handle_Dir(Flibhndl, direction)	direction 表示进给方向	手轮进给方向选择
FANUC_Open_Fix(Flibhndl)	（空）	夹具打开
FANUC_Close_Fix(Flibhndl)	（空）	夹具关闭

说明：Flibhndl 表示设备连接句柄，此参数在本章其他表格中的含义相同。

2. FANUC 数控系统适配器监测层

FANUC 数控系统监测层主要是监测装备智能体各个轴运动坐标、程序执行状态、设备报警信息、夹具与安全门开闭状态等。该状态信息存储于 PMC 寄存器中。FANUC 的 FOCASII 协议提供了最基本的 PMC 寄存器读取方法，对于读取的状态值需要根据具体需求进行转换。针对 FANUC 数控系统，监测信息主要包括装备智能体的运动轴的坐标、主轴的转速与进给速度、设备报警信息、当前程序的执行状态等。根据适配器统一接口定义，具体监测方法如表 3-7 所示。

表 3-7　FANUC 数控系统监控方法

方法名	参数说明	功能
FANUC_GetAbsoluteCor(Flibhndl)	（空）	监测运动轴绝对坐标
FANUC_GetRelativeCor(Flibhndl)	（空）	监测运动轴相对坐标
FANUC_GetSplSpeed(Flibhndl)	（空）	监测主轴转速
FANUC_GetFedSpeed(Flibhndl)	（空）	监测进给速度
FANUC_GetAlarmState (Flibhndl)	（空）	监测警报信息
FANUC_Sup_CurProgram_State(Flibhndl, SuperState)	SuperState 表示程序状态	监测程序执行状态
FANUC_Sup_Fix_State(Flibhndl)	（空）	监测夹具状态

3. FANUC 数控系统适配器文件传输层

FANUC 数控系统适配器中的文件传输层主要是向数控系统中传递文件,包括 NC 文件的上传、下载,以及重要配置文件的传输。FANUC 数控系统传输方式在官方提供的链接库中有基本的文件传输方法,在构建传输层时要注意文件传输格式与路径问题。根据适配器统一接口定义,具体文件传输方法如表 3-8 所示。

表 3-8　FANUC 数控系统文件传输方法

方法名	参数说明	功能
FANUC_UpLoadNCCode(Flibhndl, filename, path)	filename 表示 NC 文件名,path 表示 NC 文件路径	上传 NC 文件
FANUC_DeleteNCCode(Flibhndl, filename)	filename 表示 NC 文件名	删除 NC 文件
FANUC_UpdateNCCode(Flibhndl, filename, path)	filename 表示 NC 文件名,path 表示 NC 文件路径	更新 NC 文件

3.4　本章小结

本章根据异构制造装备数据采集统一接口的需求,针对不同数控系统在车间内存在信息交互壁垒的问题,提出了建立装备智能体适配器的概念,并设计了适配器的框架。面向制造车间中最典型的数控系统 FANUC 和 SIEMENS,开发了这两种数控系统的统一接口,解决了不同数控系统软硬件接口不统一的问题。

第**4**章

面向异构装备智能体的信息交互技术

在物联制造环境中，设备与设备之间、设备与人之间、设备与云资源之间必须要实现互联互通，为构建完整的"互联网+制造"体系，必须解决异构装备间的信息交互问题。通过对装备智能体在物联环境中的基本要求进行分析，建立交互模型，并对交互过程中的信息流进行设计，明确装备间交互信息的内容，进而确定分析决策信息的来源。

4.1 物联制造车间通信机制

传统的生产制造的过程需要集中大量的人力，并且对物联技术的应用较少，这样就导致企业管理者与执行者之间以及生产设备之间，消费者与制造企业之间存在信息不透明、交流滞后等问题。随着"工业4.0""中国制造2025"等概念的不断深入，新一代的通信技术和传感技术与制造业进行快速高度融合，产生出物联技术。物联制造作为物联网技术与制造技术深度融合的产物，将制造业推向数字化、信息化发展的道路，并且不断地推进制造装备向智能化发展的方向。

物联制造车间的通信主要分为两个部分：工件信息的获取与装备智能体间信息的传输。工件信息包含待加工工件尺寸信息、工艺步骤信息、工件加工状态等，通过获取工件信息，可以获取当前加工工艺参数，实现对工件合理加工。装备智能体之间传输的信息包括设备状态信息、加工是否完成、是否发生故障等。装备智能体通过获取其他装备信息，能够有效地对当前执行任务做出调整。

4.1.1 物联制造车间通信协议

物联制造的核心就是车间内设备实现自主互联，一方面是设备主动要求其所需要的信息，另一方面是设备能积极接受其他设备发送的信息并能按照一定规则解析出该信息的含义。物联制造车间的通信主要包括三个层面：第一，制造系统各信息层之间的信息传递，信息在制造系统的信息管理层、信息执行层和信息采集层之间传递；第二，制造系统各信息层内部的信息传递，包括信息管理层内部的云端服务器和本地数据库，信息执行层内部的仓储系统、物流系统和执行系统，以及信息采集层各传感器之间的信息传递；第三，制造系统各智能体之间的信息传递，各智能体之间的协调是实现制造车间智能化的核心所在，是物联制造车间区别于传统自动化车间的一个显著特点，即设备的互联互通。

图 4-1 所示为物联制造车间网络拓扑结构。该图从车间信息传递的逻辑上，将物联制造车间网络拓扑结构划分为三个模块，分别为信息管理层、信息执行层和信息采集层。

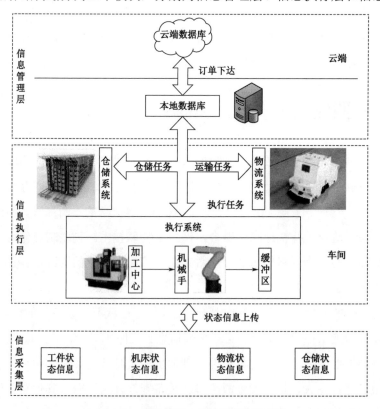

图 4-1　物联制造车间网络拓扑结构

信息管理层是物联制造车间信息管理、存储和分析的中心，是连接消费者与制造车间的桥梁，是消费者需求信息转化为制造车间可执行信息的纽带。信息管理层一方面将客户的订单信息分解为车间执行系统可执行的任务单元，并将该任务单元投放至制造车间以完成加工任务。另一方面，信息管理层存储、管理并分析从制造车间上传的制造信息，包括车间生产任务、设备状态、车间调度以及车间扰动等信息。对于车间上传的制造信息，信息管理层分别做出不同处理。将客户关心的生产进度及加工质量等信息转化为客户可理解的信息形式，使得客户及时了解其订单的加工状态。而对于车间中的设备状态、车间调度和车间扰动等信息，信息管理层根据车间相应规则，实时做出响应。

信息执行层是对信息管理层传递的信息进行解析并通过车间加工设备完成加工。制造车间由仓储系统、物流系统以及执行系统构成，生产信息在车间不同系统之间随着工件加工任务的转移而传递。

信息采集层是利用 RFID、红外以及条形码等信息识别技术，对制造车间中的工件状态信息、机床状态信息、物流状态信息以及仓储状态信息进行采集，并将采集到的信息上传至信息管理层，作为信息管理层的信息来源。

物联制造车间最基本的特征是车间设备实现物联，而设计一套能实现车间设备高效简洁通信的车间通信协议，是实现车间设备物联的基础。通过对物联制造车间网络拓扑结构的分析，本章设计的通信协议是基于 TCP/IP 协议之上，对以太网应用层进行扩展，应用于物联制造车间。在物联制造车间中，嵌入式工控机作为车间智能体的大脑，其作用包括对协议的解析以及对设备的控制。现场设备通过连接嵌入式工控机而具有网络通信功能，现场各智能体之间通信以及车间各层之间通信的信息帧格式必须符合应用层协议的要求。本章设计的应用层协议考虑到制造系统的可扩展性，采用了面向对象的设计思想。协议中的对象与面向对象编程的"对象"是一个概念，都使用属性和行为的组合来描述车间设备所具有的特性。本协议的对象由类（class）、行为（behavior）和属性（attribute）三个概念组成。将车间中具有相同属性和行为的对象设备抽象化成一个类，在系统后续的扩展中，用其对应的类实例化对象即可。

本章设计的通信协议中各术语的基本概念介绍如下。

（1）对象。本协议将物联制造车间中的设备都看成一个对象，用对象来定义一类设备中的每个实例。本协议中用对象 ID 来对车间对象设备进行识别，对象 ID 分配如表 4-1 所示。其范围是 0x01~0xFF，占用一个字节（可扩展）。

表 4-1　车间对象及 ID

对象名	仓储	物流	执行	搬运	服务器	客户端	广播	预留扩展
对象 ID	0x01	0x02	0x03	0x04	0x05	0x06	0x07	……

（2）对象的属性和行为。车间设备具有属性，包括设备的运行时间、功耗、工作能力等。车间设备的行为，用于改变对象的状态以及对象之间的协同合作等。

（3）类。物联制造车间内具有相同属性和行为对象的抽象，将其归为一类，以便车间信息管理层对其进行识别与控制，并且便于车间各智能体之间相互通信。本协议用类 ID 来对车间各类设备进行识别，类 ID 分配如表 4-2 所示。其范围是 0x01~0xFF，占用一个字节（可扩展）。

表 4-2　车间类及 ID

类名	仓储类	物流类	执行类	搬运类	服务器类	客户端类	广播类	预留扩展
类 ID	0x01	0x02	0x03	0x04	0x05	0x06	0x07	……

（4）设备 ID。设备在车间内的唯一识别，由其类 ID 和对象 ID 拼接而成。

（5）握手。车间各智能体进行通信前要先确认一下连接状态，此过程称为握手。

本章设计的通信协议采用统一的信息帧格式，便于扩展和识别，其格式如下。

帧头　目标设备 ID　源设备 ID　长度　指令　参数 1　参数 2　……　校验

帧头用于区别信息帧种类，本协议中信息帧分为四种，命令帧、响应帧、握手帧和异常报告帧，分别用 7F、7E、7D 和 7C 表示。命令帧包括状态询问和任务发起，响应帧包括状态反馈和任务接收，握手帧包括握手指令和回复握手指令，异常报告帧用于车间各种异常状态的上传。目标设备 ID 是目标设备在车间内的唯一识别，由其类 ID 和对象 ID 拼接而成。源设备 ID 是源设备在车间内的唯一识别，由其类 ID 和对象 ID 拼接而成。长度是信息帧中所包含信息字节的长度之和。校验位是除校验字节以外所有字节的异或结果，用一个字节表示。信息帧指令与参数说明如表 4-3 所示，其中参数可为空。

表 4-3 信息帧指令与参数说明

指令类型	指令编码	含义	参数说明
询问指令（7F）StateCmd	0x01	询问目标设备状态信息	—
回复询问指令（7E）ResStateCmd	0x02	反馈目标设备状态信息	State，目标设备工作状态 WorkTime，工作时间 RemainTime，当前任务剩余时间
任务指令（7F）TaskCmd	0x03	向目标设备发送任务请求	Task=0x01 表示运输任务，工件信息表； Task=0x02 表示加工任务，工件信息表； Task=0x03 表示存储任务，工件信息表； Task=0x04 表示搬运任务，工件信息表
回复任务指令（7E）ResTaskCmd	0x04	反馈目标设备与源设备任务协商结果	State=0x01 表示协商成功，确认执行该任务 State=0x00 表示协商失败，确认放弃该任务
握手指令（7D）	0x05	与目标设备握手互联	—
回复握手指令（7D）	0x06	反馈目标设备与源设备握手互联结果	State=0x01 表示握手成功； State=0x00 表示握手失败
异常报告指令（7C）	0x07	设备出现异常	异常信息

　　车间层物联系统中连接感知层和应用服务层的是信息传输层，一个良好的信息传输通道是感知信息的实时上传和管理命令的及时下达的基础。一般来说，有两种方式来建立信息传输网络：一是有线传输方式，包括串口传输、现场总线和工业以太网等，具有传输速度快、传输过程安全可靠和抗干扰能力强等优点，但需要物理线缆连接，灵活性差；二是无线传输方式，包括 Zigbee、蓝牙和 WiFi 等，具有维护成本低、灵活方便等优点，但其初始建设成本较高、安全性和抗干扰性相对较差。由于物联制造车间除了物流设备需要在不同制造装备中流转外，其他制造装备位置相对固定，所以本章结合搭建的实验平台特点采用 WiFi、工业以太网和串口相结合的方式来构建车间信息传输层。

　　构建的车间设备通信网络如图 4-2 所示。设备与嵌入式工控机有统一的标准以太网接口，由于车间里有较强的电磁干扰，因此连接的网线采用屏蔽网线，可以防止传输数据的丢失。设备与嵌入式工控机相连，并通过网线与交换机连接。设备在车间分布离散，可以采用多台交换机，并将交换机互联，防止车间布线混乱。由于 AGV 在车间是运动的，故在工控机上安装 WiFi 接收天线。将交换机连至无线路由器上，一方面通过路由器散发的 WiFi 与 AGV 互联，另一方面将路由器连至 Internet 上，通过 Internet 可以访问部署在云端的服务系统。

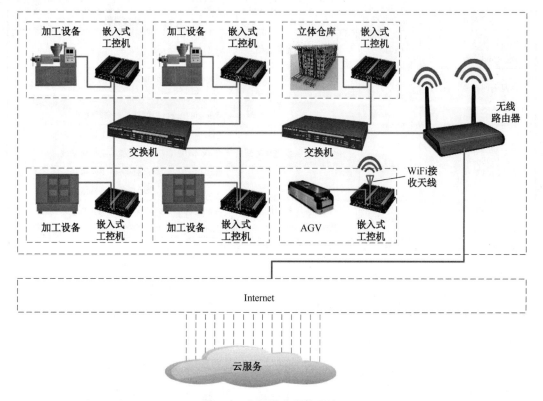

图 4-2　车间设备通信网络

　　通过上述网络线路的布置，将车间所有设备资源互联了起来，为智能个体间的通信提供了基础保障，并为车间配置云服务提供了通信方案。

　　物联制造设备间的通信采用消息方式实现。消息方式是直接在通信双方间进行的消息交换方式，发送方需要为消息指定确定的地址，符合指定地址的设备才能读取消息。

　　图 4-3 所示为物联制造设备间的消息通信原理。其中一个设备称为消息发送方，其按规则发送特定的消息给另一个设备，即消息接收方。

图 4-3　消息通信原理

在消息方式中存在以下几种形式。

（1）点到点的通信。在这种情况下，设备之间形成"一对一"结构，直接通信交流，且发送方指定唯一的一个物联制造设备接收消息。

（2）广播通信。广播是消息通信方式的特殊情况，消息发给一组或全部物联制造设备。

在消息通信系统中，物联制造设备需要正确理解它所接收消息的含义，在此基础上才能够完成信息的交换和任务的完成。

4.1.2　工件信息传输

物联制造车间常用的自动识别信息技术有 RFID、磁存储以及条形码，其对比如表 4-4 所示。通过对比可以看出，RFID 在存储信息上具有很大的优势，由于车间生产环境复杂，工件信息数据较大，因此工件信息传输采用 RFID 技术较为合适。

表 4-4　几种自动识别信息技术比较

参数	RFID 卡	磁存储	条形码
读/写	可读写	可读写	只读
存储媒介	EEPROM	磁性材料	有机材质
内存大小	16KB~64KB	1KB~100KB	1KB~100KB
环境影响	较少	一般	较高
传感距离	较远	接触	较近
读写速度	较快	较快	较慢

RFID 工作原理如图 4-4 所示。RFID 电子标签进入天线范围后，读写器激发射频信号，形成感应电流使射频卡获得能量发送内部信息（passive tag，无源标签或被动标签），或者 RFID 电子标签会主动发送某一固定频率（active tag，有源标签或主动标签），读写器收发模块获取信息并解码后，将结果传递至微控制单元继续处理。通信接口模块则提供具体通信方式，在使用时，会根据具体 RFID 读写器的协议和接口，开发自己需要的应用功能，方便与已有的系统集成。

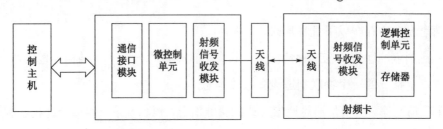

图 4-4　RFID 工作原理

　　工件信息存储在 RFID 电子标签中，并在车间制造装备间进行传递。制造装备会读取 RFID 电子标签中存储的工件尺寸参数及工艺信息，进行当前工艺步骤的加工处理，并且在当前加工完成后，把更新的尺寸信息与下一步工艺信息写入 RFID 电子标签中。将物料与 RFID 电子标签进行绑定，通常物料放在带有夹具的托盘上，RFID 电子标签并不直接粘贴在物料表面,而是粘贴在支托物料的托盘上。基于 RFID 的工序信息传递流程如图 4-5 所示。

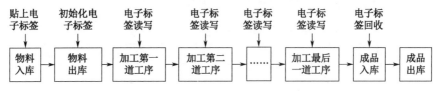

图 4-5　基于 RFID 的工序信息传递流程

4.1.3　通信数据格式定义

　　工件信息是存储在 RFID 电子标签中的,需要根据 RFID 电子标签内部存储特点来设计具体存储数据格式。RFID 电子标签内部存储结构如图 4-6 所示。订单编号是当前订单工件的标识符，用于用户订单查询；工件类型表明该工件的种类，装备智能体根据类型信息进行相应的加工参数调整；工件序号记录当前工件在车间的编号；每一道工序具体的数据块中存储了工件的加工状态、尺寸信息、当前工艺步骤等信息。

　　装备智能体之间传递的主要信息包括当前设备运行状态、工件加工状态等。信息通过车间局域网在设备间传递。在数据实际传输过程中，发送方会先将信息按照指定的通信格式转成二进制数据包，然后通过网络把这段数据发送到接收方。数据传递是由 TCP/IP 协议负责传输的，接收方接收到数据以后，按照通信格式将二进制数据包转化成可用的信息后使用。

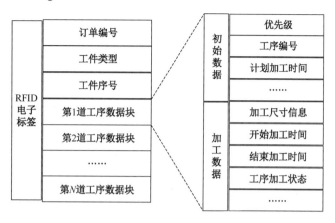

图 4-6 RFID 电子标签内部存储结构

因此，合理定义装备智能体之间传递的数据格式，可以提升车间数据传递效率。根据车间传递的数据特点，定义数据格式如图 4-7 所示。第一个字段是协议头，一般情况下为固定长度的几个字节，指定协议头可以保证数据接收对象更加具有目的性，接收方通过对比协议头信息，可以高效地识别该数据是否为传递给自己的。第二个字段是版本号，通常作为预留字段，用于通信格式升级时使用。第三个字段是序列化算法，表示如何把数据对象转化成网络中传输的二进制以及如何从二进制转化成数据对象。第四个字段是指令，表示发送方或接收方相应的处理逻辑。第五个字段是实际传递数据的长度，通过对该长度的获取，可以合理进行数据包的拆解，能够有效地防止粘包。最后一个字段就是实际传递的数据，接收方根据序列化算法转化成可用的数据包。

图 4-7 装备智能体间传递的数据格式

4.1.4 消息队列机制的构建

1. 对象在网络中传输的原理

将传输的数据以对象形式进行封装，作为智能个体间传输的数据格式。对象作为编程语言中存储数据的载体，是不能直接被保存到文件、数据库等介质中，也不能直接在网络中进行传输，而对象序列化则为此提供了解决方案。对象序列化的基本原理如图 4-8 所示。

对象序列化是将对象转换为字节流，保存在文件、数据库和内存中，或者将字节流进行网络传输，字节流经 TCP/IP 协议传输到接收方后，由接收方将字节流重构成对象，即反序列化。对象序列化通常用于以下场合。

（1）在网络或进程中传输对象。

（2）永久性保存对象，即保存对象的字节序列到本地存储介质中。

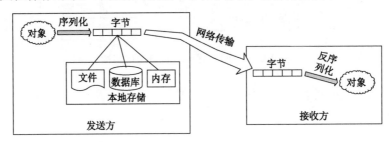

图 4-8　对象序列化的基本原理

对象的序列化机制原理简单，但用途广泛，易于实现，在网络通信、分布式应用中具有相当重要的地位。

2．消息队列机制的构建

智能个体间通信属于异步通信。异步通信是指发送方与接收方没有建立持续不断的连接，在需要传输数据的时候，由发送方发送连接请求，经过三次握手建立可靠连接后，发送方将数据发送给接收方；接收方接收到数据后进行处理，根据需要决定是否回应发送方，最后将连接关闭。异步通信中接收方必须时刻做好接收数据的准备，否则发送方与接收方就不能建立连接。

在一个系统中会存在很多的智能个体，智能个体间会存在并发的信息交互。例如，智能个体 A_1、A_3、A_4、A_5……A_n 都会同时向智能个体 A_2 发送请求，A_2 通常有两种处理方法，方法一是主程序直接处理，从程序开始时就等待请求，当新请求到达时，建立连接，处理请求直到完成并关闭连接，如图 4-9（a）所示；方法二是主程序收到请求后直接开启新线程，由新线程去处理请求，新线程处理完后会关闭连接并结束线程，而主程序继续返回等待其他请求的到来，如图 4-9（b）所示。

上述两种方法都存在弊端，方法一中当 A_2 与某智能个体建立连接后，其他智能个体就不能再与 A_2 建立连接了，直到 A_2 关闭当前连接；方法二改善了方法一的不足，可以同时连入多个请求，但必须开启多个线程处理，由于有些请求需要花费较长时间处理，这就导致 A_2 开启的新线程不能及时关闭，且与其他智能个体的连接一直保持着，这将导致 A_2 的负荷很大，存在系统宕机的风险。

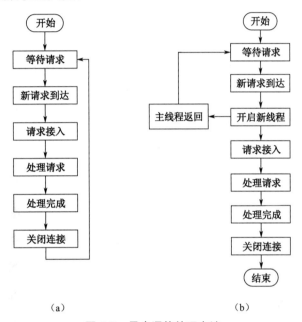

（a）　　　　　　　　　　　　（b）

图 4-9　异步通信处理方法

为此，本章提出了一种基于异步通信的消息队列机制。图 4-10 所示是消息队列机制的工作原理。其工作步骤如下。

（1）A_2 的通信模块就绪，等待新连接到达。

（2）A_1 向 A_2 发送连接请求。

（3）A_2 收到请求并建立 TCP/IP 连接后，A_1 开始传输消息对象字节流。

（4）传输消息完毕后，A_2 关闭连接，将消息对象字节流反序列化后，放入消息队列。

（5）A_2 跳转至步骤（1），继续等待新连接到达。

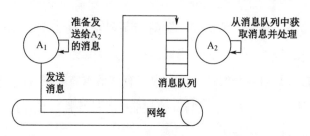

图 4-10 消息队列机制的工作原理

在智能体的异步通信中，消息队列机制解决了无法同时处理多个请求、系统负荷过大等问题，有效解决了并发访问带来的问题，保证了智能个体间实时有效的通信。

4.2 装备智能体间的信息交互技术

装备智能体间的基本交互模型主要描述了设备在标准的网络协议下，从加入网络到发现其他设备，并建立通信的过程，如图 4-11 所示。

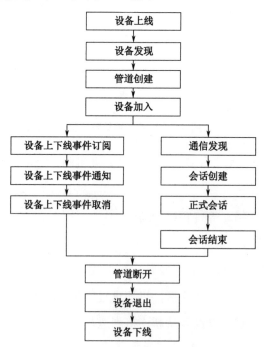

图 4-11 装备智能体间的基本交互模型

当设备开启后，设备加入制造车间中设备通信的局域网，并向在线设备发送在线消息，表明该设备上线。设备上线以后，会根据配置文件中的设备地址以及在线设备的宣告消息，从而发现车间网络中在线的设备。设备间进行交互时，除了基于 UDP（User Datagram Protocol，用户数据报协议）的交互无须建立连接外，其余设备交互都是建立在连接的基础上实现的。设备在进行交互之前，根据之前发现的设备建立通信管道，用于交互时定向的信息传输。

设备交互过程中主要注意两个内容：一个是设备上下线通知；另一个是正式的会话。设备上下线事件一般是基于发布/订阅模式，两个设备建立通信管道后，任何一个设备都可以请求订阅对方上下线事件，当设备上下线事件发生时，会向订阅方发送通知。上下线通知常用于实现通信的基础，及时获取上下线状态，可以有效调整通信策略。设备的会话过程是设备间进行正式通信的过程，在设备建立通信管道的基础上，设备间会根据约定的访问描述符等建立会话，当会话建立成功后，就可以进行正式通信，直至会话结束。

设备通信结束后，在下列情况中断开管道：一是设备离线，若设备离线，则断开建立的管道；二是管道空闲超时，管道建立后，长时间不进行通信，为了缓解车间网络层压力，使管道断开。管道断开后，如果设备在车间中不再使用，那么设备就会退出车间内通信的局域网，同时也标志着设备的下线。

随着物联制造技术的不断发展，制造装备彼此之间的联系更加紧密，在加工过程中愈发强调装备之间的互联互通。传统制造车间中，制造装备仅作为独立的个体存在于制造系统。制造装备的加工过程缺乏与制造系统中其他设备的交互协商。同时，制造装备在执行加工任务过程中，会产生大量的加工信息，主要包括当前程序执行状态、加工状态、夹具状态等。构建装备智能体的交互决策层，对于提升制造装备在车间的互联性，及时对制造过程进行适应性调整，起着关键作用。

装备智能体交互决策层主要包括两部分内容：一是装备智能体交互层，该层定义装备智能体在不同工况下与车间其他设备的交互模型；二是装备智能体分析决策层，该层主要对装备智能体自身状态信息和交互环境信息进行分析，做出合理决策。

1. 装备智能体交互层

装备智能体交互是指在物联制造环境下，车间内制造装备能够在局域网内进行信息的交流互动。通过彼此的信息交流，让装备智能体不仅可以获得相关资讯、信息或服务，还能让用户及时获取装备智能体状态以及车间整体运行状态。装备智能体交互层功能结构如图 4-12 所示。

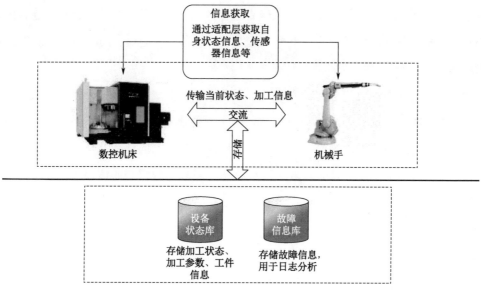

图 4-12　交互层功能结构

装备智能体会根据适配层中的监测层方法，获取当前的状态信息，同时部分信息由传感器获得。设备间在进行交互时，将获取的信息按照定义的格式打包并发送给对方设备，对方设备会将传递的信息进行处理。交互的信息会根据具体的交互内容存储在不同的数据库中。装备智能体正常运行时的状态信息存储在设备状态库中，该数据库主要存放加工状态、加工参数等信息；在装备智能体发生故障的时候，设备间也会交互故障信息，并存储在故障信息库中，该数据库中的信息用于故障日志的分析，提供给车间管理人员，及时进行排查和处理。

2．装备智能体分析决策层

分析决策层是通过对执行加工任务过程中的相关信息进行分析，并根据分析结果对装备智能体动作执行做出合理决策。分析决策层功能结构如图 4-13 所示。分析决策层信息来源主要有两个：一个是适配层监测信息，该信息是装备智能体自身的状态；另一个是装备智能体之间交互的信息。这些信息传递至分析决策层，首先对信息进行分类，主要分为装备智能体自身动作信息与环境相关的加工任务信息；其次，分析决策层根据信息分类结果对加工状态信息与车间环境信息进行分析；最后，将分析结果依据交互模型以及定义格式进行打包，反馈至装备智能体，实现自身动作的控制以及加工任务的选择。

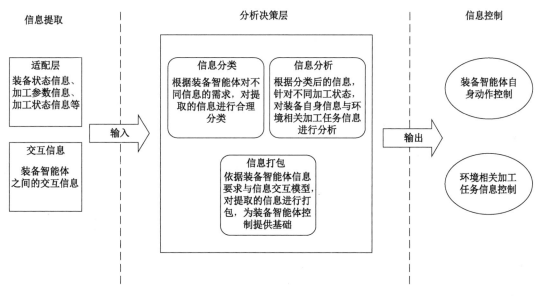

图 4-13　分析决策层功能结构

物联制造车间中的制造装备都连接至局域网内，在制造过程中，制造装备通过车间局域网彼此交互状态信息。设计合理的交互模型，可以有效地提升车间设备交互效率，进而可以提高车间整体制造效率。交互模型主要分为两种情况：一种是装备智能体在正常运行状态下的交互；另一种是扰动状态下的交互处理机制。本章将针对这两种情况进行交互模型设计。

4.2.1　正常运行状态交互模型

装备智能体在正常运行状态下，主要的交互内容分为以下几个部分：一是在实际加工时，由于机械手需要配合制造装备上下料的过程，制造装备与机械手之间需要进行交互；二是与车间内其他装备智能体交互，主要交互内容是自身状态、当前任务等；三是加工工件的信息交互，主要是对当前装备智能体加工完成信息的写入以及下一道加工任务的发布。正常运行状态交互模型如图 4-14 所示。

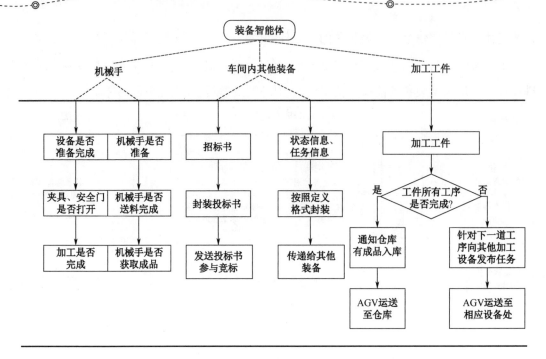

图 4-14　正常运行状态交互模型

1．与机械手交互

与机械手的交互主要发生在加工过程中，由于制造装备对工件上下料的需求，因此需要与机械手交互，共同完成当前加工任务。在车间中，与机械手配合上下料的动作主要有AGV 传递运输工件、加工设备上下料。交互过程分为三个阶段：准备阶段、加工阶段以及加工完成阶段。具体交互流程如图 4-15 所示。

准备阶段装备间传递的是初始化是否完成信息。制造装备夹具、安全门打开，主轴移到零点，标志准备完成，将准备完成信号发送给机械手；机械手准备完成后将信号发送给制造装备。

加工阶段是从准备完成到当前加工任务完成的阶段。首先制造装备会再次发送确认夹具、安全门打开信号；机械手接收到信号后就会执行送料操作，将毛坯放置到夹具上，送料完成后发送送料完成信号；制造装备接收信号后将夹具关闭，防止毛坯从夹具上脱落，并发送夹具关闭信号；机械手接收到夹具关闭信号后，将机械手移走并发送移开信号；制造装备确认机械手移走后则开始正式加工。

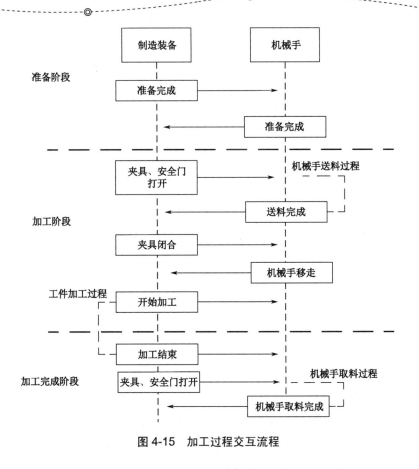

图 4-15　加工过程交互流程

　　加工完成阶段是在制造装备完成加工后，发送加工结束信号，同时将夹具、安全门打开，并发送信号。机械手只有同时接收到这两种信号后才认为加工完成，执行取料动作，取料完成后发送取料完成信号。至此整个加工过程结束，装备也恢复至准备阶段。

　　在信息交互过程中，夹具、安全门是否打开，加工是否完成等信息的采集，都是通过适配层的监测层来实现。由于装备智能体在执行上述动作的过程中，执行完成时间具有随机性，因此发送信号也具有不确定性。为了避免设备间持续的信息发送，缓解通信网络的压力，在交互过程中添加持久层——将完成信号存放到数据库中，其结构如图 4-16 所示。装备智能体的完成信号只需要发送一次，将信号存储到数据库中，当对方设备需要判定是否完成，只需从数据库中读取一次即可。

图 4-16　添加持久层交互结构

2. 与车间内其他装备智能体交互

与车间内其他装备智能体的交互主要包括两方面内容：加工任务选择与状态信息传递。加工任务选择是在有新的任务产生时，车间内的装备智能体通过交互竞争该任务的过程。加工任务选择的交互采用的是基于合同网协商机制，它引入了市场中招标—投标—竞标的机制，网络中的任务发起方和任务执行方形成了合同关系，物联制造车间中常用它进行任务动态分配。

当招标书到达的时候，装备智能体会从数据库中查询自身状态、当前负载情况、空闲缓存信息等，封装成投标书，发送给招标发起方的装备智能体；如果收到发起方传递的竞标成功的通知，表明当前装备智能体获得了加工任务，则将当前任务放入待完成序列等待。

状态信息传递是在正常运行状态下，装备智能体间确认对方信息的重要手段，通过对其他装备的状态信息进行分析，可以有效对自身加工任务进行选择。装备智能体通过适配层的监测层获取自身状态信息，并从数据库中获取当前任务信息，按照定义的交互格式对数据进行封装，传递给目标装备。

3. 工件信息交互

装备智能体主要承担的是加工任务，当工件完成加工后，需要对工件任务信息进行更新，判断所有工序是否完成。当工件所有的加工工序完成，表明当前工件已经完成所有加工任务，此时需要对工件信息更新为完成状态，并通知仓库进行成品入库，车间内的物流设备将成品工件运送至仓库。

当工件未完成所有加工工序时，装备智能体会将下一步的工序信息写入电子标签中，包括具体步骤、尺寸信息等；然后当前装备智能体作为任务的发布方，针对下一道工序进行任务发布，当其他装备智能体接受该任务后，车间内的物流智能体就会将工件运送至下一步工序对应的装备智能体。

4.2.2 扰动状态交互机制

车间内装备智能体在制造过程中出现的扰动状态，主要是装备发生故障，从而会影响车间整体的生产节拍，导致生产节奏混乱。为了降低扰动带来的影响，设计装备智能体产生扰动状态的处理机制，提升车间的容错能力。扰动状态处理机制如图 4-17 所示。装备发生故障从可发现角度来说，主要分为非通信故障和通信故障。非通信故障的装备智能体还可以进行信息交互，此时可以及时传递故障信息；而通信故障无法及时进行故障告知，所以必须建立发现机制。

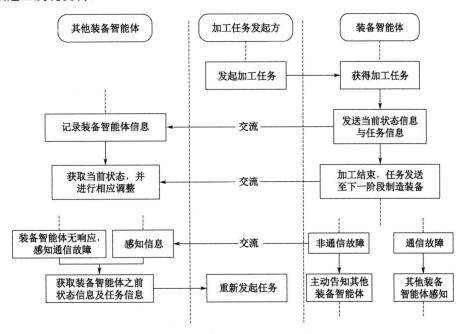

图 4-17 扰动状态处理机制

当装备智能体获得加工任务后，会将当前状态信息与任务信息发送给其他装备智能体进行报备，报备信息存储在每个装备智能体相应的数据库中。当加工任务结束时，会将结束信息告知其他装备智能体，其他装备智能体会将相应的任务信息在数据库中删除。当装备智能体出现扰动情况时，即出现通信故障或非通信故障时，当前装备智能体会做出不同的处理。

1．非通信故障

非通信故障主要是装备智能体自身发生的故障或报警，一般是由于机械结构或运动位置不准确产生的，可以通过适配层中的监测层来获取故障信息。由于通信并没有发生问题，此时的故障信息可以传递给其他装备。具体处理过程如图 4-18 所示。

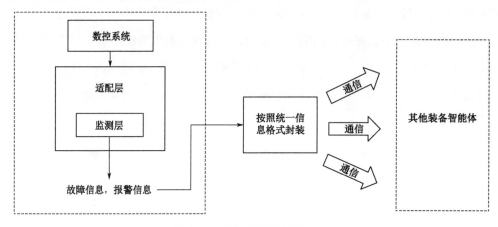

图 4-18　非通信故障处理过程

当其他装备智能体接收到故障信息后，为了保证加工任务完成，其他的装备智能体从数据库中读取之前的任务信息以及状态信息，重新发起任务招标过程，由正常运行设备接手未完成的任务。

2．通信故障

当发生通信故障时，由于无法进行信息传递，其他装备无法及时获取故障信息，因此处理通信故障的关键在于其他装备智能体能够及时感知当前装备的通信故障。采用多设备达成共识的感知方式，具体过程如图 4-19 所示。

当某个装备智能体发生通信故障时，通信故障感知由车间内其他装备共同参与，其感知流程如下。

（1）装备智能体在正常运行状态，会按照定义的交互模型传递自身状态信息，车间内其他装备智能体接收到信息后，也会按照定义模型彼此进行信息交互。

（2）为了确保装备间在线状态，每隔 1 秒装备智能体会向其他设备发送在线数据包，证明自己仍然在线。

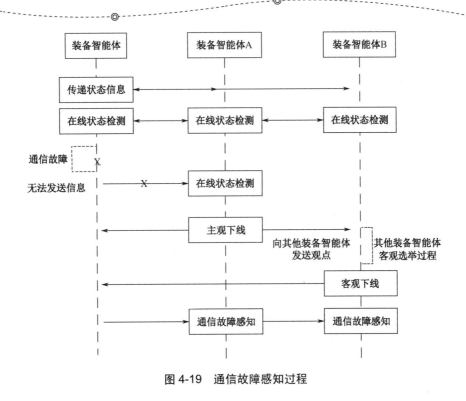

图 4-19　通信故障感知过程

（3）当装备智能体发生通信故障时，由于无法进行信息传递，此时在线数据包不能及时发送至其他装备智能体。

（4）当车间内某个装备智能体（如装备智能体 A）无法接收到故障装备的数据包，此时装备智能体 A 会主观认为该装备发生故障，并将它的观点发送至车间内其他装备智能体；装备智能体 A 的主观下线可以看成是对故障装备的一种"偏见"，是装备智能体 A 单方面的判断。

（5）其他装备智能体接收到装备智能体 A 发送的观点后，会对故障装备进行判断，同时会发表自己的观点，并进行故障投票；当大于半数的装备智能体判断该装备发生故障，此时认为故障装备客观下线。客观下线是选举的结果，不带有某个装备的主观色彩，标志在车间内该装备智能体被判定真正下线，同时车间内所有装备都会感知故障信息。

其中对于具体有多少装备智能体认定客观下线，该参数可在装备智能体配置文件中设定，具体个数一般根据车间总体设备数目、整体运行情况选择。

4.2.3　基于 RFID 技术的工件信息流

RFID 技术是物联制造车间常用的自动识别信息技术,常用于标识物联制造车间中的工件信息。在制造车间中工件信息的流动,实际上是 RFID 电子标签在车间的流动,将工件工艺信息、加工参数信息、加工状态信息写入 RFID 电子标签中,随着 RFID 电子标签流动至车间各装备智能体处进行相应的信息读取与处理。

在实际运输过程中,工件是放置在贴有 RFID 电子标签的工装板上,存储在 RFID 电子标签中的任务工件描述信息如图 4-20 所示。RFID 电子标签存储空间分为四个扇区,分别为 RFU 区、EPC 区、TID 区和 User 区。其中 EPC 区存储当前工件的任务信息,主要包括任务 ID、工件类型、加工尺寸等主要信息,该信息以十六进制的格式存储。在加工过程中同时需要记录当前工件的加工状态,用于任务信息的及时反馈与记录;由于工件工艺步骤较多,所以将加工状态信息存储在内存较大的 User 区中。

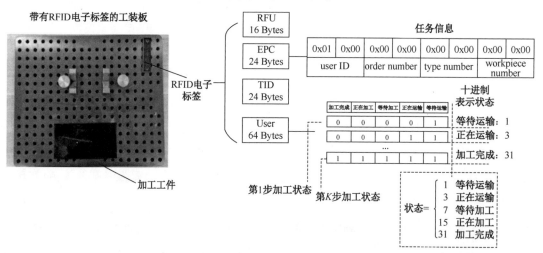

图 4-20　存储在 RFID 电子标签中的工件描述信息

加工状态根据工件信息流动过程分为 5 种状态,分别为等待运输、正在运输、等待加工、正在加工、加工完成。在存储时占用 5 位内存空间,根据不同的状态相应的位置 1 即可,然后转换成十进制数。其中,等待运输与正在运输是在车间内物流设备上的状态,表明当前工件信息处在流动过程;而等待加工、正在加工与加工完成是在制造装备上的状态,往往是工件信息读取与更新的过程。

　　工件信息流动的过程，实际上就是工件从出库到完成加工然后入库的过程，如图 4-21 所示。初始时，由车间工作人员将毛坯与 RFID 电子标签绑定放到原料仓库中；工件信息流始于原料仓库，当工件任务下达后，原料仓库会将工件的任务信息写入 RFID 电子标签中，并通知物流设备将工件运输至进行下一步工序的装备智能体处。

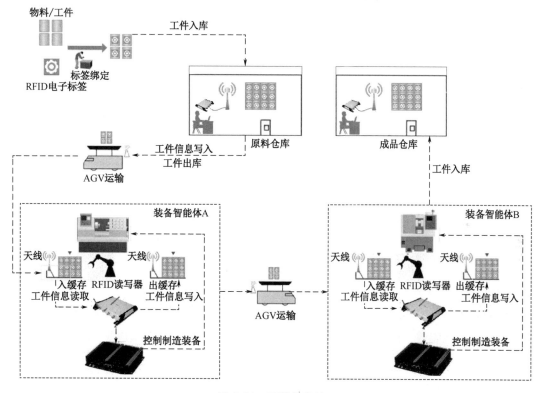

图 4-21　工件信息流

　　每个装备智能体都有两个缓存区，缓存区的出入口处安装有 RFID 读写天线，RFID 读写器配置了固定 IP 地址，通过调整读写天线到工件 RFID 电子标签的距离及 RFID 读写器的功率，来保证相邻两个 RFID 读写器之间没有重复覆盖区域，防止产生信息误读。同时 RFID 读写器通过串口连接至工控机上，在工件加工之前，RFID 读写器读取工序信息传递至工控机中，工控机根据当前工序信息生成指定的 NC 代码传递至数控系统，控制制造装备完成此次加工任务。

当前工序完成后，工控机将当前完成信息与下一道工序信息传递至 RFID 读写器，由 RFID 读写器写入 RFID 电子标签中，并通知物流设备运输至下一阶段加工的装备智能体处。当所有加工任务完成后，工件就会被运送至成品仓库，此时工件的 RFID 电子标签中记录了整个信息流动过程的状态，车间根据该信息进行生产排查和任务排查。

工序物流是指在车间生产中，不同工件物料依据工艺规划的逻辑顺序在各制造节点和仓库间流转的物流集合，涉及各类生产要素的时空特性和物理属性。将物料与 RFID 电子标签进行绑定，通常物料放在带有夹具的托盘上，RFID 电子标签并不直接粘贴在物料表面，而是粘贴在支托物料的托盘上。基于 RFID 的工序物流感知流程如图 4-22 所示。

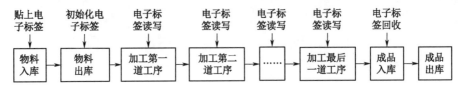

图 4-22　基于 RFID 的工序物流感知流程

4.2.4　基于 RFID 技术的工序物流和地图定位

RFID 电子标签中存储了制造过程中的生产信息。生产信息主要包括制造过程中产生的状态信息、制造装备属性数据以及需要进行计算获得的中间数据。其中，制造装备属性数据属于静态数据，中间数据以及制造过程状态信息属于动态数据。中间数据通过静态数据和动态数据计算而得，由于当前计算机的性能较高，为了减少占用 RFID 电子标签的空间一般不将其特地存储，当需要中间数据的时候演算一下即可。图 4-23 所示为 RFID 电子标签数据结构。RFID 电子标签在逻辑上可划分为静态数据和动态数据两部分。静态数据是该工件在原料库出库时写入的固定数据，如位置编号、订单编号、工件类型、工件序号和工艺路线等。其中，位置编号描述了当前 RFID 电子标签所处车间地图位置；订单编号描述了该工件属于哪一个订单；由于一个订单中可能包含多种工件类型，所以工件类型描述了该工件是哪种类型；由于一个订单中可能包含多个相同工件类型的工件，所以工件序号是指在该种工件类型下，本工件的唯一编号；工艺路线是指该类型工件从原料加工到成品需要经过的工艺集合。动态数据随着当前工序加工状态的改变而改变，存储着当前加工工序编号、加工优先级、工件状态和加工设备编号等信息。

RFID电子标签								
静态数据					动态数据			
位置编号	订单编号	工件类型	工件序号	工艺路线	当前加工工序编号	加工优先级	工件状态	加工设备编号

图4-23　RFID电子标签的数据结构

　　图4-24所示为物联制造环境下车间的工序物流过程。原材料从车间原料仓库取得，工件放置在托盘上，RFID电子标签粘贴在托盘上与托盘绑定。工件在制造装备之间的转移以托盘为运输单位通过AGV来完成。伴随着工序的流转，托盘上固定的RFID电子标签内部数据也发生相对应的变化。RFID电子标签所存储的实时工序物流信息为车间调度系统提供了真实数据。

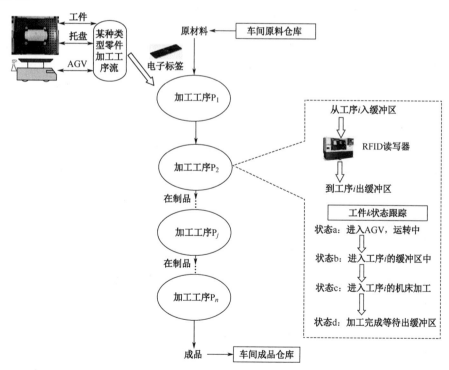

图4-24　物联制造环境下车间工序物流过程

本章采用 RFID 实现物流设备的地图定位，根据车间实验平台建立如图 4-25 所示的物流地图。图中黑色粗线表示导引磁带，细线表示 AGV 行进的方向，圆块表示 RFID 电子标签。将 RFID 读写器装在 AGV 底部，当 AGV 驶过 RFID 电子标签路段时，读写器读取下方的 RFID 电子标签信息，并通过串口将位置信息传输给 AGV 智能体。

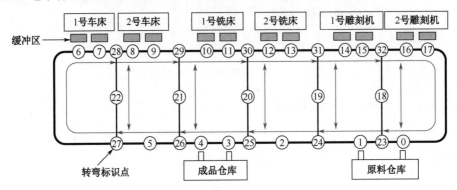

图 4-25　物流地图

根据用途的不同，物流地图中所粘贴的 RFID 电子标签可以分为三种。

● 用于标识 AGV 上下料位置，通常贴于仓库出入库和工位台缓冲区位置。

● 用于标识转弯点，表示 AGV 到达拐弯点，通常贴于交叉路径处。

● 用于标识自身位置，便于进行冲突管理，通常贴于无设备路段，如 5、22 号 RFID 电子标签位置处。

如图 4-26 所示，车间零部件的物理加工环境由加工设备、物流设备、任务工件和操作人员等资源组成。将 RFID 读写器作为信息的感知节点，安装在制造设备的出入缓存区域，以此构建生产信息获取和传输的通道。

部分车间资源描述如下。

（1）加工设备。加工设备缓存区的出入口处安装有 RFID 读写天线，RFID 读写器配置了固定 IP 地址，通过调整读写天线到工件 RFID 电子标签的距离及 RFID 读写器的功率，来保证相邻两个 RFID 读写器之间没有重复覆盖区域。因此，加工设备除了负责对任务工件的加工，还可以对任务工件状态进行感知和更新。

加工设备类型集合为 $M=\{M^a,M^b,\cdots,M^z\}$，加工设备可能有多种类型（如车床、铣床等），同一类型可能有多台，M_n^z 代表类型为 z 且编号为 n 的加工设备。

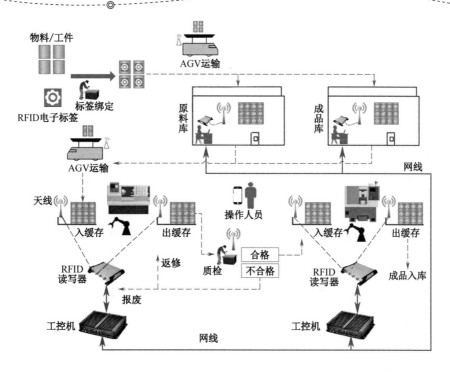

图 4-26　基于 RFID 的工序追踪运作

（2）操作人员。车间层出现刀具磨损、机床故障等干扰事件时，进行人工干预。

（3）物流设备。其主要由 AGV 和机械手组成。AGV 上装有 RFID 读写器，用以感知运输工件。

物流设备类型集合为 $E = \left\{E^a, E^b, \cdots, E^z\right\}$，物流设备可能有多种类型（如 AGV、机械手等），同一类型可能有多台，E_n^z 代表类型为 z 且编号为 n 的物流设备。

（4）任务工件。将 RFID 电子标签与任务工件进行绑定，RFID 电子标签能够携带唯一标识该工件的编号、工件工艺及工序状态等信息。任务工件下达车间后，在原料出库处，由 RFID 读写器感知标签，系统感知到工件的到达，车间各设备资源开始完成分配的任务；工件入缓存区后，被 RFID 读写器感知其加工工艺路线及该道工序的相应加工参数；完成工序加工也会更新 RFID 电子标签中工序状态内容。工件类型集合为 $P = \left\{P^1, P^2, \cdots, P^n\right\}$。

任务工件与 RFID 电子标签以某种形式绑定后，任务工件便成为信息携带者，在车间各制造节点处可以被感知到，此时任务工件串联起了整个制造网络，如图 4-27 所示。在实时调度时，任务工件被下达车间后的整个生产过程中，任务工件一直在对物流设备和加工设备这两类资源的使用权进行不断的抢夺。

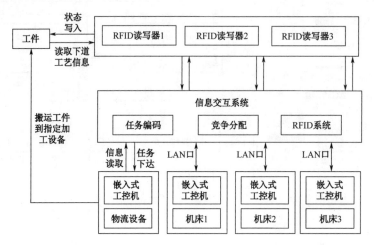

图 4-27 面向车间层的物联制造网络

一个订单下放车间后，被拆分成多个任务，每个任务包含一个工件，即任务工件。任务工件是被感知的对象，定义感知的信息流为 $T = (\text{OD}, P'', \text{ID}, X, V, E', C, T, S)$。

（1）OD 代表任务工件所在订单的订单编号。

（2）P'' 代表任务工件的类型，$P'' \in P$。

（3）ID 代表工件序号，工件序号是给一个订单中同一类型的多个工件指定一个唯一识别号。

（4）$X = (X^1, X^2, \cdots, X^n)$ 代表任务工件的约束集，如订单交货期、优先级、是否紧急订单等。

（5）$V = (V^1, V^2, \cdots, V^n)$ 代表任务工件的工序路线，V^n 代表第 n 道工序。加工工序所使用的加工设备类型与工序之间存在对应关系，定义为 $M^z = f_{mv}(V^n)$，$V^n \in V$，$M^z \in M$。

（6）$E' = \{E_1^z, E_2^z, \cdots, E_{n+1}^z\}$ 代表相邻工序间使用的物流设备（包括机械手的搬运），$E_{n+1}^z \in E$。其中 E_1^z、E_{n+1}^z 分别代表任务工件出库和入库使用的物流设备。

（7）$C = \{C^1, C^2, \cdots, C^n\}$ 代表任务工件各种尺寸参数的数值集合，由用户下单时个性化定制。

（8）$T = \{T^1, T^2, \cdots, T^n\}$ 代表各工序的预估加工时间，预估时间的计算与尺寸参数有关。

（9）$S = \left\{ S_1^a, S_2^b, \cdots, S_n^z \right\}$ 代表每道工序的状态，S_n^z 代表的是第 n 道工序（即工序 V^n）当前的状态是 z。任务工件所有工序的状态都可以细分为等待运输、正在运输、等待加工、正在加工和加工完成 5 种状态。工序状态 z 在存储时占用 5 位内存空间，如图 4-28 所示。

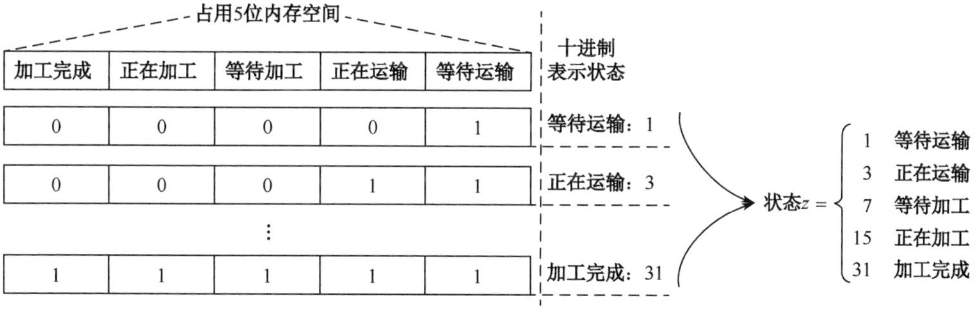

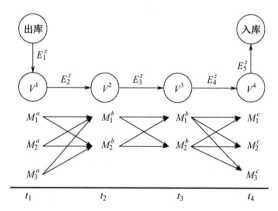

图 4-28　工序状态在内存中的存储

现假设某任务工件具有 4 道工序，工序 V^1 可以使用的加工设备有 M_1^a、M_2^a 和 M_3^a，工序 V^2 与 V^3 具有 $f_{mv}\left(V^2\right) = f_{mv}\left(V^3\right)$ 的关系，可以使用相同类型的加工设备 M_1^b 和 M_2^b，工序 V^4 可以使用的加工设备有 M_1^c、M_2^c 和 M_3^c。根据以上描述，可构建如图 4-29 所示的单个任务工件的加工流。

图 4-29　单个任务工件的加工流

4.2.5　加工过程装备控制信息流

装备智能体在加工过程中，信息流控制主要有两个方向：一是与机械手配合完成从上料到加工完成，最后下料的过程；二是获取工件信息后 NC 文件的上传过程。加工过程控制信息流如图 4-30 所示。

控制信息表

Id	de_info	task	Is_close	Is_open	Is_get	Is_send	Is_move	Is_finish	Is_ready
M-001			1	0	0	1	0	1	1

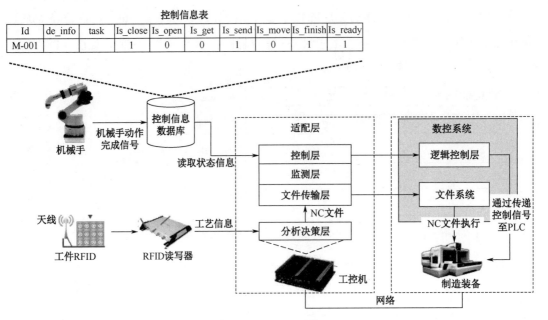

图 4-30　加工过程控制信息流

　　加工过程中机械手传递的控制信息，主要作用是制造装备根据机械手所完成的动作信息，及时做出下一步的加工动作。为了降低通信系统的压力，将控制信息缓存在数据库中的控制信息表中，控制信息以状态位的形式呈现，0 表示未完成，1 表示已完成；同时控制信息表中也定义任务信息、设备信息等。控制信息由数据库传递至适配层中的控制层，控制层根据信息内容及信息状态调用相关的统一接口，传递具体的控制信号至数控系统的逻辑控制层，从而通过控制 PLC 寄存器实现装备智能体的控制。

　　工件信息由工装板上的 RFID 天线获得，RFID 读写器与工控机通过串口连接，读写器读取工件的工艺信息后，将信息传递至工控机中。然后由分析决策层对工艺信息进行处理，生成由工件类型、加工尺寸等信息组成的具体的 NC 文件，由适配层中的文件传输层传递至数控系统中的文件系统。最后由数控系统执行 NC 文件从而实现具体的加工运动。

　　在实际加工中，机械手控制信息传递与工件信息传递是同时进行的，当工件进入缓存区后，机械手开始进行物料搬运动作，此时工件信息也会被读取；当 NC 文件传递至数控系统中的文件系统后，NC 文件的执行操作也是由机械手的动作信息控制，通过控制层调用程序执行的统一接口实现执行 NC 文件操作。

4.2.6 加工过程装备监测信息流

装备智能体在加工过程中，监测信息主要用于三个方面：一是机床当前状态监测，用于加工过程中与机械手配合完成加工任务；二是加工完成后，对工件下一步的工艺信息进行更新；三是在运行过程中，与其他装备智能体进行状态信息、任务信息交互。加工过程监测信息流如图 4-31 所示。

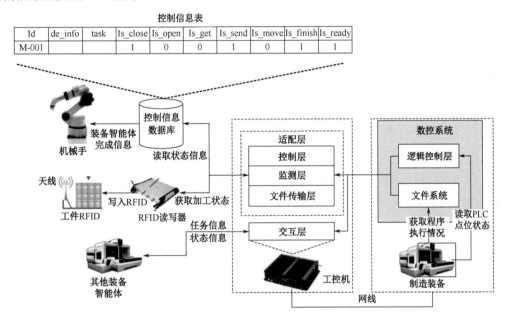

控制信息表

Id	de_info	task	Is_close	Is_open	Is_get	Is_send	Is_move	Is_finish	Is_ready
M-001			1	0	0	1	0	1	1

图 4-31 加工过程监测信息流

与机械手配合执行加工任务的过程中，装备智能体监测信息主要是当前的动作完成状态，机械手通过读取当前装备状态决定下一步物料运送动作。为了降低通信压力，提升交互性能，监测状态信息也是存在数据库中，通过状态位表示动作是否完成，0 表示未完成，1 表示已完成。监测具体的某一状态时，信息有两部分来源：一部分是装备基本动作信息，通过读取数控系统中 PLC 具体点位状态来获取当前运动状态；另一部分是文件执行情况，通过读取文件系统中的执行状态来获得。该状态信息传递至适配层的监测层后，需要根据具体需求进行转换成可读的信息，通过调用相关的统一接口获取具体的信息，并存储在数据库中。

当装备智能体完成加工任务后，需要将当前加工状态信息写入 RFID 电子标签并对下一步工艺信息进行更新，该信息通过调用监测层统一接口获取。信息通过工控机传递至 RFID 读写器中，由 RFID 读写器将状态信息与工艺信息写入工件托盘的 RFID 电子标签中。

与其他装备智能体的交互信息主要包括状态信息及任务信息，交互过程基于构建的正常运行交互模型实现。通过适配层中的监测层获取相关信息后，按照定义的信息格式进行封装，传递至车间内其他装备智能体。其他装备智能体接收后，按照封装格式进行解析，将当前信息保存至数据库中，进行任务与状态缓存，用于扰动发生时的信息回溯。

4.3   本章小结

根据第 3 章对装备智能体结构的分析，在构建的装备智能体适配器的基础上，本章对装备智能体间的信息交互进行了研究。首先对车间内智能体间的通信机制进行定义，并给出基本的交互模型；然后根据装备智能体在物联环境下的加工状态，定义其在正常运行状态下和扰动状态下的交互模型。

第**5**章

多智能体环境下的智能物流
调度技术

传统车间调度研究中，通常忽略了工件运输时间。但在实际车间生产过程中，工件转移工位所耗费的时间占据整个订单完工时间的较大比例。尤其在大型零件进行物流运输时，需要起重装置辅助的情况下物流运输时间占比更大。因此，对考虑物流系统的车间调度问题进行研究具有重要的现实意义。本章分析了车间中可能发生的物流冲突类型，设计冲突协商策略，并提出了两阶段路径规划方法。

5.1 物流冲突管理

现代柔性制造车间中物流系统高度自动化，由多台 AGV 在同一车间路径中完成物料运输任务。AGV 在执行物流任务时有很大概率与其他 AGV 产生行驶冲突，从而影响工件的送达时间和物流系统稳定性。冲突管理是为了解决多台 AGV 在同一个连通地图上运行时遇到的死锁和冲突情况。

在多 AGV 物流系统中，冲突一般指的是资源冲突，包括空间资源和时间资源，即在一个时间段内任何一台 AGV 不能占用地图中某个公共区域。在图 5-1 所示的车间路径拓扑地图中，当 AGV1 接到从顶点 10 到顶点 18 的物流任务时，查询路径库中的最短路径为10-11-12-13-14-15-18。而当前 AGV2 未接到物流任务，所以停止在顶点 14 处处于待机状态，此时 AGV1 执行物流任务将出现与 AGV2 在空间和时间上进行资源争夺的问题。

由于车间物流系统中 AGV 运输任务繁多，在车间路径中运动频繁，针对不同的物流冲突情况，应该设计相对应的冲突协商策略。因此，首先要对冲突情况进行具体化分类。

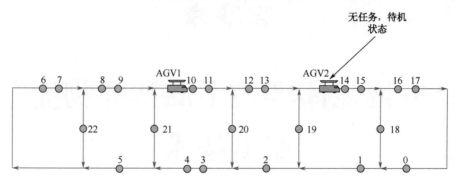

图 5-1　车间路径拓扑地图

5.1.1　冲突类型分类

多台 AGV 在同一规划路径下同时工作，必然会有可能面临两个或多个 AGV 发生碰撞的情况，防碰撞也是多 AGV 物流系统进行调度过程中必须考虑和解决的主要问题。一般来说，根据车间物流系统运行的实际情况，将多 AGV 物流系统中可能会发生的冲突类型总结为以下四种。各种冲突类型示意图如图 5-2 所示。

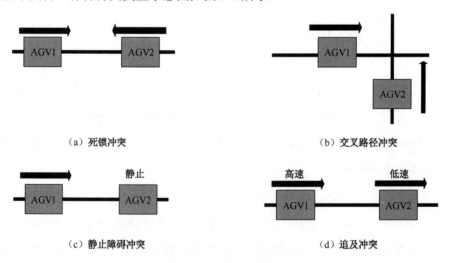

图 5-2　冲突类型示意图

（1）死锁冲突。两台 AGV 在同一路径上相向运动，如果不采取相应措施，必然会产生碰撞，属于一旦发生很难解决的冲突，如图 5-2（a）所示。

（2）交叉路径冲突。两台 AGV 在某一路径上同向行驶，如果后方 AGV 的行驶速度大于前方 AGV 的行驶速度，有可能会发生碰撞行为；或者，前方 AGV 由于某种原因暂停行驶时，后方 AGV 也有可能与前方 AGV 发生碰撞，如图 5-2（b）所示。

（3）静止障碍冲突。AGV2 停在了路径中间，对于想要经过这段路径的 AGV1 来说，就产生了静止障碍冲突，如图 5-2（c）所示。

（4）追及冲突。当同一路径中位于后方的 AGV 速度超过位于前方的 AGV 速度时，这种冲突就会发生，如图 5-2（d）所示。

5.1.2 冲突解决策略

物流系统通过多台 AGV 分工合作共同完成车间中复杂繁多的物料运输任务，将毛坯、在制品、成品等工件自动化运输到指定地点，极大地提高了运输效率，并降低了物流运输成本。但是，5.1.1 节内容分析了多 AGV 物流系统中存在的物流冲突类型，如若不加以有效解决，将严重制约 AGV 的运行效率，甚至还会影响到制造系统的正常工作计划，最终造成不可估量的后果。因此，本节将对物流冲突的解决策略展开研究。不同的物流系统对于冲突的解决策略不同，下面是几种常见的冲突解决策略。

1. 交通规则法

交通规则法常用在多 AGV 物流系统中，通过给 AGV 知识库设置规则和命令，如转向、减速和停车等规则来解决冲突，保证物流系统的稳定运转。例如，当出现如图 5-2（a）所示的死锁冲突时，可以在 AGV 知识库中制定规则，当两车相向行驶时，某一个优先级较低的 AGV 进行转向行驶。交通规则法虽然能够解决一些冲突问题，但是随着规则的增多，对物流系统带来的压力也会变大，而且单纯使用交通规则法不能完全解决较复杂的冲突情况。

2. 协商交流法

协商交流法是一种 AGV 之间通过相互通信，按照预先设定的协商策略来消除冲突的方法。AGV 之间的协商策略和交通规则法中的规则类似，不过协商交流法能够通过通信感知到其他 AGV 的状态，选择更适合的冲突解决策略。例如，在图 5-2（b）所示的交叉路径冲突中，当两车距离达到设定的通信距离时，AGV2 和 AGV1 通过智能体的通信模块互相交换自身的位置信息，感知到对方信息后，再通过设定的协商策略选择不同的行为来消除冲突。

3．更改路径法

更改路径法的实现形式是当 AGV 之间发生冲突时，控制系统对发生冲突的 AGV 优先级进行分析，对其中低优先级的 AGV 进行路线重规划，选择其他次优行驶路线来完成任务。但是如果在图 5-2（b）所示的交叉路径冲突情况下，系统为 AGV1 重新规划的路线正好与 AGV2 的路线重合，这种情况下又会出现严重的冲突现象。

通过对上述常见冲突解决策略的分析可以发现，协商交流法比较适合本书中提出的基于装备智能体的物联车间系统。为了更有效地解决物流系统中的多 AGV 行驶冲突问题，需要对 AGV 智能体之间的协商策略进行针对性设计。

5.1.3　冲突协商策略

为了更方便地理解所提出的策略，对物流系统做出以下假设。

（1）物流系统中所有 AGV 的性能参数一致，有相同的急停和加减速能力。

（2）物流系统中所有 AGV 的尺寸参数一致，车身宽为 β，车身高为 γ，车身长为 α。

（3）物流系统中所有 AGV 都是单载荷 AGV，即任何时刻最多只能执行一个物流任务。

（4）物流系统中同一时刻至多有两台 AGV 经过同一交叉路口。

（5）在任何时刻，任何一台 AGV 都能与其他 AGV 相互通信，且可忽略消息的延迟。

基于 AGV 智能体之间相互协商来解决物流冲突的基本思想是：利用物流地图上设置的 RFID 标签点来实时感知是否存在物流冲突，如果存在冲突，根据冲突的分类在智能体知识库中搜索对应解决策略，通过冲突 AGV 之间的协商和路径重计算来尽快地解决冲突。

1．死锁冲突的解决策略

第一类是死锁冲突，这类冲突一旦发生，很容易出现 AGV 相撞甚至物流系统停摆。假设使用的是全向 AGV，那么当发生死锁冲突时，其中一台 AGV 可以通过侧移来解决冲突。具体解决过程如图 5-3 所示。要达到图 5-3 中的效果，车道至少需要 2.5 个车身宽度才能保证安全性，以本书实际搭建的物联制造车间实验平台为例，所用 AGV 车身宽为 0.8m，则车道宽度为 2.5×0.8=2m。在实际车间物流系统中，车道宽度 2m 是不太现实的，会极大占用车间空间，所以一般车间只能提供单台 AGV 运行的车道。

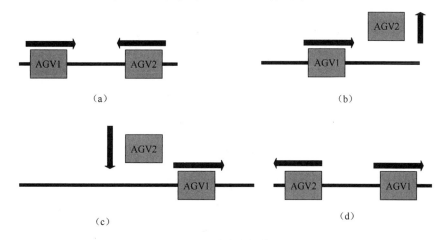

图 5-3   死锁冲突解决过程

除了可以通过侧移解决死锁冲突外，也可以让一台 AGV 后退到上一个路口处来解决死锁冲突，但这种方法对于车道狭长的通道来说，后退过程时间耗费较长，而且后退过程可能会跟其他的 AGV 又形成冲突，极大地增加了系统复杂度。

综上所述，本章使用单方向路径，彻底避免死锁冲突。

2．交叉路径冲突的解决策略

对于第二类交叉路径冲突，其解决冲突过程如图 5-4 所示。图中实线表示调用 AGV 智能体相关模块功能，虚线表示策略流程。具体步骤如下。

（1）A_{AGV1} 和 A_{AGV2} 分别执行任务 T_1 和任务 T_2，在某一时刻通过对对方任务路径的分析检测到了交叉路径冲突，双方从智能体知识库中取出对应的冲突解决策略。

（2）A_{AGV1} 和 A_{AGV2} 通过智能体通信模块向对方发送自身正在执行的任务优先级信息。

（3）如果 T_1 任务优先级比 T_2 任务优先级高，则交叉路径冲突执行过程结束，A_{AGV1} 按照原路径执行任务；反之，则向智能体设备操作与监控模块发送急停指令，等待 A_{AGV2} 走过该交叉路径，冲突消除之后继续执行原任务。

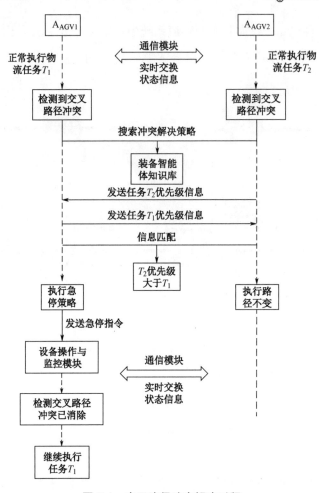

图 5-4　交叉路径冲突解决过程

3. 静止障碍冲突解决策略

对于第三类静止障碍冲突通常有两种解决方法。第一种是让正在执行物流任务的 AGV1 重新规划路线，避开 AGV2，这样不用移动 AGV2，效率相对较高。但是如果 AGV2 所处位置正好是 AGV1 正在执行的物流任务目的地，就会形成死锁。所以本章使用第二种解决方法，即让 AGV2 执行避让路径，远离 AGV1 行驶路线，其解决冲突过程如图 5-5 所示。图中实线表示调用 AGV 智能体相关模块功能，虚线表示策略流程。具体步骤如下。

（1）A_{AGV1} 正常执行任务 T_1，A_{AGV2} 处于无任务状态，双方通过智能体通信模块实时感知对方状态。

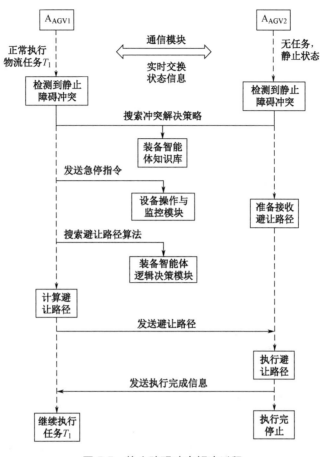

图 5-5　静止障碍冲突解决过程

（2）A_{AGV1} 和 A_{AGV2} 检测到静止障碍冲突后，搜索智能体知识库寻找对应的解决策略，A_{AGV1} 向设备操作与监控模块发送急停指令，以免发生相撞事故，接着 A_{AGV1} 按照以下的流程计算出 A_{AGV2} 的避让路径。

① 初始化一个集合 U，保存电子地图所有点；一个最短路径长度 L，初始化时值为 ∞；一个数组 A，保存了对应的最短路径；一个集合 M，保存了 A_{AGV1} 任务路径上的所有点。

② 检查集合 U，如果集合 U 为空则进入步骤④，否则，在集合 U 中随机取出一点记为顶点 k，将 k 从集合 U 中删除。如果 k 在集合 M 中，则继续执行本步骤，否则，进入步骤③。

③ 利用路径搜索算法计算从 A_{AGV2} 起始点到顶点 k 的路径 A' 和相应的路径长度 L'，

如果 $L' < L$，则 $L = L'$，$A = A'$，进入步骤②。

④ A 即是 A_{AGV2} 需要执行的避让路径，其路径长度 L 即为最短避让路径长度。

（3）A_{AGV1} 将计算完成的避让路径通过通信模块发送给 A_{AGV2}，A_{AGV2} 收到后执行该避让路径。

（4）A_{AGV2} 执行完成后，向 A_{AGV1} 发送执行完成消息，完成冲突解决流程，A_{AGV1} 继续执行原物流任务。

4．追及冲突的解决策略

对于第四类追及冲突，可将 AGV 的运行速度设置为相同来避免追及相撞，所以追及冲突只可能会发生在前方 AGV 遇到拐弯点减速拐弯时。但因为所有 AGV 都装备了红外线传感器，当两车达到设置的红外距离时，后方车辆将会减速、停止，直到前车拐弯完毕。所以不会出现真正的追及冲突。

5.2　路径规划方法

AGV 执行物流任务，即开始进行路径规划，不考虑任务的额外需求（取料和卸料等），需要为 AGV 规划一条从物流任务的起点到终点的最短路径，为 8.3.3 节以配送时间为目标函数的 AGV 调度数学模型提供计算依据。AGV 路径规划是多 AGV 物流系统中重要的研究内容，如何为 AGV 规划合理的路径直接关系着整个制造系统的生产效率。本节针对制造车间中多 AGV 物流系统路径灵活的特点，以最短路径作为路径规划的优化目标，并考虑到可能发生的物流冲突情况，采用基于改进的 Floyd 算法和 Dijkstra 算法的离线—在线两阶段路径规划方法。

5.2.1　Floyd 算法

设车间路径模型中共有 n 个节点（工作站或停靠点），将其编号为 $1,2,3,\cdots,n$，则有 n 阶有向连通赋权图 $G = (V, E)$，其中 V 为节点集，记作 $\{v_1, v_2, \cdots, v_n\}$，$E$ 为边集，记作 $\{e_1, e_2, \cdots, e_n\}$；$w_{ij}$ 表示边或弧 $v_i v_j$ 上的权值（表示边的长度、路况等），其中 $i, j = 1, 2, \cdots, n$。

令 d_{ij}^k 表示节点 i 到 j 的一条最短路径的长度，其中只允许经过前 m 个节点，即节点

$1,2,\cdots,m$ 作为中间节点；如果不存在这样的路径，则有 $d_{ij}^{k}=\infty$。由此可知，d_{ij}^{0} 表示从节点 i 到 j 的不经过任何中间节点的最短路径的长度，对于所有的节点 i，有 $d_{ii}^{0}=0$，即有以下公式。

$$d_{ij}^{0}=\begin{cases} 0, & \text{若}i=j \\ w_{ij}, & \text{若}i\neq j\text{，且节点}v_i\text{与}v_j\text{有连边} \\ \infty, & \text{若}i\neq j\text{，且节点}v_i\text{与}v_j\text{无连边} \end{cases} \tag{5-1}$$

令 $\boldsymbol{D}^m$ 为 $n\times n$ 的矩阵，它的 (i,j) 元素为 d_{ij}^m。若已知图中每条弧或边的权值 w_{ij}，即可确定 $\boldsymbol{D}^0$。Floyd 算法从 $\boldsymbol{D}^0$ 开始，由 $\boldsymbol{D}^0$ 计算 $\boldsymbol{D}^1$，再由 $\boldsymbol{D}^1$ 计算 $\boldsymbol{D}^2$，依此类推，直至由 $\boldsymbol{D}^{n-1}$ 算出 $\boldsymbol{D}^n$ 为止，则 d_{ij}^n 就表示从节点 i 到 j 最终求出的最短路径的长度。Floyd 算法通过动态规划思想来求解给定的加权有向图中所有点位之间的最短路径。其算法步骤如下。

（1）假设路径拓扑图中包括 n 个点位，创建一个 $n\times n$ 规模的矩阵 $\boldsymbol{A}$，并初始化该矩阵。在矩阵中填充上任何两个点位之间的最短距离，前提为这两个点位之间不允许通过第三个点位。图 5-6 所示为 4×4 规模的路径进行矩阵初始化示例。当两个点位之间可以直接到达时，在矩阵中相应位置填充两者之间的权重值，如从 "4" 到 "3" 之间的距离为 12。当两个点位重合时，在矩阵中相应位置填充 "0"，如从 "2" 到 "2" 之间为 0，在矩阵对角线处填充 "0"。当两个点位之间无法直接到达，需要经过第三个点位时，在矩阵中相应位置填充 "∞"，如从 "2" 到 "4" 之间无法直接到达，所有距离为∞。

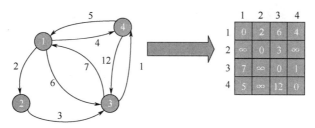

图 5-6　矩阵初始化示例

（2）在只允许经过 1 号顶点进行中转的情况下，更新矩阵中任意两点之间的最短路径。更新后的矩阵如图 5-7（a）所示。

（3）在允许经过 1 和 2 号两个顶点进行中转的情况下，更新任意两点之间的最短路径。更新后的矩阵如图 5-7（b）所示。

（4）重复步骤（2）和步骤（3），直至能经过所有点位进行中转，更新后的矩阵如图5-7（c）所示。

在上述流程运转过程中，可以增加一个路径矩阵 **B** 用来记录任意两点之间的最短路径，在更新矩阵 **A** 的同时更新矩阵 **B**。

通过以上流程，可以求出给定图的最短路径矩阵 **A** 和最短路径节点矩阵 **B**。Floyd 的算法复杂度为 $O(n^3)$。可以看出 Floyd 算法虽然能求出所有点位之间的最短路径，但其算法复杂度较高，不适合在 AGV 行进过程中遇到冲突时进行实时计算。

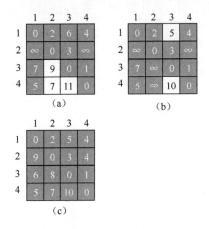

图 5-7　矩阵更新

5.2.2　Dijkstra 算法

Dijkstra 算法采用的是贪心策略，可以求解出图中源顶点 s 到其余所有点的最短路径。该算法首先声明一个保存着找到最短路径的顶点集合 U、U 的补集 S、顶点 i 的相邻节点集合 NE_i 和用来保存到各个顶点最短距离的数组 dis，其中 $dis[j]$ 为源顶点到达顶点 j 的最短路径长度。设 d_{ij} 为顶点 i 到顶点 j 的距离。

其算法步骤如下。

（1）初始时，若是顶点 i 和源顶点 s 能够直接相连，则 dis 中对应的距离为边的权值，若是不能直接到达则设为 ∞。初始时，集合 U 中只有起始点 s，即 $S=\{s\}, dis[i]=d_{is}(i \in NE_s), dis[i]=\infty(i \notin NE_s)$。

（2）从 dis 数组中选出最小值 w，则该值就是从起始点 s 到该值对应顶点 v 的最短路径，然后将该顶点加入集合 U 中，即 $S=\{s,v\}, U=\{0,1,2,\cdots,v-1,v+1,\cdots\}$。

（3）使用新加入集合 U 的顶点 v 来判断顶点 v 的相邻顶点，若某相邻顶点 u 的当前距离 $dis[u]>dis[v]+d_{vu}$，则把 u 的距离 $dis[u]$ 更新为 $dis[v]+d_{vu}$，即 $dis[u]=min(dis[u], dis[v]+d_{vu})(u\in NE_v)$。

（4）重复步骤（2）和步骤（3），直到集合 U 包含了图中的所有顶点。

Dijkstra 算法的时间复杂度为 $O(n^2)$，可以通过最小堆数据结构代替上述集合 U，可将时间复杂度减少至 $O(E\ln E)$，其中 E 为图的边数。由于物流系统中点位图都是稀疏图，即边的条数 E 远小于顶点的平方，一般为顶点数量的常数倍，所以 $O(E\ln E)$ 这个时间复杂度是比较低的，可以支撑运行过程中实时最短路径计算。

5.2.3　改进的 Dijkstra 算法和 Floyd 算法

上述经典的 Dijkstra 算法和 Floyd 算法单纯地将物流系统中每条路径的长度作为评价的指标，没有考虑实际车间中 AGV 运行的自身因素。在实际物流系统运行过程中，AGV 在转弯的时候需要进行减速来保持车身的平稳，因此会增加路径通过时间，而经典 Dijkstra 算法和 Floyd 算法是不考虑这一点的，其规划的路径只考虑了路径长度这一个评价指标，所以规划出来的路径并不一定是最优路径。

经典的 Dijkstra 算法和 Floyd 算法对路径的评价函数如下。

$$F(n)=\sum d_{ij} \tag{5-2}$$

式（5-2）中，d_{ij} 表示顶点 i 和顶点 j 物理位置之间的相对距离，$\sum d_{ij}$ 表示通过上述两种经典算法求出的最短路径中各边的长度和。

改进后的评价函数如下。

$$F(n)=\sum d_{ij}+W_T \tag{5-3}$$

式（5-3）中，W_T 是转弯带来的额外距离，该距离可以用 AGV 的额定速度和转弯时间的乘积来计算得到。AGV 每次转弯，其评价函数都会增加 W_T，转弯次数越多，函数值也越大。通过将改进后的评价函数替换经典算法中的评价函数，可以更精准地找到最短路径。

5.2.4　离线—在线两阶段路径规划方法

柔性作业车间中设备种类多，且处于不同地理位置处，导致部分正在执行物流任务的 AGV 行驶路径比较复杂。此外，车间中多台 AGV 同时工作，运输过程中易出现碰撞、死锁等物流冲突事件。路径规划方法既需要在复杂路径中计算出最短路径，还需要在发生物流冲突时重新规划路径。因此本节提出了离线—在线两阶段路径规划方法。

在离线阶段计算出拓扑地图中任意两个顶点之间的最短路径长度及走向，保存在离线的路径库当中；在 AGV 实时运行阶段按照要求直接提取路径序列信息进行执行。这有助于大大减轻 AGV 本身的计算量，保证了逻辑控制的实时性，同时也为系统的任务调度策略的任务等待时间的计算提供了相关路径长度数据信息，因此在进行下面的研究前我们有必要建立 AGV 系统的任意两点之间的最短路径库。

需要说明的是，传统的 AGV 系统路径规划算法一般是基于 Floyd 算法，因为它可以准确地求解从一个顶点 v_s 到连通图的另一顶点 v_e 的最短路径，并能给出具体的路径走向。因此在求解某两个顶点之间的最短路径时 Floyd 算法的确是一个很好的选择，它采用边权矩阵经过有限的迭代即可方便地得到任意两点之间的最短路径集。但是在求解有向图任意两点之间的最短路径长度时，该算法的时间复杂度将相当庞大，运算效率低；当多 AGV 物流系统发生物流冲突时，无法及时生成新的可行路径。所以本节采用 Dijsktra 算法配合 Floyd 算法来求解模型的路径库，Dijsktra 算法的时间复杂度较低，可以快速在拓扑地图中求解出可行路径。

离线—在线两阶段路径规划方法是指将多 AGV 物流系统的路径规划过程分成两个阶段，分别为离线阶段和在线阶段。该方法的实现基础是 AGV 状态实时反馈系统，需要根据物流场地的实际情况建立拓扑地图。其算法思想为：在物流系统初始化阶段，AGV 没有执行物流任务，此时即为离线阶段，可以通过时间复杂度较高的 Floyd 算法求解拓扑地图中所有点对之间的最短距离和相应的最短路径，并将其存储到智能体数据库中作为路径库；当处于在线任务执行阶段，由于是多 AGV 系统，在出现路径阻塞和车辆冲突等异常情况时，通过时间复杂度较低的 Dijkstra 算法对动态建立的拓扑地图进行实时路径求解。

离线—在线两阶段路径规划流程如图 5-8 所示。其具体实现过程如下。

（1）多智能体制造系统首先进行原料库智能体与多个 AGV 智能体之间的协商过程，并与具备优秀指标的 AGV 签订合同。然后，该 AGV 接收制造系统分配的物流任务，并准备运输工作。

（2）物流系统使用 Floyd 算法求解拓扑地图中起始点与终点之间的最短路径，规划出点位路径信息，将其存储到 AGV 智能体的数据库中。

（3）按照数据库中的路径信息来指导 AGV 运输工件到目的地。

（4）当物流系统检测到 AGV 之间发生冲突时，更新拓扑地图中的路径信息。然后使用 Dijkstra 算法重新进行路径规划，迅速求解出一条次优的可行路径来解决物流冲突。

（5）系统监测此时 AGV 是否已将工件运输到目的地。如果是，那么结束本次的运输任务；否则，跳转至步骤（3）。

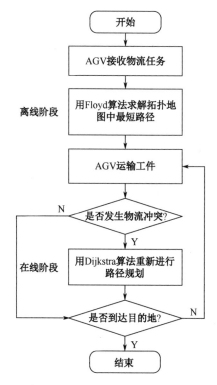

图 5-8　离线—在线两阶段路径规划流程

5.3 智能物流调度模型

AGV 路径规划和多 AGV 协调控制是多 AGV 系统调度中两个重要的研究内容。如何为 AGV 规划合理的路径及如何协调多 AGV 的运动使其无碰撞地高效运行直接关系着整个制造系统的生产效率。与此同时，AGV 的路径布局对 AGV 的路径规划和协调控制起着重要作用，采用合适的路径布局可以在一定程度上降低 AGV 路径规划和协调控制的难度，提高多 AGV 物流系统的稳健性和运行效率。本节针对传统的串联区域控制模型的若干缺陷进行改进，基于混合区域控制模型设计了多 AGV 物流系统的车间路径布局，使模型更加简单高效，更易于实现分布式控制。此外，以最小化配送时间为优化指标构建 AGV 调度系统的数学模型，基于物流事件驱动的方式设计了 AGV 调度模型优化的计算流程。

5.3.1 串联区域控制模型的不足

制造系统的飞速发展，对多 AGV 物料传送系统并行工作的载荷量、运输效率等都提出了更高的要求；随着系统中 AGV 数量的不断增加，传统的集中控制调度过程复杂、交通拥挤以及 AGV 之间的冲突碰撞等问题越来越突出，严重影响了系统的可靠性和运行效率。虽然先后有许多学者从各个角度研究了多 AGV 系统的调度问题，但多 AGV 所存在的调度和防碰撞问题并没有取得实质性的进展。2002 年，Bozer 和 Srinivasan 独辟蹊径，开发出一种新的设计理念——串联式多 AGV 系统，从根本上消除了系统中车辆的拥挤和碰撞问题。图 5-9 所示为串联式多 AGV 与传统多 AGV 系统拓扑结构对比。

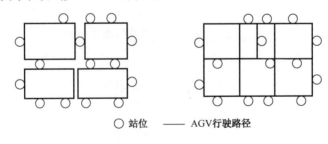

○ 站位 —— AGV行驶路径

（a）串联式多 AGV 系统拓扑结构　　（b）传统多 AGV 系统拓扑结构

图 5-9　串联式多 AGV 与传统多 AGV 系统拓扑结构对比

不难看出，串联式多 AGV 是把运行路径分成互不重叠的若干封闭的环形区域，而每个区域有且只有一台 AGV 执行运输任务，相邻的区域之间通过界面来传递加工信息。与传统多 AGV 系统相比，这种模型主要有以下特点。

（1）系统行驶路径是非重叠的，具有单独的车辆闭合环路。

（2）每个车站只隶属于某一个单独回路，每个闭合回路只存在一个 AGV。

（3）相邻的区域之间存在一个交换站（车站），用以不同的区域交换产品。

（4）完全消除了交通问题，如车辆碰撞、冲突导致的拥挤等。

串联式多 AGV 在回路中采用 FEFS（First Encountered First Serve，先遇到先服务）调度原则。这种调度机制下，一个空载的 AGV 会移动到相邻的下一站，在第一次遇到的站，如果有调度任务，AGV 将加载工件并根据调度的路由序列移动到目标地址以完成任务，如此循环运行。这种串联式结构虽然消除了传统多 AGV 的交通碰撞、冲突等问题，但也存在一些缺陷，主要表现在以下几个方面。

（1）在交换站中装卸产品需要浪费大量的时间，因此不利于提高生产效率，且增加了系统的额外安装费用。

（2）区域环路是固定的，但某区域的工作量远大于其余区域时，这一区域就成为整个生产过程的瓶颈，从而会导致其他区域生产的停滞。

（3）当区域间工作量严重不平衡时，就需要重新设计区域，增大了系统的工作量。

尽管 Shabnam Rezapour 等人根据各加工设备的承载能力，进一步提出了串联区域控制模型的布局方法以平衡各区域的负荷量，尽量减少区域间的交换次数，但是该模型的问题依然存在。

5.3.2 基于混合区域控制模型的车间路径布局

从上面的分析不难看出，串联式区域控制模型的缺陷主要体现在交换站的存在。一方面打破了各区域负荷量的平衡，从而易于产生生产瓶颈，另一方面提高了不同的区域间交换产品所需的时间，从而降低了系统的运行效率。我们对其存在的问题进行改进，提出一种混合区域控制车间模型，它是将车间布局按照加工单元分成不同的区域，AGV 可以在不同的区域内运送工件，各个区域间既相互联系，又彼此独立，且无须设置交换站。为了更清晰地描述本章所设计的 AGV 调度数学模型，需要先建立车间模型。图 5.10 所示为基于混合区域控制模型的多 AGV 调度系统的车间布局图。

图 5-10 中，MW 和 PW 分别表示原料仓库和成品仓库，P_{MW1} 和 P_{MW2} 表示 MW 的两个出料口，可供两个 AGV 同时进行出料，P_{MW1} 和 P_{MW2} 表示 PW 的两个入料口，可供两个 AGV 同时进行入料；M_i 表示工作单元，每个工作单元都由缓冲区和机床组成，缓冲区的容量是有限的，用 C_i 表示；每个缓冲区的每个缓冲位置都有一个装货/卸货点 P_{ik}。所有工作单元都由路径网络连接起来，路径上标注的箭头表示 AGV 在该路径上允许运行的方向。所有的工件都是从 MW 进入车间系统，经过一系列工序，加工完成进入 PW。

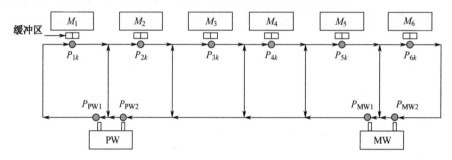

图 5-10　车间布局图

该模型独特的组织结构使得多 AGV 系统的控制策略更为简单，易于实现系统的分布式协调控制，大大降低了冲突和死锁的可能性。

系统的主要工作流程是：AGV（共 N 台）从 AGV 仓储区出发，将不同工件从工件仓储区依次运出，根据各自的工艺路线，经过多个加工单元（共 M 个）加工并最终运送回仓库中存储。各 AGV 的任务可以描述为：位于起始节点 v_s 的 AGV，按照路径的权值（表示路径长度、路况等）最小原则以预先设定的线路运行到目标节点 v_d，不考虑任务的性质（如送货、取货和空闲调度等），期间保证其沿预定路线正常运行，避免与其他 AGV 或障碍物产生冲突。由上位机的任务调度机制通过吸引场算法、遗传算法等来优化任务的分配，这样使得 AGV 只执行单一类型的最细化的子任务，便于实现系统配置的通用性，降低多 AGV 的控制复杂度。

为了描述清楚本章所提出的调度模型，对系统做出以下假设。

（1）AGV 数量可知且固定。

（2）每台 AGV 单次只能运输一个工件。

（3）AGV 行驶过程中保持匀速。

（4）每台机床在一个时刻只能加工一个工件，而且加工过程一旦开始，不能中断。

（5）装货/卸货点位之间的距离已知，所以 AGV 运输所耗时间也已知。

对一个多 AGV 物流系统的调度，就是在系统有新任务触发时，被选择的进行物流运输的 AGV 以最短路径来完成任务；当多个 AGV 同时运行时，对每个 AGV 路径寻优，并采用协调控制机制预判系统潜在的冲突从而最大限度地减少或避免系统的阻塞或碰撞；保证多 AGV 系统的整体运行效率的同时，尽量减少系统的冲突等待时间，实现系统总体运行时间最优化。

5.3.3　智能物流调度数学模型

在物联制造车间动态实时调度系统中，因为工件任务的交货期和客户等级的不同，工件任务具有不同的优先级。AGV 内部系统设置了一个任务队列，AGV 按照任务优先级顺序来逐一执行物流任务。如何建立任务优先级模型以及如何选择合适的机床来加工工件任务是车间调度问题的研究重点，这部分的内容将在下一章展开详细讨论。本章假设每个加工任务的优先级已经确定。

根据上述假设，对引入的变量和符号做如下解释与声明。

物流设备集 $A = \{A_1, A_2, \cdots, A_r\}$，$A_l$ 代表第 l 台物流设备；T_{vij} 表示物流设备 A_v 运送任务 O_{ij} 的物流任务；$S_v = \{T_{vij}, T_{vkn}, \cdots, T_{vjp}\}$ 表示物流设备 A_v 的待执行任务队列，一共 N_{vb} 个任务；V_{vi} 表示物流设备 A_v 任务队列中第 i 个任务的优先级值；P_{vk} 表示物流设备 A_v 完成 S_v 中第 k 个任务需要的时间。

在实际车间生产过程中，要使得加工任务在最短时间内完成，就必须尽量缩短任务工件花费在物流运输上的等待时间，这样就能使得任务工件以最短的时间到达加工设备，及时进行加工。据此，在保证任务执行优先级的前提下，本节建立以最小化配送时间作为优化目标的 AGV 调度数学模型，目标函数见式（5-4）。

$$F = P_{vi} + \sum_{k=1}^{N_{vb}} C_{vik} \partial_{vk} P_{vk} \tag{5-4}$$

$$C_{vik} = \begin{cases} 1, & V_{vi} < V_{vk} \\ 0, & V_{vi} \geq V_{vk} \end{cases} \tag{5-5}$$

$$\partial_{vk} = \begin{cases} 1, & A_v\text{任务队列中第}k\text{个任务由物流设备}A_v\text{运送} \\ 0, & \text{其他} \end{cases} \qquad (5\text{-}6)$$

$$\sum_{k=1}^{N_{vb}} \partial_{vk} = 1 \qquad (5\text{-}7)$$

式（5-4）表示调度模型以最小化配送时间为指标。式（5-5）中，C_{vik} 表示如果物流设备 A_v 任务队列中第 k 个任务的优先级值大于第 i 个任务的优先级值，则为 1，否则为 0。式（5-6）和式（5-7）为约束条件：一个工序输送任务只能选择一台 AGV。

5.3.4 智能调度优化模型

以往对于 AGV 任务调度触发方式一般是基于时间周期或事件触发。肖海宁提出设定一个时间窗口，周期性地对 AGV 进行任务调度，通过调整时间窗口大小来改变调度粒度。Qiu 提出两种事件类型：AGV 空闲或新的物流任务出现。由于本书所搭建 MAS 架构是分布式架构而非集中式，这意味着仓库智能体或任意一个机床智能体都会发出物流任务，所以物流任务位置存在不确定性，基于时间间隔或当 AGV 空闲时主动向某个设备请求物流任务这种调度方式是不合适的。本节采用的是物流任务事件触发的方式，即当装备智能体产生物流任务事件时，装备智能体作为主体主动与车间 AGV 进行协商调度。

图 5-11 所示为标注了点位之间距离的车间布局，点位之间的数字即为点位之间的距离（单位为厘米）。在车间运行过程中，物流设备分配到的待执行任务存储在数据库中，其路径通过路径规划方法求得，格式形如 $[P_{1k}, P_{2k}, \cdots, P_{AS1}]$，即规划的任务路径上经过点的集合。

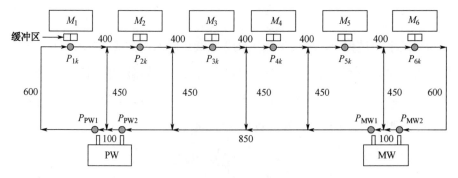

图 5-11 车间路径点位布局

当产生物流任务时，触发物流调度，物流调度优化目标计算流程如图 5-12 所示。具体步骤如下。

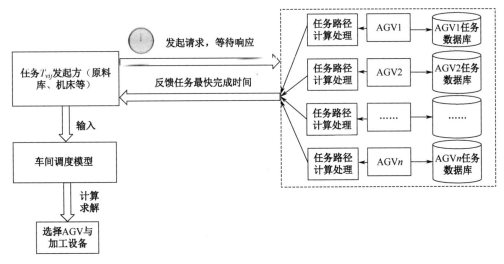

图 5-12 物流调度优化目标计算流程

（1）任务发起方（原料库、机床等）产生物流任务 T_{vij}，接着向物流系统中所有 AGV 广播请求，请求中携带任务的优先级 V 和任务 T_{vij} 起终点等信息。为了防止部分 AGV 出现网络问题不能及时返回配送时间响应导致任务发起方一直等待卡死，任务发起方设置一个时间窗口 T'，只处理时间窗口内接收到的响应，初始将 T' 设为 T_N。该时间窗口按照式（5-8）进行调整。

$$T' = \begin{cases} \text{MIN}(T + 0.1, T_N), & n < N_{\text{AGV}} \\ T - 0.1, & n = N_{\text{AGV}} \end{cases} \quad (5\text{-}8)$$

式（5-8）中，T' 表示下一次时间窗口长度（单位为秒）；T 表示本次时间窗口长度；T_N 是所能允许的时间窗口最大长度；n 是本次物流系统中返回响应的 AGV 数量；N_{AGV} 是物流系统中 AGV 总数。

（2）各 AGV 接收到请求后查询自身任务数据库，提取请求中携带的任务优先级 V，查询待执行任务数据库，取出所有任务优先级高于 V 值的任务组成任务集 P。

（3）各 AGV 将任务 T_{vij} 放入任务集 P 末尾，根据式（5-4）求出按优先级顺序执行完所有任务需要的时间。该时间即为该 AGV 对于任务 T_{vij} 的配送时间，并将其作为响应返回给任务发起方。

（4）任务发起方在时间窗口内接收到了各 AGV 的响应后，将配送时间输入到车间调度模型中，经过计算求解，得出最终调度结果。

5.4 本章小结

智能物流调度技术考虑了工件运输时间，使得车间优化模型更贴合实际情况，为建立柔性作业车间多目标优化调度模型提供了一个重要优化目标。本章分析了制造车间中物流冲突类型，设计了冲突协商策略与路径规划方法，有效地提升了车间物流运输效率。

第**6**章

基于多智能体制造系统的车间调度优化方法

传统车间调度问题的研究基于对其构建的数学模型，经过几十年的不断发展，作业车间调度问题模型已经基本固定。但是，随着生产制造环境的转变和制造模式的升级，传统调度模型已经渐渐脱离生产实际情况，无法很好地适用于面向个性化订单的高度柔性化的多智能体制造系统。针对传统作业车间调度模型存在的柔性化不足、难以应对扰动事件、单目标优化等问题，本章将介绍一种更加贴合生产实际的柔性作业车间动态调度数学模型。

6.1 柔性作业车间调度问题概述

消费市场对定制化、个性化产品的需求不断扩大，使得客户订单变得更加复杂，生产难度增大。以往单品种、大批量、流水线生产模式已不能满足个性化生产需求，多品种、小批量、柔性化生产模式逐渐成为主流。柔性化制造系统中包括了多种类型加工设备，具有多种工艺技术的加工能力。针对多品种、小批量、柔性化生产模式，本节以柔性作业车间模型为基础，详细阐述了柔性作业车间调度问题模型以及分析传统车间调度方法的不足之处，并给出了车间调度的求解结果的表示方式。

6.1.1 柔性作业车间调度问题的提出原因

全世界生产力发展已经经历了第一次、第二次、第三次工业革命，生产制造水平得到了极大的提高。同时，人类的个人财富也在不断积累扩大，渐渐开始追求与众不同的生活。不再满足于大众化流水线产品，而是追求个性化、定制化产品。复杂、多样、少批量的加工订单给生产系统带来了挑战，亟须合理的调度技术将车间内的制造资源整合利用，最大化满足个性化订单需求。车间调度技术是现代集成制造系统的重要研究内容之一，是先进制造技术和智能工厂管理技术的核心。其基本概念可以描述为：在规定的交货期内，在有限的生产资源约束下，将一定数量的订单任务以一定的规则分配到一定数量的可用设备上进行加工，以满足一个或多个生产指标要求。

在传统作业车间调度模型的生产过程中，每道工序都将分配给固定设备进行加工，将难以实现对车间内生产资源加工能力的最大化利用。同时也使得生产过程对不确定因素的扰动更为敏感，一旦某台制造装备出现故障无法继续加工，那么整个生产计划将会被停滞耽搁，甚至最终无法按期交货。随着数控机床技术不断更新升级，车间内单台制造装备已经具备多种工艺的加工能力。如果把所有具有某道工序工艺加工能力的制造装备组合为一个可选设备集，并且所有工序在调度分配时能在对应的可选设备集中选取设备，那么就为生产系统拓展了柔性化能力，使得生产系统中制造装备的加工能力得到了充分利用。因此，柔性作业车间调度问题（Flexible Job-shop Scheduling Problem，FJSP）模型更符合当前多品种、小批量、柔性化的生产模式。

柔性作业车间中包含了多台加工类型各不相同的制造装备，类型相同的加工设备可组成某工件工序的待选设备集。柔性作业车间主要面向个性化定制需求，因此任务订单中工件种类多，加工复杂程度高，任务订单中存在多个种类各异的待加工工件，每个工件包含数道工艺路线互不相同的工序。在开始加工前，订单任务中所有工序都需要先选择好合适的加工设备，再分配好设备加工缓冲区的工件的加工顺序。

车间调度问题可描述为：有 n 个工件 $\{J_1, J_2, \cdots, J_n\}$（用 i 表示工件号 $i \in N = \{1, 2, \cdots, n\}$）需要在 m 台设备 $M = \{M_1, M_2, \cdots, M_m\}$（用 k 表示设备号 $k \in \{1, 2, \cdots, m\}$）上进行加工，工件 J_i 有 n_i 道工序 $\{O_{i1}, O_{i2}, \cdots, O_{ij}, \cdots, O_{in_i}\}$（用 j 表示工序号，$j \in P = \{1, 2, \cdots, n_i\}$），物流运输设备集 $A = \{A_1, A_2, \cdots, A_l, \cdots, A_r\}$，$A_l$ 代表第 l 台运输设备。每道工序可在一台或多台设备上完成加工，由于各台设备的加工性能不同，不同设备对同一工序的加工时间也不同，即存在一个加工系数 c_x^k（x 为工艺代号），使工序 O_{ij} 在设备 k 上的实际加工时间为 $t_{ijk} = t_{ij} \times c_x^k$（$t_{ijk}$

为工序 O_{ij} 加工时间的期望值），详细计算方式在加工时间估计部分给出。工序 O_{ij} 的可加工设备集合表示为 M_{ij}（$M_{ij} \subseteq M$）；定义 st_{ij}、et_{ij} 分别表示工序 O_{ij} 的加工开始时刻、完成时刻。其中，t_{ijk}、st_{ij} 和 et_{ij} 满足 $et_{ij} = st_{ij} + \sum_{k=1}^{m} X_{ijk} \times t_{ijk}$。

本章所提出的多目标优化调度数学模型基于以下假设和约束条件。

（1）每台加工设备在同一时刻只能加工一个工件的一道工序。

（2）每台物流设备在同一时刻只能执行一个物流任务。

（3）同一工件不同工序的加工次序固定，即前一道工序必须加工完成才能加工下一道工序。

（4）加工工序除非出现加工设备故障等情况，否则一旦开始加工不能暂停。

（5）所有工序的加工 G 代码在出库的时候已得到，且可以根据该 G 代码估算加工时间。

（6）系统中的所有设备在初始化后即可使用。

当工件被物流设备输送到加工设备缓冲区时，若该加工设备空闲则直接开始加工；若该加工设备仍处于加工状态，则该工件需要在缓冲区等待，当有多个工件在缓冲区等待时，各个工件按照优先级顺序依次进行加工。

6.1.2　调度结果表示方法

柔性作业车间调度问题一般以 "$m \times n$" 的格式来表述，其中 m 表示作业数，n 表示可用设备数，具体的工序数、工序加工时间、设备工艺信息则以一个二维表格的形式呈现。如表 6-1 所示，描述了一个 3×4 的柔性作业车间调度问题，符号 "—" 表示此工序不能在该设备上进行加工。表格中设备行（M_1、M_2、M_3、M_4）下方的数字表示了某道工序在该设备上的加工时间。例如，表格中第 2 行第 3 列的 "4"，表示了工件 J_1 的第一道工序 O_{11} 在设备 M_1 上的加工时间为 4 个标准单位。

表 6-1　一个典型的 3×4 作业车间调度问题

工件	工序	M_1	M_2	M_3	M_4
J_1	O_{11}	4	3	3	—
	O_{12}	—	—	2	1
J_2	O_{21}	—	2	—	2

续表

工件	工序	M_1	M_2	M_3	M_4
	O_{22}	3	4	3	2
J_2	O_{23}	5	—	2	—
	O_{24}	3	1	—	2
	O_{31}	2	5	3	—
J_3	O_{32}	—	—	1	3
	O_{33}	4	4	—	3

车间调度数学模型的求解结果就是获得工件中各道工序与可选加工设备集合之间的匹配方式，并确定分配到同一机床上工序集的加工序列。求解结果以甘特图（Gantt chart）的形式来描述。甘特图是用来表示任务规划的可视化图表，一般纵轴表示加工设备的序列号，横轴以时间轴的方式展现，表示该任务的起始与完工时间节点和当前任务执行进度。甘特图是车间调度数学模型求解结果最直观的一种表达方式。图 6-1 所示的甘特图即为上述 3×4 的柔性作业车间调度问题的一个可行调度解，其中每一个矩形方块表示一个生产计划，对应着工件的某道工序。以甘特图中 O_{11} 为例，该工序被安排在设备 M_1 处进行加工，开始时间为 0，加工结束时间为 4。在后续章节中，均默认使用甘特图作为车间调度数学模型调度解的表现形式。

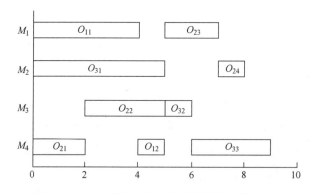

图 6-1　3×4 车间调度问题求解结果的甘特图表示

6.1.3　传统车间调度方法的不足

当前制造业正面对越来越多的挑战。一方面，低碳绿色生产越来越成为全球社会的共识。相关统计表明，全球能耗的 33% 和二氧化碳排放量的 38% 都消耗在生产制造过程中。

高污染、高能耗、低利用率的制造业生产模式已经导致了一系列严重的环境、气候问题，如温室效应、臭氧层破坏等。制造系统能否实现低碳绿色生产，是评价制造系统优劣的一个重要因素，直接关系到企业的经济利益和社会责任履行。在资源供应日趋紧张、价格日益高涨的情况下，大力推进低碳绿色生产具有重大的意义。另一方面，生活水平的提高促使人们的消费升级，人们愈加崇尚个性化的定制商品。这对制造业带来的冲击就是生产过程中的可预见性逐渐下降，不可预见事件却在逐步增加，制造业愈发处在一个动态多变的环境中。

新的环境和形势下，传统车间调度研究方式下的数学建模已逐渐脱离生产实际，难以满足当前柔性化、定制化、绿色化生产的制造需求。其不足主要表现在以下三点。

1．静态模型

传统调度问题的数学模型构建规避了生产过程中的各种随机、扰动事件的影响，是一种静态描述，针对的是理想环境下的作业车间调度问题。在以往，静态模型较为适用，但随着制造环境愈发动态多变，在进行车间调度研究、建立作业车间调度模型时必须为扰动事件的处理预留空间。因此，传统车间调度数学模型中的一些静态描述已经过时，难以适应在当前制造环境动态多变、扰动事件频发、订单任务繁多以及装备加工能力多样化背景下保持稳定、高效生产。

2．单目标优化

多目标性是车间调度的一个基本属性。传统调度问题的数学模型，尤其是基于多智能体制造系统的车间调度研究中的数学模型，多考虑单一的时间优化指标。在实际的生产调度中，为满足企业各生产部门的要求，提高综合效益，需要集中考虑时间、成本、能耗和设备利用率等多目标的优化。同时，在当今低碳绿色生产的现实要求下，亟须建立一种面向低碳生产的多目标数学调度模型。即使现有的部分研究将低碳生产列为优化目标，但也存在能耗分析不全面等问题。

3．柔性化不足

随着加工设备的不断升级换代，制造装备的加工能力具有了质的飞跃，已经具备多种工艺技术的加工能力。传统车间调度模型以作业车间调度问题作为研究对象，模型中每个设备的加工能力固定单一化，订单中工件的每道工序仅可分配至指定设备处加工，极大地降低生产系统的柔性化程度，无法充分利用制造装备的加工能力，因此该调度模型已不再适应当前柔性制造系统。

6.2　面向低碳的车间多目标优化调度模型

在当前全球环境问题日益突出的形势下，低能耗、绿色生产已经成为企业应当履行的社会义务，实现生产能耗优化也逐渐成为车间调度领域的重要研究目标。但是，现今的研究多存在能耗分析不全面的问题，尤其是在基于多智能体制造系统的调度方法研究领域。本节基于设备能耗特征的分析，研究生产车间的能耗组成，并建立一种有效的作业车间能量模型。传统车间调度在建立数学模型时都基于无扰动的理想生产环境，与实际多扰动生产车间不符，且构建的车间调度优化数学模型仅考虑了单一生产目标。针对传统车间调度数学模型的优化性能不足，提出以完工时间、生产成本、设备负载、加工能耗为多目标优化的调度数学模型。

6.2.1　多目标优化方法

目前，针对作业车间多目标优化数学模型的求解，研究者多采用以下两种思路。

1. 单目标转化法

单目标转化法也称权重系数法，利用加权的思想将多目标问题转化为单目标问题进行求解。如何合理设置各目标的权重是此种方法的关键，常用的有层次分析法等。加权单目标优化方法的优点是使用简单，运算量少，可以降低 Agent 的计算负荷；同时，可以根据决策者的优化倾向灵活地调整各优化目标的权重，使得最终得到的调度解即为符合调度预期的解。后续章节中将采用加权单目标优化方法作为多目标优化数学模型的求解方法。

2. 基于 Pareto 的优化方法

Pareto 的概念可以理解为可行解或可行解集。引入这个概念是出于以下考量：多目标优化问题的求解往往不能使各目标同时达到最优，或者某个目标的最优必然是以牺牲其他目标的求解质量为代价的。Pareto 解则是在各目标之间取得了一种折中，反映了多目标优化问题的本质。此类方法多用于启发式算法的求解过程，且计算较为复杂。与多智能体制造系统结合，会造成计算量大、计算时间过长，影响系统的决策效率。

6.2.2　车间能耗分析

作业车间能量消耗 E_t 主要由两方面组成：生产能耗 P_e 和辅助能耗 A_e。生产能耗是指直接作用于产品从毛坯到成品各环节生产所消耗的能量，包括设备能耗 M_e、搬运能耗 T_e、检验能耗 C_e 等，其定义如下。

（1）设备能耗 M_e 是机床加工零件毛坯所消耗的能量。

（2）搬运能耗 T_e 是 AGV、输送带、机械臂等物料搬运设备在完成工件出入库、工位转换时所消耗的能量。

（3）检验能耗 C_e 是工件加工成型后，由检验人员使用专用检验设备进行质量验证时所消耗的能量。

一般情况下，机床设备启停次数少、运转功率大、数量较其他设备多，所以设备能耗占据了车间生产能耗的绝大部分比例。同时，工件当前工序加工结束后需要在不同加工设备之间转移以进行下道工序的加工或直接入库，单个工件的转移次数基本和自身工序数相等，因此工件转移所消耗的能量也需要考虑进车间能量模型中。而检验设备作为非机械加工设备，功率较小同时数量较少，其能耗占生产能耗的比例非常小。为简化能量模型，本章使用设备能耗 M_e 和搬运能耗 T_e 来计算代替生产能耗 P_e。

辅助能耗 A_e 是指间接作用于产品从毛坯到成品各环节生产所消耗的能量，主要包括维持车间正常运作的公共能耗，如照明能耗、空调能耗等。由于车间辅助能耗项目繁多，篇幅有限，在此不便一一分析，本章使用车间生产单位时间的公共能耗 e_p 来计算辅助能耗 A_e。

6.2.3　基于设备状态—能耗曲线的车间能量模型

机床等加工设备的运转共分为启动、空转、加工和停机 4 个状态，在不同状态下，设备的能耗特征也不同。经过大量测试，获得了如图 6-2 所示的一般机械加工设备的状态—能耗曲线。

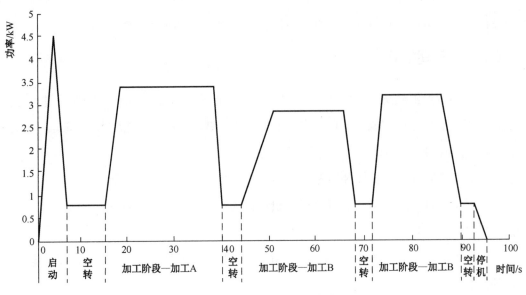

图 6-2　设备状态—能耗曲线

图 6-2 的设备状态—能耗曲线的数学描述如下。

以 e_k 表示设备 k 启动阶段的平均能耗，以 g_k 表示设备的启动次数，则设备 k 的总启动能耗 $E_s = e_k \times g_k$；以 p_k 表示设备 k 的空转能耗，以 n_k 表示设备的空转时间，则设备 k 的总空转能耗 $E_e = n_k \times p_k$；以 p_{ijk} 表示设备 k 加工工件 i 第 j 道工序的平均功率，则其完成工件 i 对应工序的加工任务需要的能耗为

$$E_c = \sum_{i=1}^{n} \sum_{j=1}^{n_i} \left(p_{ijk} \times \sum_{k=1}^{m} (t_{ijk} \times X_{ijk}) \right) \tag{6-1}$$

由此可得，单个机械加工设备的设备能耗为

$$M_e = E_s + E_e + E_c \tag{6-2}$$

式中，m 为车间加工设备数量；

t_{ijk} 为设备 k 完成工序 O_{ijk} 的加工所需的时间；

X_{ijk} 为决策变量，如果工序 O_{ijk} 选择在设备 k 上加工，则 X_{ijk} 取 1，否则取 0；

n 为工件数量；

n_i 为工件 i 的工序数量。

设每个工件的第一道工序无须运输，即忽略工件出库至第一道工序加工设备之间的能

耗，则工件的搬运能耗为

$$T_e = \sum_{i=1}^{n} \sum_{j=2}^{n_i} (T_{ij} \times \beta_{ij})$$ （6-3）

式中，T_{ij} 为工件 i 从第 j-1 道工序加工点转移到第 j 道工序加工点的搬运能耗；

β_{ij} 为决策变量，如果加工工件 i 的第 j 道工序需要运输，则取 1，否则取 0。

故，车间生产能耗为

$$P_e = \sum_{e=1}^{m} (M_e + T_e)$$ （6-4）

车间辅助能耗为

$$A_e = e_p \times \max_{1 \leqslant i \leqslant n}(C_i)$$ （6-5）

式中，变量 C_i 表示工件 i 最后一道工序的完工时间。

故，车间总能耗 E_t 可表示为

$$E_t = P_e + A_e$$ （6-6）

6.2.4 面向低碳的车间多目标优化调度数学模型

传统作业车间调度数学模型中的一些假设条件是基于无扰动的理想生产环境，如"作业加工进程一旦开始便不能被中断"，这一假设适用于静态作业车间调度，但是在当今制造系统生产中的不确定性事件逐渐增多、可预见性下降的现实背景下，静态模型及静态假设已经脱离了生产实际。当制造系统出现扰动事件时，生产进程就必会暂停，同时考虑重调度。本节针对传统车间调度数学模型的不足进行改进，包括传统模型的静态性和单目标性，提出面向低碳的基于完工时间、加工成本、设备负载和生产能耗的作业车间多目标优化调度数学模型。

设调度目标为

$$F = \{f_1, f_2, f_3, f_4\}$$ （6-7）

则约束条件的数学表达式为

$$\sum_{k=1}^{m} X_{ijk} = 1, i \in N, j \in P$$ （6-8）

$$st_{ij} - (st_{i'j'} + t_{i'j'k}) + G(1 - C_{ii'k}) \geqslant 0, i \neq i', j \neq j'$$ （6-9）

$$st_{i'j} - (st_{ij} + t_{ijk}) + G \times C_{ii'k} \geqslant 0, i \neq i', j \neq j' \quad (6\text{-}10)$$

$$st_{i(j+1)} - (st_{ij} + t_{ijk}) \geqslant 0, i \in N, j \in P \quad (6\text{-}11)$$

其中，G 是一个很大的正数；$C_{ii'k}$ 是选择系数，当工件 i 比 i' 在设备 k 上先加工，$C_{ii'k}$ 取 0，反之取 1。式（6-8）表示一道工序只能在一台设备上加工；式（6-9）和式（6-10）表示设备 k 同一时刻只能加工一道工序；式（6-11）表示只有先加工完工序 j，才能开始加工工序 $j+1$。

与传统作业车间调度模型不同的是，该模型是适用于动态环境的数学模型。假设中的约束条件（6-8）至（6-11），是为了应对作业加工过程中可能会出现的随机扰动事件，保证生产加工的延续性，实现数学模型的动态调度性能。

1. 加工时间估计

调度过程中的任务工件 J_i 来源于用户在云端的个性化定制，同一类型工件经不同用户个性化定制后，其尺寸参数不一样，因此准确计算工序的加工时间比较困难。本章提出了一种基于 G 代码的加工时间预估方法，通过提取某道工序加工 G 代码中的路径信息、速度信息进行分析，通过式（6-12）计算刀具走刀一次所经过的距离，其中坐标 (x_1, y_1, z_1) 为走刀路径起点，坐标 (x_2, y_2, z_2) 为走刀路径终点。

$$L_m = \sqrt{(x_1 - x_2)^2 + (y_1 - y_2)^2 + (z_1 - z_2)^2} \quad (6\text{-}12)$$

获取所有走刀距离之和 $\sum L_m$，刀具进给速度 v_F，由于不同加工设备性能、刀具进给倍率等因素存在差异，存在一个加工系数 b_k，使工序 P_{ij} 在加工设备 M_k 上的实际加工时间为

$$tm_{ijk} = b_k \times \frac{\sum L_m}{v_F} \quad (6\text{-}13)$$

物流设备运送工件 J_i 的路程为取工件点到放工件点之间的距离 L_a，运送速度为 v_a，由于各台设备的性能存在不同，且运输过程中可能避让其他物流设备等因素，存在一个运输系数 d_l，使工序 P_{ij} 在物流设备 A_l 上的实际运输时间为

$$ta_{ijl} = d_l \times \frac{L_a}{v_a} \quad (6\text{-}14)$$

最终完成工件一道工序的加工时间为实际加工时间与物流运输时间之和，即为

$$t_{ij} = ta_{ijl} + tm_{ijk} \quad (6\text{-}15)$$

2. 优化目标

车间作为企业生产制造的中心，在进行车间作业调度时需要考虑到各方面的利益，尽量提高企业的综合效益和竞争力。综合考虑，本章以完工时间、系统负载、生产成本和生产能耗 4 个方面作为调度优化目标，提出一种面向节能的柔性作业车间多目标优化数学模型。

完工时间 f_1 以全部工件的最大完工时间度量，其中包括了物流运输时间与工件加工时间；生产成本 f_2 用材料成本和设备加工成本之和度量；设备总负载 f_3 以全部设备的加工时间之和度量；生产能耗 f_4 以车间总能耗 E_t 度量。具体表达式如下。

完工时间 f_1 为

$$f_1 = \max_{1 \leqslant i \leqslant n}(C_i) \tag{6-16}$$

生产成本 f_2 为

$$f_2 = MC + WC \tag{6-17}$$

$$MC = \sum_{i=1}^{n} mc_i$$

$$WC = \sum_{k=1}^{m}\sum_{i=1}^{n}\sum_{j=1}^{n_i} X_{ijk} \times t_{ijk} \times c_{ost}^{k} \tag{6-18}$$

其中，变量 mc_i 表示工件 i 的原料成本；变量 c_{ost}^{k} 表示设备 k 的工时成本，即设备 k 单位时间内的加工成本。

设备总负载 f_3 为

$$f_3 = \sum_{k=1}^{m}\sum_{i=1}^{n}\sum_{j=1}^{n_i} X_{ijk} \times t_{ijk} \tag{6-19}$$

生产能耗 f_4 为

$$f_4 = E_t \tag{6-20}$$

因此，柔性作业车间多目标优化数学模型调度目标函数式可转化为

$$F = \min\{f_1, f_2, f_3, f_4\} \tag{6-21}$$

如 6.2.1 节所述，本模型采用单目标转化法构建多目标优化数学模型，即利用加权的思想将多目标问题转化为单目标问题进行求解。通常车间调度决策者可以通过层次分析法来确定每个优化目标的权重系数。单目标转化法使用简单、计算量小，且各权重系数可以灵

活调整。各个优化目标分别有一个权重系数 $\omega_t, t \in \{1,2,3,4\}$，故根据单目标转化法得到多目标优化的数学模型如下。

$$F = \omega_1 \times f_1 + \omega_2 \times f_2 + \omega_1 \times f_3 + \omega_4 \times f_4 \qquad (6\text{-}22)$$

因为模型各优化目标之间存在量纲差异，并且不同优化目标的数值相差较大，不具备可比性，受相关文献启发，本模型对四个优化目标进行去量纲处理，即先对 4 个目标单独优化 10 次优，取优化过程中的最大值和最小值，去量纲后的优化目标如下。

$$F = \sum_{t=1}^{4} (\omega_t \times \frac{f_t - f_{t\min}}{f_{t\max} - f_{t\min}}) \qquad (6\text{-}23)$$

$$\sum_{t=1}^{4} \omega_t = 1, \omega_t \geqslant 0(t = 1,2,3,4) \qquad (6\text{-}24)$$

6.3　基于多智能体制造系统的车间调度算法

本节内容选择改进型合同网协议作为基于多智能体制造系统的车间任务调度时的协商策略，针对经典合同网协议存在的通信量大、劣质竞标、局部优化等问题进行改进，以交货期、利润率、客户等级和工艺难度为指标构建订单优先级排序规则，提出了一种考虑配送时间、面向节能的多目标优化车间调度算法。

6.3.1　基于模糊综合评价的订单排序规则

在基于订单式的车间生产系统中，订单到达的时间、要求的成品质量、交货期、工艺路线等都不尽相同。车间生产系统需要考虑自身的物料约束、订单特点和自身产能约束来获取最大化收益。因此在加工任务下放、物流任务选择和加工任务选择这三个阶段需要根据一定的方法、策略和准则对任务队列进行优先级排序。

在进行订单优先级排序时，需要考虑很多因素，有些因素是量化的，如交货期、利润率、订单规模等，有些因素是定性的，如客户重要度、订单的工艺难度和订单的潜在价值等，因此，上一节所采用的指标合成方法并不适用，需要选用一种定量与定性相结合的综合评价方法来确定订单优先级。针对这类问题，目前常采用以下两种方法。

1. 层次分析法

层次分析法（Analytic Hierarchy Process，AHP）的原理是将复杂问题划分成若干层次，层次之间通过隶属关系形成一个金字塔形的层次模型。层次分析法的特点是能把定性与定量相结合，将难以量化的指标按照重要度比较得出指标权重，从而将定性的指标量化。但当指标较多的时候，检验判断矩阵是否符合一致性较为困难。

2. 模糊综合评价法

模糊综合评价法（Fuzzy Synthetic Evaluation，FSE）借鉴了模糊数学的隶属度理论将定性的指标量化，对多个指标做出一个综合性的评价。由于模糊综合评价的结果是一个矢量，而不是点值，可以更为准确而全面地刻画被评价对象，适合解决各种非确定性问题。但当指标过多时，计算较为复杂，评价结果依赖于指标权重的确定。

通过模糊综合评价来计算优先级的前提是确定各个评价指标的权重。权重一般由决策者直接确定，但对于评价指标过多且相互依赖的情况，直接确定指标权重比较困难。本节针对车间订单评价指标特点和生产实际情况，综合使用上述两种方法，即先通过层次分析法确定评价指标权重，再采用模糊综合评价法对订单优先级进行计算。

模糊综合评价法一般要经过以下几个步骤。

（1）确定评价指标。本节选定的影响订单优先级的因素主要有以下几点（见表6-2）。

- 交货期。为了满足订单交货期要求，在其他指标相同的条件下，距承诺交货期越接近，越应该被优先加工。
- 客户重要度。所属客户的等级不同，订单的优先级也不同，企业可能会将客户分为长期合作客户、重要老客户、重要新客户、一般老客户、一般新客户几类，各类客户权重依次下降。
- 订单价值。订单价值直接影响到加工的收益，一般订单价值越高，其优先级也越高。
- 工艺难度。对于工艺要求较低的订单，对车间设备精度和工人技术水平的要求较低，该订单的完成效率和合格率也会提高，则该订单的优先级较高。

表 6-2 评价指标

序号	指标
1	交货期指标 C_1
2	客户重要度指标 C_2
3	订单价值指标 C_3
4	工艺难度指标 C_4

（2）建立评判集。评判集是评测者对于评价指标做出的评判结果集合。本节对指标的评价分为"优""好""良""中""差"五个等级，对应的分数分别为 7、5、3、1、0，即评判集记为 $S=\{s_1,s_2,s_3,s_4,s_5\}$，其中 $s_i(i=1,2,3,4,5)$ 表示评判集合中第 i 个等级对应的评价值。

（3）确定各指标权重。指标权重一般使用层次分析法进行求解，设权重向量为 $W=(w_1,w_2,w_3,w_4)$，其中 $w_i>0(i=1,2,3,4)$ 且 $\sum_{i=1}^{4}w_i=1$。

（4）确定隶属度矩阵。选出评价指标之后，将选取一定数量的技术相关人员对新到订单使用评判集中的元素进行评价，如式（6-25）所示。其中，r_i 表示单因素评价矩阵；r_{ij} 表示对于评价指标 r_i，评价人员选择评判集中第 n 个元素的人数占总人数的比例。对所有评价指标进行评价后得到模糊关系矩阵 R，其中 n 表示指标个数。

$$r_i=(r_{i1},r_{i2},r_3,r_{i4},r_{i5}) \tag{6-25}$$

$$R=\begin{pmatrix} r_{11} & r_{12} & r_{13} & r_{14} & r_{15} \\ r_{21} & r_{22} & r_{23} & r_{24} & r_{25} \\ r_{31} & r_{32} & r_{33} & r_{34} & r_{35} \\ r_{41} & r_{42} & r_{43} & r_{44} & r_{45} \end{pmatrix} \tag{6-26}$$

$$\sum_{j=1}^{n}r_{ij}=1 \tag{6-27}$$

（5）评价结果求解。

R 中不同的行向量反映了某个评价指标对于评判集中各子集的隶属程度，如式（6-28）所示。B 表示模糊综合评价结果向量，表示该评价对象从总体上对评判集中各子集的隶属程度。B 是一个向量值，只能体现订单隶属于评价集中的某个评价值，但是评价集的元素是有限的，不同订单之间有很大概率是相同评价，所以需要通过式（6-29）计算订单综合

评分 V，根据不同订单之间评分 V 值的大小来确定订单优先级高低。

$$\boldsymbol{B} = \boldsymbol{W} \times \boldsymbol{R} = (b_1, b_2, b_3, b_4) \tag{6-28}$$

$$V = \sum_{i=1}^{4} b_i s_i \tag{6-29}$$

6.3.2　传统合同网协议的不足

合同网协议以其在复杂环境下的灵活性和适用性，且易于实施和理解，被广泛运用于基于多智能体系统的分布式调度系统的协商过程。在基于经典合同网协议（Classical Contract Net Protocol，CCNP）的传统多 Agent 调度模型（Traditional Multi-Agent Model，TMAM）中，通常由两类 Agent 分别模拟机器和任务，通过任务 Agent（A_{MW}）和设备 Agent（A_M、A_{AGV}）之间的招投标交互，完成作业在机器之间的分配，最终得到调度方案。在此称这类基于 CCNP 的多智能体调度方法为传统多 Agent 方法（Traditional Multi-Agent Way，TMAW）。在 TMAW 中，一个完整的任务调度流程如图 6-3 所示。

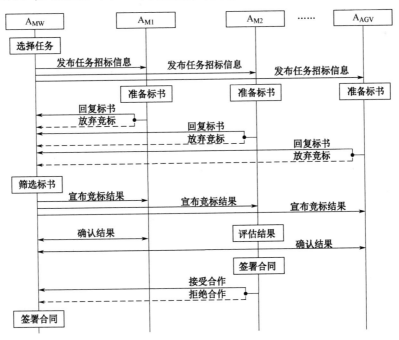

图 6-3　基于 CCNP 的多智能体任务调度流程

（1）A_{MW} 选择云端订单中下一道待加工任务，并将工序信息、物料信息封装成招标书，

基于物联技术的多智能体制造系统

以广播的形式向系统内所有 A_M、A_{AGV} 发起招标。

（2）系统内的 A_M、A_{AGV} 收到来自 A_{MW} 的作业加工、物料运输招标书，A_M、A_{AGV} 封装报价信息，如最早开始加工时间、作业加工时间、运输时间、到达时间、参与意愿等形成投标书，并发送给 A_{MW}。A_M、A_{AGV} 可根据自身状态信息决定是否参与任务竞标。

（3）A_{MW} 收到系统内所有 A_M、A_{AGV} 的投标书后，对有意愿参与作业竞标的 A_M、A_{AGV} 的标书，以一定的规则、条件进行筛选，以确定最优报价的标书。

（4）A_{MW} 根据筛选结果以广播的形式向系统内所有的 A_M、A_{AGV} 宣布竞标结果。

（5）A_M、A_{AGV} 收到来自 A_{MW} 的竞标结果消息后，与 A_{MW} 互相确认结果。

中标的 A_M、A_{AGV} 根据 A_{MW} 宣布的结果，决定是否与 A_{MW} 签订合同。若该 Agent 决定签订合同，则承诺完成作业加工任务，否则放弃作业加工任务。

基于 CCNP 的任务调度流程简单、自然、便于实施，但仍存在以下问题。

1. 通信量大

为了完成一项作业任务的分配，A_{MW} 与 A_M、A_{AGV} 之间至少需要经过 4 轮供 $4n$ 次的通信（假设系统中有一个 A_{MW}，n 个 A_M，m 个 A_{AGV}）。然而在实际调度决策中，一般会有多个 A_{MW} 同时对自身任务进行招标，系统中的信息流将会呈幂数级增长，这将对 MAS 调度系统产生较大的负荷，影响系统的调度性能。同时，这些信息流中有相当一部分的无用信息，如 A_{MW} 在进行标书筛选后完全可以避免与竞标失败的 A_M、A_{AGV} 之间进行通信而不影响实际调度进程。

基于上述思想，本节通过去除 CCNP 中 A_{MW} 与竞标失败的 A_M、A_{AGV} 之间的通信部分，重新规划了一种简化合同网协议（Simplified Contract Net Protocol，SCNP）模型，如图 6-4 所示。

在 SCNP 中，A_{MW} 在筛选标书确定最佳报价后，只与竞标成功的 A_M、A_{AGV} 通信，签订合同，可以使通信次数减少至原来的四分之三，既减轻了系统的通信负载，又保留了 CCNP 的灵活性，能够适应多智能体制造系统模型对实时性的要求。本章后续研究均基于 SCNP。

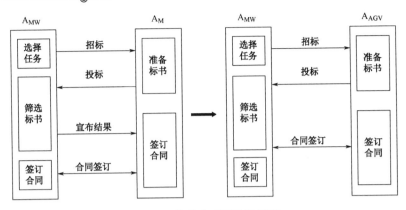

图 6-4　简化合同网协议模型

2. 并发通信，劣质竞标

在实际的调度系统中，往往存在多个 A_{MW} 向多个 A_M、A_{AGV} 同时竞标的情况，在 CCNP 中，这可能会由于 A_M、A_{AGV} 的贪婪性导致劣质竞标。如图 6-5 所示，在一个基于 TMAW 的调度系统中存在 A_{MW} 集合和 A_M、A_{AGV} 集合，其中 $A_{MW}=\{A_{WMi}\,|\,i=1,2,\cdots,n\}$，$A_M=\{A_{Mi}\,|\,i=1,2,\cdots,m\}$，$A_{AGV}=\{A_{AGVi}\,|\,i=1,2,\cdots,k\}$。$A_{MW}$ 和 A_M、A_{AGV} 相互协商，通过分工协作完成一批作业任务的生产调度。在图 6-5 中，实线箭头表示 A_{MW} 向多个 A_M、A_{AGV} 发起招标，虚线箭头表示 A_M、A_{AGV} 响应多个 A_{MW} 的招标。A_{MW} 为了使自身任务尽早获得加工，在 A_M、A_{AGV} 反馈回来的集合中选择最优报价的 A_M、A_{AGV} 合作；A_M、A_{AGV} 则尽可能获得较多的 A_{MW} 加工任务，此即 Agent 的贪婪性。由于系统内多个 A_{MW} 的招标存在并发性，且 A_M、A_{AGV} 对不同 A_{MW} 的招标相互独立，这可能导致 A_M、A_{AGV} 在一个时间节点上响应多个 A_{MW} 的招标而导致劣质竞标。

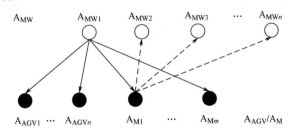

图 6-5　A_{MW} 与 A_M、A_{AGV} 之间的交互示意

CCNP 下 Agent 之间的劣质竞标示例如图 6-6 所示。

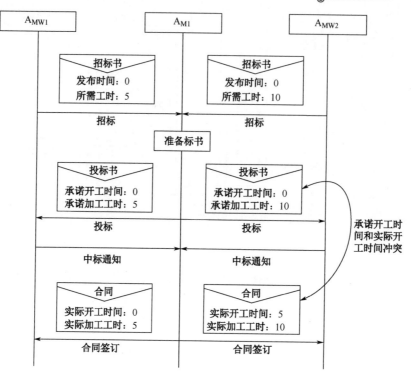

图 6-6　CCNP 下的劣质竞标示例

某一时间节点 A_{MW1} 和 A_{MW2} 同时向 A_{M1} 发起招标，后者可以独立完成 A_{MW1} 和 A_{MW2} 的任务，但不能并行地执行。设 A_{MW1} 和 A_{MW2} 的招标任务分别是 T_1 和 T_2，A_{M1} 完成 T_1 和 T_2 任务分别需要 5 个时间单位和 10 个时间单位。经过图 6-6 的协商过程，A_{M1} 同时中标 T_1 和 T_2 这两个生产任务。虽然 A_{M1} 能够完成这两个生产任务，但是任务 T_2 的承诺开工时间和实际开工时间已经冲突，导致劣质竞标。

3．局部优化，性能有限

基于 CCNP 的 TMAW 中，系统调度本质上是单步优化，系统整体优化性能十分有限。在完工时间最优原则的调度中，TMAW 导致劣质调度的一个典型示例如下。

t_1 时刻 A_M（A_{M1} 和 A_{M2}）的生产计划如图 6-7（a）所示。t_2 时刻 T_3 进入生产系统并针对其第一道工序 O_{31} 向 A_{M1} 与 A_{M2} 发起招标；A_{M1} 与 A_{M2} 响应 T_3 的招标并分别将 10、13 作为自身报价封装至招标书中参与竞标；T_3 对 A_{M1} 与 A_{M2} 的报价进行评估，由于 A_{M1} 的报价优于 A_{M2}，O_{31} 能较早获得加工，所以 A_{M1} 赢得竞标，此时两个 A_M 的生产计划如图 6-7

（b）所示。t_3 时刻，T_4 进入生产系统并针对自身工序 O_{41} 向 A_{M1} 与 A_{M2} 发起招标，重复上述相同招投标流程，A_{M2} 获得 O_{41} 的加工任务。由此两轮招投标活动，最终形成如图 6-7（c）所示的任务调度甘特图，其总完工时间为 26。在上述每一轮招投标中，调度系统都对当前任务做出了全局最优（完工时间最早）的调度分配，但是从生产全程来看，单步最优并不能保证全程的最优。如图 6-7（d）所示，A_{M1} 加工工序 O_{41}，A_{M2} 加工工序 O_{31}，其总完工时间为 23，优于前者的 26。

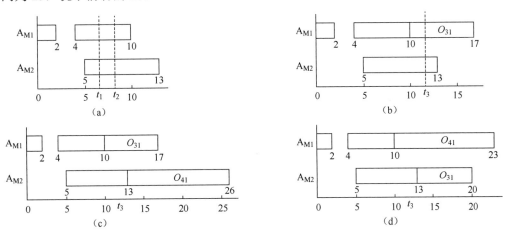

图 6-7　CCNP 下 TMAW 劣质调度示例

出现上述调度结果欠优的原因在于，每次任务释放后，调度系统便立即开始一轮招投标活动，此种行为虽能确保工序加工的及时性，但是瞬时响应的行为机制从时间上割裂了任务之间隐含的组合优化关系；同时，单个 A_M 所掌握的知识和所处的环境是有限的，个体 A_M 只根据自身局部信息和当前状态做出决策方案，缺乏对全局信息和全局连贯性的把握，由此造成招投标机制下 A_M 之间的任务优化分配本质上是局部性质的最优调度，而局部最优往往不能确保全局的最优。优化区间过小导致对系统整体调度性能的提升十分有限。

基于 CCNP 的 TMAW 存在的通信量大、劣质竞标和局部优化等弊端，很大程度上是因为多智能体制造系统中 Agent 所拥有的知识和所处的环境有限而导致其存在一定的贪婪性和短视性。如何避免 Agent 的贪婪性和短视性，并在解决上述不足的基础上提升基于多智能体制造系统的整体调度优化性能，一个可行的思路是设立一个全局的监控调度 Agent，将单个 Agent 有限的知识和环境集中起来，对全局的状态有着整体把握，并进行统一的规划调度。

6.3.3 考虑任务优先级的多智能体制造系统协商机制

针对经典合同网调度下智能体任务队列中任务之间缺乏顺序优化的问题，本节提出一种基于事件的任务队列更新机制，以加强任务之间的联系，改善经典合同网单步调度的不足。

如图 6-8 所示，将任何对任务队列的改动都抽象为对应的事件，如新任务插入、紧急订单插入、任务优先级修改和任务取消事件等。不同的事件对应不同的处理策略，如果有新任务插入，则直接向已排序的任务队列中将新任务根据其优先级插入到对应位置即可；如果想要取消任务，由于该任务当前位置的不确定，该任务可能在物流运输中也有可能在机床缓冲区中，所以首先需要通过广播的方式发布事件，让执行或缓存有该任务的智能体收到事件，在队列中删除任务。

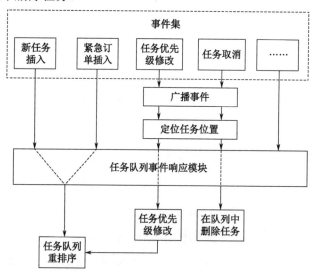

图 6-8　基于事件响应的任务排序优化

图 6-9 展示了工件从原料仓库中取出到准备加工第一道工序过程中所有相关智能体通过改进的合同网协议进行协商调度的过程。

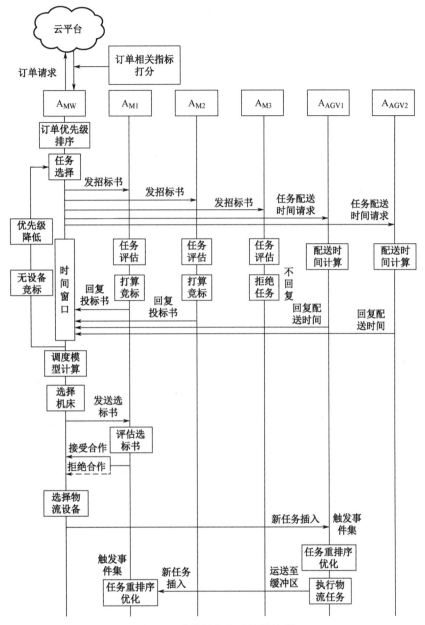

图 6-9　改进的合同网协议流程

改进的合同网协议下多智能体制造系统协商调度流程如下。

（1）客户在云平台下单，云平台对订单的交货期、利润率等指标进行智能打分后将订单存储在数据库中。A_{MW} 向云平台请求订单，根据所述订单排序规则计算订单 V 值并根据

V 值对订单进行排序，接着对订单进行任务分解，取出 V 值最高的工序任务 T。

（2）取出任务 T 后，将任务 T 的工序信息如订单编号、任务编号和工序工艺类型等封装成招标书，从在线加工设备注册表中查询能够加工该道工序的加工设备地址信息和在线的物流设备地址信息，将招标书和配送时间请求分别发送给加工设备和物流设备。

（3） A_M 接收到标书后，读取标书信息，查看自身缓冲区是否还有空位。若还有空位则考虑进行竞标，接着 A_M 读取自身数据库获取自身设备编号、当前累计负载和累计加工时长，将上述信息封装成投标书发送给 A_{MW}；若缓冲区已满，则不需要回复 A_{MW} 拒绝竞标信息，减少车间通信量。

（4）物流设备接收到配送时间请求后，根据流程计算任务 T 的配送时间，并返回响应。

（5） A_{MW} 维持一个时间窗口接收投标书和配送时间响应，窗口结束后 A_{MW} 收到 N_M 个投标书和 N_1 个配送时间响应。如果 N_M 为 0，则将该任务优先级降低之后重新回到步骤（1）；否则 A_{MW} 对这 N_M 个投标书和 N_1 个配送时间响应进行组合评估计算 U_g 值，选择 U_g 值最高的设备组合 A_{M1} 和 A_{AGV1} 执行任务，将自身编号、任务编号和选择的加工设备编号等信息封装成选标书发送给 A_{M1}。

（6） A_{M1} 收到选标书后再次根据自身缓冲区负载和自身状态决定是否进行合作，如果同意进行合作，则向 A_{MW} 发送接受合作的应标书，并将任务信息存储在自身数据库中，同时自身缓冲区空闲库位数减一。

（7） A_{MW} 收到 A_{M1} 的回复后，若接受合作，则转至步骤（6）进行物流调度；否则转至步骤（1）重新发起招标。

（8）将订单信息、起始点、终点等信息封装成新任务插入事件发送给 A_{AGV1}。

（9） A_{AGV1} 接收到任务 T 后，触发 A_{AGV1} 的任务队列事件响应模块，将该任务根据其优先级插入到 A_{AGV1} 任务队列的对应位置等待运输。

（10） A_{AGV1} 执行完任务 T，工件进入 A_{M1} 的工件缓冲区内，同样触发 A_{M1} 的任务队列事件响应模块，将该任务根据其优先级插入到 A_{M1} 任务队列的对应位置等待加工。

针对上述协商调度流程，存在以下几点需要进一步说明。

（1） A_M 收到招标书评估自身能力后决定不投标，则不向 A_{MW} 发送拒绝竞标的信息，以降低车间通信负荷，同时招标方 A_{MW} 设立时间窗口，只处理时间窗口内收到的竞标书。

（2）A_{MW} 准备招标时需要查询 A_C 的在线加工设备注册表，只向有任务加工能力的机床招标，进一步减轻车间通信负担。

（3）为了提高调度效率，系统采用多线程技术同时进行发起者协商、参与者协商和任务执行这三个过程。

（4）发起者在时间窗口内如果没有收到竞标书，说明车间能加工该道工序的机床负载已满，需要重新发起招标。由于该任务是发起者任务序列中优先级最高的，所以不能直接将该任务放回队列，需要降低其优先级再放入队列中，让其余任务先进行调度。

（5）A_{MW} 作为调度过程的第一步，只能作为发起者；A_{PW} 作为调度的最后一步，只能作为参与者；A_{AGV} 作为物流任务的执行者，其承载的工件都处于工序调度结束，等待加工的状态，因此只能作为参与者；只有 A_M 作为实际工序的加工者，既能作为发起者又能作为参与者。

本节在传统合同网协议的基础上通过设置时间窗口的方式减轻了系统的通信负载，针对不同调度轮次但处于同一个任务队列中任务之间关系割裂的问题，提出了基于事件的任务队列更新机制，以加强任务之间的联系，改善经典合同网协议单步调度的不足。

6.3.4　扰动事件处理机制

生产调度过程中出现扰动事件后如何触发扰动事件的处理机制，是实现扰动高效处理、保障调度系统良好运行、增强系统稳健性的重要手段。常用的驱动策略有周期驱动策略、事件驱动策略和混合驱动策略。

（1）周期驱动策略是指将整个调度过程按照一定运行规律划分为多个时间周期。每个周期开始之前，系统对该时段的系统资源进行调度。周期启动后，系统将按照得出的调度方案严格执行。周期驱动策略要求系统的运行、扰动事件的发生要具备一定的周期性规律。一旦系统在某个周期中受到扰动事件的影响，则只能在下一个时间周期进行响应。理论上，划分的时间周期越短，系统对扰动事件的响应会越快，但是周期过短则会引起频繁调度从而导致调度性能的损失。

（2）事件驱动策略要求对系统中的某些状态变量，如设备运行状态进行监控。系统中的某些特定事件或随机扰动事件发生时，将会引起状态变量的改变，从而触发系统开启新一轮的调度。事件驱动的方式可以快速响应系统内外部各种不确定性事件。因此该驱动策略常用于对实时性要求较高的调度系统。

（3）混合驱动策略是周期驱动策略和事件驱动策略的结合。通常在采用混合驱动策略的调度系统中，同时存在周期性和非周期性事务。调度系统仍然按照周期性事务划分时间周期，进行作业调度，但同时对非周期性事务进行状态监控，一旦扰动发生，系统便会停止原有的周期调度方案，而进行重新调度。

鉴于扰动事件的动态随机性，同时为方便与基于改进合同网协议的协商机制的集成，本节采取事件驱动策略。当系统中发生扰动事件后，监控 Agent（A_C）马上结束本次时间窗口，立即对本区间的作业进行规划调度。

事件驱动策略下的扰动响应与处理流程如图 6-10 所示。具体过程介绍如下。

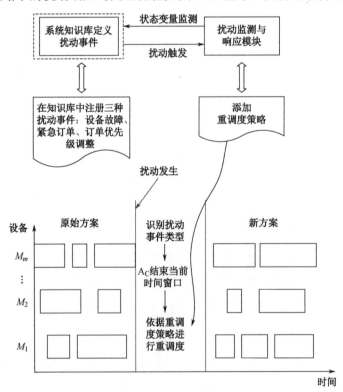

图 6-10　扰动响应与处理流程

（1）在多智能体制造系统的调度系统中预定义扰动事件，即在多智能体制造系统知识库中注册扰动事件。扰动事件分为三种类型：设备故障、紧急订单和订单优先级调整。

（2）在 A_C 中设立扰动监测与响应模块，负责监测系统设备运行状态变量和订单优先级变量，并对扰动事件进行响应。模块内封装了扰动处理策略，并集成到基于改进合同网协议的协商策略中。

（3）系统扰动发生，A_C 扰动监测与响应模块监测到之后识别扰动类型。

（4）A_C 立即结束本次时间窗口。

（5）A_C 根据扰动类型对应的扰动处理策略，进行区间协同调度，得到新的调度方案。

当车间生产过程出现扰动事件时，调度系统需要快速、及时地感知并响应，对扰动事件进行处理。车间生产系统通常会面临的扰动事件包括紧急订单、设备故障和订单优先级调整等。本节通过设立监控方 A_C 来感知和处理上述三种扰动事件。

（1）紧急订单处理流程如图 6-11 所示。当云平台接收到紧急订单时，将订单的 V 值设为最高，然后下放到车间，A_{MW} 接收到紧急订单后，由于其 V 值在任务队列中最高，所以将订单进行任务拆解后，任务都排列在待招标队列首部，优先进行任务招标。A_{MW} 会和竞标集中 U 值最高的加工设备 A_{M1} 签订合同。合同签订后，物流设备 A_{AGV1} 和加工设备 A_{M1} 在执行物流输送和加工任务时，由于该任务 V 值在各自任务队列中排名最高所以总是优先执行该任务。

在上述紧急订单处理流程中，通过设置紧急订单 V 值为最高，使得任务在 A_{MW} 招标、物流任务执行和加工任务执行这三个过程都具有最高执行优先级，简单高效，达到了快速处理紧急订单的目的。

（2）订单优先级调整处理流程如图 6-12 所示。操作人员通过 A_C 的订单优先级修改接口输入订单号和新的优先级 V 值，由于订单已经下放到车间并进行了任务分解，所以不确定任务当前位置。A_C 将订单号和新的优先级 V 值封装成任务优先级修改事件在车间进行广播。A_{AGV}、A_M 或 A_{MW} 接收到该事件，取出订单号查看任务队列中是否存在该订单任务，若不存在，则结束流程；若存在，则修改其 V 值，并根据新 V 值将任务重新插入任务队列。

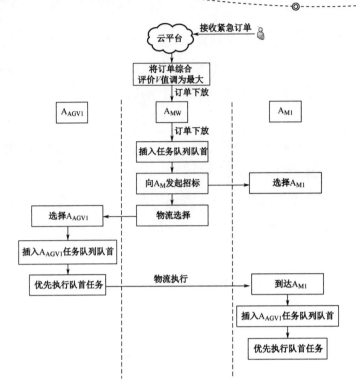

图 6-11　紧急订单处理流程

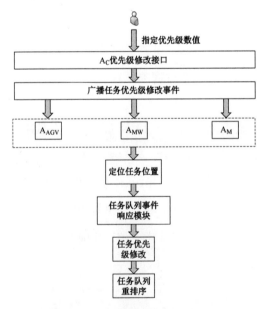

图 6-12　订单优先级调整处理流程

（3）设备故障处理流程如图 6-13 所示。A_C 内部存有在线设备注册表，并在系统初始阶段向车间设备广播该注册表。在系统运行阶段，A_C 通过轮询的方式对车间各设备进行故障感知，当感知到设备发生故障，A_C 将该设备从在线设备注册表中删除，并向车间设备广播更新后的注册表，A_C 通过查询数据库得到该故障机床的工位台缓冲区任务队列，对其进行信息整理后重新进行招标流程。A_C 在设备故障后会定时检测设备是否恢复上线，如果设备恢复，则重新加入在线设备注册表，并将更新过的注册表在车间广播。

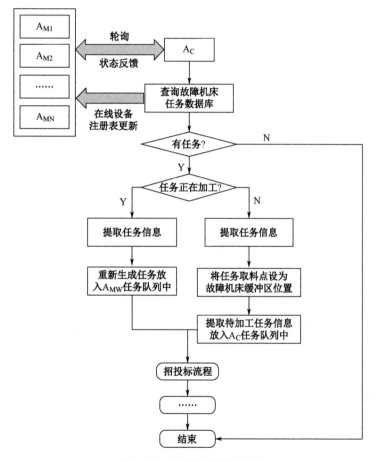

图 6-13　设备故障处理流程

6.4 基于调度知识的自学习调度决策机制

在技术不断革新的今天，制造系统需要不断提高自身敏捷性、柔性、稳健性来保持竞争力。而多 Agent 方法可以通过各个子单元的交互协作来完成复杂的生产任务，使多智能体制造系统具有较好的柔性与可重构性，是符合现代企业要求的车间运行模式。在多智能体制造系统中，一般采用单一的调度规则作为任务分配调度和缓冲区工件选择调度的判断依据。但是，在复杂的生产车间调度过程中，不同的系统状态下工件所适合的调度规则是不断变化的。目前全局指定单一调度规则的方式，忽略了环境变化对分配规则优化效果的影响，从而导致最终的调度结果较差，无法适应不同车间环境。

本节将 FJSP 中原料库 Agent（A_{MW}）的调度决策过程分为任务分配和缓冲区工件调度两个阶段，并基于强化学习中的上下文老虎机（Contextual Bandits，CB）建立 Agent 调度决策过程的 CB 模型。通过不断地试错学习，使得每个工件 Agent 都能够根据调度时的环境状态选择最佳的任务分配规则和缓冲区工件调度规则，从而提升工件 Agent 面对环境变化时的自学习能力和整体的优化效果。

6.4.1 Agent 调度决策过程的强化学习模型

1. CB 基本原理

CB 是一种特殊的强化学习模型，每个回合仅包含一个状态，并且仅影响即时奖励。可以将 CB 模型描述为 $\{A, S, R\}$，其中，A 是行为空间，S 是环境状态空间，R 是奖励。如图 6-14 所示，在每一个回合 e，智能体根据环境状态 s_e 选择一个行为 a_e，并获得奖励 r_e。奖励 r_e 是与环境状态 s_e 和行为 a_e 都相关的变量，这也意味着变化的环境状态被量化为上下文信息，以帮助在上下文相关的、高度动态的、复杂的系统中进行决策。Agent 的任务便是通过不断地试错学习获得一个最佳的策略——环境到行为的映射，来最大化累积的奖励值。

图 6-14 CB 基本原理

2．相似性分析

由前面章节的内容可知，在多智能体制造系统中，任务分配阶段和缓冲区工件选择阶段的调度都是单步的，每次都仅调度工件当前释放的这一道工序。只有当前工序完成加工时，工件才会释放下一道工序并调度。这种单步的特性降低了整个车间调度问题的复杂度，并使得车间可以利用实时的车间信息进行调度，从而使得整体车间的抗干扰能力大大增强。同样的，单步的特性也存在于 CB 当中。CB 仅对下面一步的动作进行决策，并通过一步的奖励更新决策策略。因此，多智能体制造系统中的 Agent 调度决策过程可以很自然地建模成 CB，从而可以基于 CB 进行自学习自决策，提升整体系统的自适应能力和优化性能。

如表 6-3 所示，在多智能体制造系统的调度决策过程中，A_{MW} 可以看成 CB 模型中的主体 Agent。A_{MW} 根据当前车间的环境状态特征来选择最合适的调度规则的过程，与 CB 中 Agent 根据环境状态选择行为的过程相类似，而最终的奖励可以从车间调度的优化目标角度出发进行制定，从而使 CB 中的最大化累计奖励值目标可以变成最优化性能指标。接着可以通过不断地试错训练，使得调度策略最终收敛到最佳的状态，获得比单一调度规则方法更优的调度解。

表 6-3　多智能体制造系统与 CB 要素间的联系

多智能体制造系统	CB
监控 Agent	主体 Agent
车间环境	环境状态
调度规则	行为
优化目标	奖励

3．基于 CB 的 Agent 调度决策过程建模

根据前面的描述，决策过程的建模从 CB 的三大主要组成元素出发。通过将多智能体制造系统中的不同部分建模成 CB 的环境状态、行为、奖励，继而就可以使用 CB 的学习算法设计调度过程的学习机制，最终完成自学习调度决策机制的设计。CB 元素的具体建模方法如下。

（1）建立环境状态空间。

环境状态空间由相应的环境状态特征组成，在工件智能体进行调度决策时，会实时地收到环境状态特征信息并利用这些信息进行调度决策。本节通过对车间环境状态的分析，

并利用特征工程的方法，设计了最终的环境状态特征。这些车间环境状态特征包括同时调度的各类工序数量、各加工机器缓冲区的工件数量、各台加工机器缓冲区内的剩余加工时间、各加工机器所需加工时间。

（2）建立行为空间。

行为空间是 Agent 根据状态空间特征进行选择的决策空间。如何定义行为空间，决定了调度将如何进行，也决定了调度的优化质量。传统的多智能体制造系统决策一般使用单一的调度规则，这往往导致调度结果欠佳。本节去除单一规则的限制，通过将行为空间设立为调度规则的集合，使得工件 Agent 可以根据实时的车间状态选择最合适的调度规则作为决策依据，从而获得比单一规则更优的调度方案。

在处理 FJSP 的多智能体制造系统中，调度过程一般分为两个阶段：任务分配阶段和缓冲区工件选择阶段。这两个阶段各有其适用的调度规则。

任务分配阶段的调度规则有以下几个。

① 处理时间最短（Shortest Processing Time，SPT）规则。工件 Agent 在决定选择哪一台机器完成当前释放工序的加工时，根据这一规则，会选择加工时间最短的机器来完成当前工序的加工。

② 队列工件最少优先（Less Queued Element，LQE）规则。工件 Agent 在决定选择哪一台机器完成当前释放工序的加工时，根据这一规则，会选择缓冲区工件数量最少的机器来完成当前工序的加工。

③ 最短队列优先（Shortest Queue，SQ）规则。工件 Agent 在决定选择哪一台机器完成当前释放工序的加工时，根据这一规则，会选择缓冲区等待加工的工件总时间最小的机器来完成当前工序的加工。

缓冲区工件选择阶段的调度规则有以下几个。

① 先入先出（First In First Out，FIFO）规则。机器 Agent 在选择缓冲区工件加工时，根据这一规则，会选择最先到达缓冲区的工件进行加工。

② 工件加工时间最短优先（Shortest Job First，SJF）规则。机器 Agent 在选择缓冲区工件加工时，根据这一规则，会选择加工时间最短的工件进行加工。

③ 后入先出（Last In First Out，LIFO）规则。机器 Agent 在选择缓冲区工件加工时，根据这一规则，选择最后进入该机器缓冲区的工件进行加工。

以上所述的调度规则都是常用的并被证明能够有效优化调度结果的规则。然而，在实际车间调度环境下，一般无法直接判断哪个调度规则是最适用的，因为每个规则都有其最适用的场景。本节从这点出发，将以上调度规则组合成 9 种任务分配和缓冲区工件选择阶段的组合规则，并将它们作为行为空间的行为，如图 6-15 所示。这 9 种行为分别为 SQ+FIFO、SQ+SJF、SQ+LIFO、LQE+FIFO、LQE+SJF、LQE+LIFO、SPT+FIFO、SPT+SJF、SPT+LIFO。通过这种设置，在强化学习的 CB 方法下，工件 Agent 就可以根据环境自主选择最合适的调度规则，从而改善整体的表现。

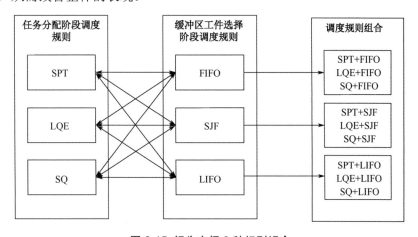

图 6-15 行为空间 9 种规则组合

（3）设置奖励。

奖励的设置需要由调度系统的优化目标确定。本节以最大完工时间作为调度性能指标，因此在 Agent 完成一次调度任务后，可以立即计算所有工件的平均等待时间（Mean Wait Time，MWT），并与决策前的平均等待时间进行比较，相应的奖励由决策前平均等待时间减去当前平均等待时间求得，计算公式如下。

$$MWT_t = \frac{\sum_{j=1}^{n} WT_{j,t}}{n} \tag{6-30}$$

$$r_t = MWT_{t-1} - MWT_t \tag{6-31}$$

式（6-30）中，$WT_{j,t}$ 为 t 时刻工件 j 到完成该工序加工还需等待的时间；n 为当前车间工件总数目。

CB 的学习目标是最大化累积奖励值，而通过以上的设计，最大化累积奖励值即成为最小化每次调度后的平均等待时间变化值。平均等待时间变化最小可以确保最大完工时间的增加最小，同时整体的平均完工时间也会增加最小，可以做到局部的最优。从整个长期调度阶段来看，这种调度优化方式虽然并不能达到全局最优，但通过每个子调度阶段的局部最优，可以保证一个不错的全局近似最优解。

综上所述，在分别将状态空间、行为空间、奖励具体化为实际的对象后，可以将 Agent 的调度决策过程建模成如图 6-16 所示的 CB 模型。

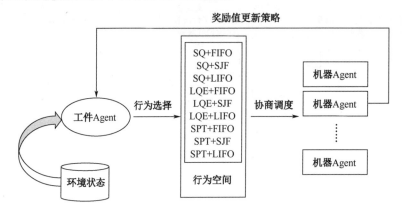

图 6-16　基于 CB 的 Agent 调度决策过程模型

6.4.2　Agent 调度策略自学习算法

在 CB 的模型中，Agent 需要根据环境状态信息选择合适的行为，环境状态和此时合适的行为之间会存在一种数学映射关系，如何表示这种映射关系从而来指导行为的选择，对整个系统的性能至关重要。本节采用 LinUCB 算法作为 CB 的策略学习算法。该算法是 CB 优秀的学习算法，采用线性模型来近似表示环境状态和各个行为的期望奖励值之间的映射关系。线性模型是机器学习模型中的一种，可以很好地拟合车间环境特征和此时合适的调度规则组合之间的数学映射关系，并且不容易造成模型过拟合。

在回合 e，Agent 通过协商的途径获得行为空间中某一行为 a 的状态特征向量 $x_{e,a} \in R^d$，则各个行为的期望奖励值可由下式计算。

$$E\left[r_{e,a} \middle| x_{e,a}\right] = x_{e,a}^{\mathrm{T}} \theta_a^*　（6-32）$$

式中，$r_{e,a}$ 是回合 e 选择行为 a 的期望奖励值，θ_a^* 是行为 a 的线性规划参数。

每个行为的线性规划参数可以根据 Agent 的历史决策经验进行估计。假设 $\boldsymbol{G}_a \in \boldsymbol{R}^{m \times d}$ 和 $\boldsymbol{c}_a \in \boldsymbol{R}^m$ 是行为 a 在回合 e 的历史经验矩阵，矩阵 $\boldsymbol{G}_a$ 和 $\boldsymbol{c}_a$ 的每一行分别代表之前的一次状态特征向量输入和对应的奖励值。记 $\boldsymbol{b}_a = \boldsymbol{G}_a^{\mathrm{T}} \boldsymbol{c}_a$，则可以运用岭回归的方法估计行为 a 的线性规划参数。

$$\hat{\boldsymbol{\theta}}_a = \left(\boldsymbol{G}_a^{\mathrm{T}} \boldsymbol{G}_a + \boldsymbol{I}_d\right)^{-1} \boldsymbol{b}_a \tag{6-33}$$

此外，为了充分探索各种行为，LinUCB 算法采用置信区间来作为选择的依据，在每次决策时，选择置信区间上界最大的行为。即在回合 e，选择

$$a_e := \underset{a \in A}{\operatorname{argmax}}\, \hat{\boldsymbol{\mu}}_a = \underset{a \in A}{\operatorname{argmax}} \left(\boldsymbol{x}_{e,a}^{\mathrm{T}} \hat{\boldsymbol{\theta}}_a + \hat{\boldsymbol{\sigma}}_a \right) \tag{6-34}$$

其中，$\hat{\boldsymbol{\sigma}}_a = \alpha \sqrt{\boldsymbol{x}_{e,a}^{\mathrm{T}} \boldsymbol{A}_a \boldsymbol{x}_{e,a}}$，$\boldsymbol{A}_a := \boldsymbol{G}_a^{\mathrm{T}} \boldsymbol{G}_a + \boldsymbol{I}_d$，$\alpha$ 是控制探索程度大小的超参数。

算法的详细描述如图 6.17 所示。

在线 LinUCB

初始化参数 $\alpha \in \mathbb{R}_+$
for $e = 1 \to E$ **do**
  观察所有行为的状态特征向量 $\boldsymbol{x}_{e,a} \in \boldsymbol{R}^d$，$a \in A$
  for all $a \in A$ **do**
    if a 第一次被选 **then**
      $\boldsymbol{A}_a \leftarrow \boldsymbol{I}_d$ (d 维单位矩阵)
      $\boldsymbol{b}_a \leftarrow 0_{d \times 1}$ (d 维零向量)
    end if
    $\hat{\boldsymbol{\theta}}_a \leftarrow \boldsymbol{A}_a^{-1} \boldsymbol{b}_a$
    $\hat{\boldsymbol{\mu}}_a \leftarrow \hat{\boldsymbol{\theta}}_a^{\mathrm{T}} \boldsymbol{x}_{e,a} + \alpha \sqrt{\boldsymbol{x}_{e,a}^{T} \boldsymbol{A}_a^{-1} \boldsymbol{x}_{e,a}}$
  end for
  选择行为 $a_e = \underset{a \in A}{\operatorname{argmax}}\, \hat{\boldsymbol{\mu}}_a$ 并观察真实的奖励 r_{e,a_e}
  $\boldsymbol{A}_{a_e} \leftarrow \boldsymbol{A}_{a_e} + \boldsymbol{x}_{e,a_e} \boldsymbol{x}_{e,a_e}^{\mathrm{T}}$
  $\boldsymbol{b}_{a_e} \leftarrow \boldsymbol{b}_{a_e} + r_{e,a_e} \boldsymbol{x}_{e,a_e}$
end for

图 6-17　LinUCB 详细流程

6.4.3　基于 CB 的自学习调度决策机制

通过将 Agent 的调度决策过程建模成 CB，并结合 LinUCB 学习算法，通过不断地试错学习，让每个工件 Agent 都能够根据调度时的环境状态选择最佳的任务分配规则和缓冲区工件调度规则，从而提升了 A_{MW} 面对环境变化的自适应能力和整体的优化效果。图 6-18 所示为基于 CB 的多 Agent 实时调度策略的 UML（Unified Model Language，统一建模语言）序列图。监控 Agent、原料库 Agent 和机床 Agent 相互协作，共同求解出以最大完工时间为性能指标的优化调度方案。

各 Agent 之间协商的具体步骤如下。

（1）机床 Agent 和原料库 Agent 中的工件任务在监控 Agent 处进行注册。

（2）原料库 Agent 中有工件释放工序时，通知监控 Agent 判断是否需要组合加工，以及若需要组合加工是否满足组合加工约束。

（3）若监控 Agent 判断不需要组合加工，则工序可直接调度，转至步骤（4）；否则进一步判断是否满足组合加工约束，若满足则与组合加工工序组成虚拟工序并通知主工件调度，转至步骤（4），如果不满足则等待组合加工工序的释放并暂停调度。

（4）负责调度的原料库 Agent 向监控 Agent 提出加工请求，监控 Agent 发送可选择加工机床清单。

（5）根据环境的状态特征，原材料库 Agent 调用对应的工序算法，选择出最佳的分配规则组合。

（6）原料库 Agent 向清单中所有机床 Agent 发起招标。

（7）机床 Agent 向原料库 Agent 投标，提供选出的机器选择规则需要的信息。

（8）原料库 Agent 根据选出的机器选择规则计算标值，选择标值最大的机床，并向对应的机床 Agent 发送接受消息。

（9）被接受的机床 Agent 回应确认，如果当前机床空闲则直接进行加工；否则存入缓冲区，并使用选出的缓冲区调度规则对自己的缓冲区进行优先级排序。最后，计算平均等待时间的变化值，作为奖励值提交给原料库 Agent。

（10）原料库 Agent 根据收到的奖励值，更新对应工序算法的参数。

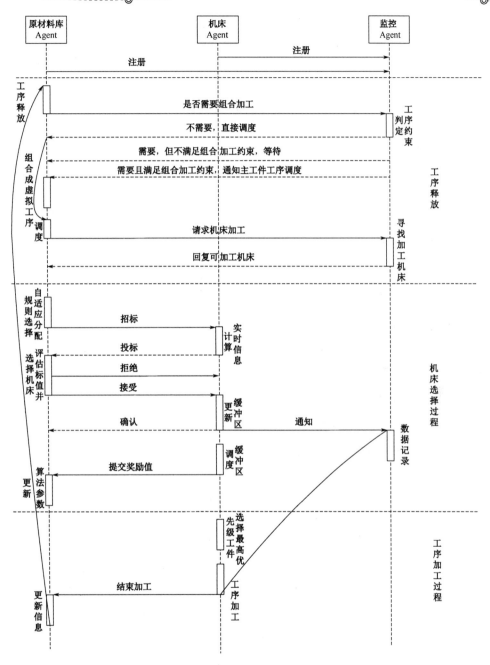

图 6-18 基于 CB 的多 Agent 实时调度策略 UML 序列图

（11）机床加工完成后，如果工件完成所有加工则存入仓库并注销原料库 Agent；否则原料库 Agent 释放下一道工序，重复步骤（2）～（11）。之后，空闲的机床从缓冲区中选择优先级最高的工件继续加工。

6.5　本章小结

本章阐述了多目标优化环境下多智能体制造系统车间调度方法，分别设计了面向低碳的车间多目标优化调度模型、基于模糊综合评价的订单排序规则、考虑任务优先级的多智能体制造系统协商机制与基于调度知识的自学习决策机制。与基于调度规则、以制造执行系统为中心的静态调度等方法相比，本章提出的多智能体制造系统车间调度优化方法具有更强的柔性、稳健性与自适应性。在机器故障、紧急插单等扰动因素干涉下，车间内的装备智能体基于扰动处理机制自组织协商交互，实现可根据扰动类型自主选择应对策略，保障生产活动平稳进行。采用 CB 算法构建调度策略自适应优化模型，以生产过程所获得的完工时间、设备利用率等生产性能指标作为优化目标，不断调整、优化调度策略，使得生产系统始终以最优或较优协同策略来指导车间设备开展自组织生产活动。此外，该方法建立了基于设备状态—能耗曲线的车间能耗模型，在实现多目标优化调度情况下践行"绿色生产"的理念。综上所述，基于多智能体制造系统的车间调度优化方法对车间调度理论的研究、指导实践具有重要意义。

第 **7** 章

物联制造系统可视化监控技术

数字孪生是复杂产品的多物理量、多尺度、多概率的综合仿真模型，由数字线程驱动，借助于高精度的模型、传感器信息和输入数据，对物理孪生的整个生命周期的运行状态和性能进行映射和预测。如今，数字孪生将融入物联网，它将能够为产品生命周期提供更具体的服务。数字孪生技术在网络空间复制产品和生产系统，使其数字模型和物理模型实时交互和动态响应。为产品智能制造提供了有力保障，进一步加速了生产与物联网的融合。

7.1 基于 3DS MAX 的三维建模技术

为了提高数字孪生虚拟车间中的三维模型的逼真性和运行流畅性，需要研究三维建模技术和优化技术。本节采用 3DS MAX 建模技术，能够使虚拟场景和实际车间场景更为逼真。采用场景模型优化技术，可以有效地降低可视化平台所耗硬件资源，从而使可视化平台运行更为流畅。

7.1.1 3DS MAX 简介

日益成熟和完善的三维技术，使其在许多行业和领域得到了广泛发展。3DS MAX 在三维技术高速发展的浪潮中凭借其上手容易、操作简单、界面人性化、模型逼真度高的优良特性异军突起，成为目前世界上最流行的三维建模软件之一，被广大设计师深深喜爱。

3DS MAX 全称 3D Studio Max，是在老牌的三维制作软件 3D Studio 的基础上发展起来的一种三维实体造型及动画制作系统软件。最初只是用于电脑游戏中的模型和动画制作，后来广泛用于手机动画、网页动画、游戏开发、三维卡通动画、二维卡通动画、电影电视特效、影视产品广告、影视片头包装、建筑装潢设计和工业造型设计等领域。设计师利用该软件强大的材质编辑技术、便利的贴图技术、多变的灯光技术和简便的摄影机技术可以构造高逼真度的三维物体模型，也可以构造出优美的三维动画。

7.1.2 3DS MAX 建模步骤

三维场景建模是整个交互系统实现的基础，三维场景的性能将直接决定着整个监控系统的实时性、逼真度和人机交互性。针对三维可视化监控系统的实时性、可视性和运行流畅性等强制性要求，以往单一的三维场景建模过程已经无法满足当前的要求。本节对以往的三维场景建模过程进行适当优化，增加对三维模型和三维场景的结构优化的过程。优化的三维场景建模过程如图 7-1 所示。

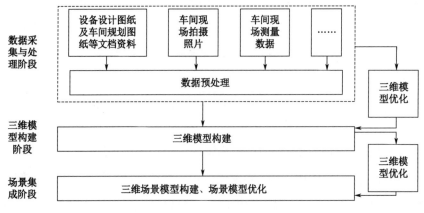

图 7-1 优化的三维场景建模过程

优化的三维场景模型主要阶段构建过程如下。

（1）数据采集与处理阶段。首先收集车间及车间内设备的几何模型设计和位置规划等现有的文档资料；针对没有详细的外形几何尺寸的设备，直接实地测量并记录；现场拍摄照片，收集设备的纹理图片。然后根据建模需求，对采集来的相关数据信息进行整理分类，并删除一些不需要的数据。最后具体设备具体分析，对设备模型进行结构优化。例如，有一台机床的所有数据，但是我们只关注机床的外形和一些人眼能观察到的移动部件，可以对机床的某些内部结构不建模，从而达到优化的目的。

（2）三维模型构建阶段。根据上一步的几何信息、位置信息、纹理信息和材质信息等数据绘制三维模型，并对三维模型进行进一步优化和渲染。

（3）场景集成阶段。将所有的三维模型根据空间位置信息组合并进一步渲染，完成三维场景模型，再对整个场景模型优化。

7.1.3　三维模型优化关键技术

在监控系统的运行过程中，大数据处理需要占用很大一部分的 CPU 资源，场景模型渲染需要占用很大一部分的 GPU 资源，因而运行监控系统对 CPU 和 GPU 的压力较大，影响监控系统运行的流畅度，有时甚至会影响监控系统的正常工作。为了减小 CPU 和 GPU 的运行压力，有必要对模型进行适当优化。监控系统针对模型优化可采用以下技术。

（1）实例化技术。当整个三维模型中有一个以上几何尺寸和几何形状相同但是位置不同的模型时，只需建造一个几何模型，其他的模型只需对此模型进行实例化。这样能在增加同类物体数量时，多边形数量和内存却不增加，只需对该实例进行平移和旋转即可，能够很大程度地减少场景中多边形面片的数量，节省了大量内存。

（2）LOD（Levels Of Detail，层次细节）技术。其实质就是如果用多个具有层次结构的模型集合成一个场景时，可以根据不同的标准进行细节省略。本节采用距离标准、尺寸标准和运行速度标准进行细节省略。观察者距离观察的模型越远，此模型被观察者观察到的细节部分越少，因此可以对该模型细节进行适当省略；模型尺寸越小，人眼相对该模型的分辨率越弱，也可以适当减少该模型的细节；模型的运动速度越快，观察者观察到的模型越模糊，因此可以对该模型细节进行粗糙化。

（3）纹理映射技术。将三维场景转变为二维参数，即通过求解三维模型表面的所有的点的二维参数值，进而得到该点的纹理值，生成二维纹理图案，最终完成三维图形的纹理。假设纹理图案指向纹理空间内的一个正交坐标系 (u,v)，曲面指向场景空间的正交坐标系 (x,y,z)，即参数空间 (δ,ψ) 中的描述为 $x(\delta,\psi)$、$y(\delta,\psi)$、$z(\delta,\psi)$，则从纹理空间映射到参数空间的函数为

$$\delta = f(u,v) \tag{7-1}$$

$$\psi = g(u,v) \tag{7-2}$$

从参数空间映射到纹理空间的函数为

$$u = r(\delta, \psi) \tag{7-3}$$

$$v = s(\delta, \psi) \tag{7-4}$$

车间内的设备和零件存在不同的外观，如果每一个设备和零件都采用由多边形面片组成的几何体，势必造成很大的资源消耗。为了模拟设备和零件不同的外观，在 3DS MAX 建造模型的过程中，引入 UV 贴图。这里 UV 是指纹理贴图坐标 (u, v)，UV 贴图就是将贴图上所有的点准确对应到相应的三维模型的表面。如图 7-2 所示，UV 贴图前后效果相比较可见很大程度上增加了电机的细节等级和真实感。

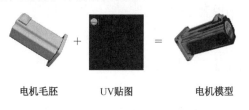

电机毛胚　　　　UV贴图　　　　电机模型

图 7-2　UV 贴图前后效果比较

7.1.4　基于 DOP 的二叉树层次优化算法的场景模型优化

针对目前的大场景模型，仅通过模型优化对计算机的传输效率、绘制速度、处理速度和存储容量等特性的要求并不会明显地降低。为了进一步降低对计算机的性能需求，采用 DOP（Discrete Orientation Polytopes，凸多面体）的二叉树层次优化算法对所建立的场景模型进行优化。DOP 是由若干个面片组成的封闭的几何体。

基于 DOP 的二叉树层次优化算法是属于总—分—总的局部优化方法，让简化算法运行在整个划分过程中。总—分—总的局部优化是指先把整个场景模型看成一个整体，划分成两个子场景模型，对子场景模型分别进行简化，并评估简化后的子场景模型是否失真，然后将每个子场景模型进行进一步细分，对细分后的子场景模型分别进行简化，并评估简化后的子场景模型是否失真，这样重复若干次直到所有的子场景模型无法细分，最后对优化后的子场景模型进行二叉树遍历整合。该优化算法的步骤如下。

（1）按照两个方向划分整个场景模型，将整个场景模型划分成两个子场景模型。

（2）对所有的子场景模型，根据子场景模型的特点，利用网格优化算法进行场景模型优化。

（3）利用模型优化原则，对简化子场景模型进行评估。

（4）如果优化后的子场景模型转变成单一的三维模型，则执行步骤（5）；反之执行步骤（1）～（4），只是将前面所有的步骤中的整个场景模型改为子场景模型，对子场景模型进行操作。

（5）利用区域合并算法，整合所有的模型。

在基于 DOP 的二叉树层次优化算法中，需要确定以下关键因素。

（1）细分方向的确定。可以参考包围盒碰撞检测技术的层次包围盒法，将复杂的几何模型用简单的包围盒描述，然后通过建立树形层次结构靠近对象的几何模型，直至获得对象的所有几何特性。在本算法中，先假设两个方向对场景模型进行细分成两个子场景模型，然后对两个不同的子场景模型进行碰撞检测，如果两个子场景模型发生碰撞，则细分方向不合理，重新确定方向对场景模型细分，直到两个子场景模型不发生碰撞，则假设的方向合理，对两个子场景模型进行优化。

（2）网格优化算法的确定。根据场景内模型的属性，可以选取恰当的网格优化算法，比较基础的有多边形折叠法、边折叠法和顶点删除法等方法，也可以选取当前研究学者开发的网格优化算法。例如，Borouchaki 和 Laug 针对组合参数曲面网格建立的根据形状质量进行网格优化的算法，Jonathan 和 Dinesh 提出的利用映射函数生成具有已知的误差边界的多边形模型的网格优化算法等。

（3）区域合并算法的确定。通过场景内模型的布局，可以选取恰当的区域形状，如三角形、矩形和多边形等，但是在场景内模型经过多次模型优化后，刚开始确定的区域形状可能已经不符合当前情况。如果不符合，可以根据最新情况选取最恰当的区域形状。在确定区域形状后，就可以选取合适的区域合并算法，如曹卫群和鲍虎军等人对高斯球进行层次分割，对高斯球上的所有相似面进行合并，从而建立的区域合并算法。

7.1.5　三维场景模型及格式化输出

根据数字化车间仿真平台的特征，利用 3DS MAX 三维建模，并经模型优化后，完成的三维场景如图 7-3 所示。其默认格式为.max 格式，与 Unity 3D 开发引擎兼容性太差，如果强行输入 Unity 3D 引擎，会造成场景变成裸模型，即贴图文件全部丢失，这使得场景缺少真实性。此外，3DS MAX 中的坐标系和 Unity 3D 中的坐标系是不同的，还需要进行坐标轴转化。

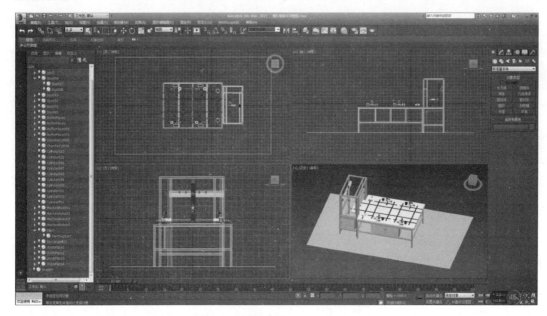

图 7-3　数字化仿真平台.max 模型

为了避免裸模型的产生，需要先将整个三维场景模型输出为.FBX 格式文件，相关参数设置如图 7-4 所示。具体操作步骤如下。

（1）单击"嵌入的媒体"前的"+"按钮，勾选"嵌入的媒体"复选框，保证贴图不丢失。

（2）单击"高级选项"前的"+"按钮，依次单击子选项"轴转化"前的"+"按钮，出现"向上轴"选项，将"向上轴"设置为"Y向上"，将场景模型做一次轴转化，保证场景模型文件的坐标系和 Unity 3D 引擎的坐标系重合。

（3）其他选项保持默认设置，单击"确定"按钮，等待输出结束。至此，完成 3DS MAX 场景模型输出为.FBX 格式。

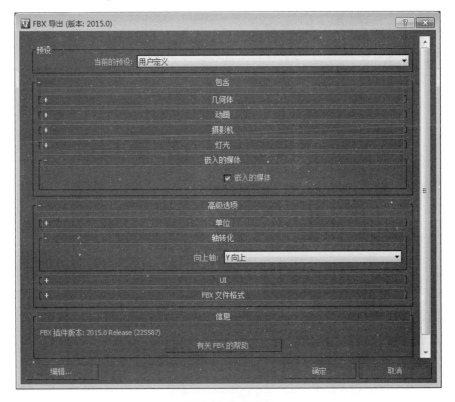

图 7-4　参数设置

7.2　Unity 3D 简介及场景环境构建

在虚拟车间中，为了模拟实际车间的场景环境，有必要研究可视化平台的场景环境构建方法。本节利用 Unity 3D 引擎，通过恰当的视口设置和光效设置，模拟车间场景环境。

7.2.1　Unity 3D 简介

Unity 3D 是由位于美国旧金山的 Unity Technologies 公司设计开发的支持多种平台的游戏引擎，这家公司构建了一套优秀的游戏开发生态系统。这款游戏引擎简单易学，很容易利用它实现自己的游戏创意并开发出自己喜欢的三维动画，开发出极受欢迎的 3D 和 2D 的游戏内容，最后利用各种游戏平台的开发包一键发布到各种游戏平台上。此外，Unity Technologies 公司还提供了强大的知识分享和问答交流的社区，极大地方便了用户的学习和交流。Unity 3D 游戏引擎的主要特征如下。

（1）导入资源简便快捷。在项目中，资源可以自动导入，且假设自动资源被编辑过，其相应的资源也会被自动更新。

（2）物理模拟系统强大。支持 NVIDIA 的 PhysX 物理引擎系统。

（3）图形渲染能力强。拥有高度优化的图形渲染管线，能够实现动态阴影，并能够支持全屏后期处理和渲染到纹理效果。

（4）编辑功能广且强大。具有层级的开发环境、详细的属性编辑器和人性化的可视化编辑环境。

（5）兼容能力强。支持多平台导出，如 Mac OS X、Android、iOS 和 Windows 等。

7.2.2 监控系统的场景环境构建

监控系统的场景环境构建过程如图 7-5 所示，主要包括三个步骤。

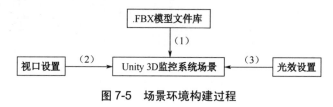

图 7-5　场景环境构建过程

（1）在 Unity 3D 中新建场景文件，将.FBX 格式的模型文件导入场景文件的资源库中，然后根据实际需要选择部分或全部的模型文件添加到场景文件中并保存。

（2）场景中的模型文件输入完成之后，需要将三维模型经过若干次坐标转化，设置完视口后才能显示在屏幕上。场景的视口设置主要通过添加摄像机完成，其参数设置界面如图 7-6（a）所示。通过设置"Transform"选项组下的"Position""Rotation"和"Scale"选项改变视口的大小，设置"Camera"选项组下的"Projection"选项为"Perspective"，以保证视口的位置，其他参数可以根据需要设置，一般保持默认设置。最后在屏幕上渲染的结果如图 7-6（b）所示。

（3）从图 7-6（b）中可以看出，屏幕上的显示结果太暗，很难说存在逼真性，可视性也差。

（a）Camera 参数设置界面　　　　　　　　　　　　（b）Camera 渲染场景结果

图 7-6　Camera 参数设置界面及渲染场景结果

为了增加显示结果的逼真性和可视性，还需要对场景添加光效，对场景进行亮化处理。Unity 3D 中存在方向光、点光源、聚光灯和区域光四种光。方向光类似于太阳光，将多个方向光按一定的规则组合起来使用，能够快速照亮整个三维场景；点光源类似一个灯泡，从一点向外发光；聚光灯类似舞台演出时的聚光灯，能够照亮局部区域；区域光能够照亮所设置的区域。由于监控系统重在监控，应尽量消除阴影，需要快速将整个三维场景照亮，选用方向光更为恰当，并且为了减轻硬件平台运行负载和增加监控系统的可视性，需要设置场景内无阴影，参数设置如图 7-7（a）所示。通过设置"Transform"选项组下的"Position""Rotation"和"Scale"选项改变方向光的方向，设置"Light"选项组下的"Shadow Type"选项为"No Shadows"，以保证场景内无阴影，其他参数可以根据需要设置，一般保持默认设置。最后在屏幕上渲染的结果如图 7-7（b）所示。

 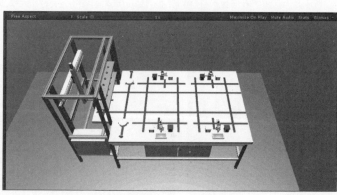

（a）Directional Light 参数设置界面　　　　　（b）Directional Light 渲染场景结果

图 7-7　Directional Light 参数设置界面及渲染场景结果

7.3　物联制造车间的介入式三维可视化系统

7.3.1　物联制造车间特点分析

物联制造车间不但要满足用户日益变化的要求，还要具有及时分配车间内的各种资源的能力，并且可以对车间内的各种制造资源协调配置，达到制造资源的高效利用、产品生产周期大幅度缩短、生产效率大幅度提高的目的。其主要特点描述如下。

（1）动态性。随着时间的递进，车间的设备状态参数不断变化；随着生产任务的进行，在加工工件几何参数不断变化；随着加工的进行，仓库原材料不断变化等。

（2）繁杂性。车间内设备种类繁多，信息多源、冗余且多元化，生产任务多变，使得车间生产环境复杂多变。

（3）分布性。产品的加工过程经常需要通过不同的工序，每一道工序都对应相应的加工设备，各台加工设备都是独立完成加工任务的，它允许各台设备具有自组织、自适应和自调节的能力，并允许各台设备之间相互传递信息。

（4）异构性。一个产品的完成，往往需要多台设备共同完成，但是不同的设备可能会因为不同型号、不同厂家或不同操作系统等异构因素造成异构的数据源，使相互之间交互兼容性不足。

（5）协同性。由于数字化车间具有之前的分布和异构的特征，使得生产任务控制与调度对各个制造单元之间协同决策变得尤为重要，以达到对生产任务的协同完成。

7.3.2　系统需求分析

为了开发出适应物联制造车间生产环境的介入式三维可视化监控系统，需要了解监控系统的需求。针对物联制造车间的动态性、繁杂性、分布性、异构性和协同性等特点，提出了物联制造车间的介入式三维可视化监控系统的需求。

（1）集成物联制造车间产品加工信息。模块化的设备系统监控已经无法满足当前制造环境下车间管理者和用户的需求，需要对车间信息进行统一分析、整理并统计，为找出物联制造车间的瓶颈、故障等功能提供数据保障。

（2）监控系统的三维模型设备环境实时跟踪车间对应设备的环境。传统的二维监控只能反映设备位置的变化，可视性较低，人机交互性差，此外还不能反映工件加工情况变化，具有很大的局限性。

（3）多视角查看监控系统的三维场景。物联制造车间环境复杂，很难利用一个视角查看到每一个细节，所以三维场景中需要利用鼠标、键盘等方法切换视角，对特定内容进行精确查看。

（4）监控系统实时显示车间信息。物联制造车间环境瞬息万变，设备状态、工件信息和加工状态等信息总是在不断变化，因此需要对车间的监控系统实时更新相应数据。

（5）协同控制部分工作。在实现物联制造车间基本功能的基础上，与车间的控制部分、调度部分协同作业，如订单下放，程序下载和上传，以及控制设备运动。

7.3.3　物联制造车间的介入式三维可视化监控系统体系框架

根据提出的物联制造车间的监控系统的需求，参考车间信息集成与处理技术和车间监控技术的国内外研究成果，借鉴 OSI 的七层参考模型划分方法，本节设计了一种实时性好、可视性高、透明度高和具有良好人机交互性的，能实时动态反映车间的状态、仓库物料、零件加工和订单等信息，并可以协同车间控制系统工作的介入式三维可视化监控系统的体系框架。该体系框架从下到上依次为设备层、感知层、网络层、数据层、功能层和用户层，如图 7-8 所示。

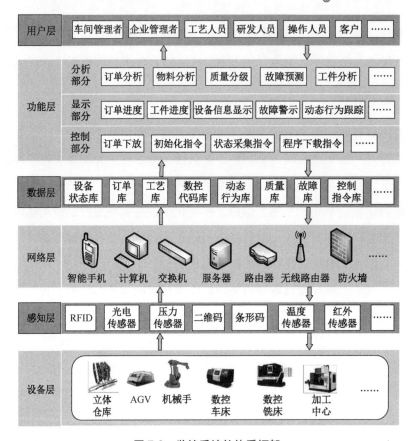

图 7-8   监控系统的体系框架

（1）设备层主要包括各种机床设备（车床、磨床、铣床、刨床、镗床、钻床和加工中心等）、各种运输工具（AGV、RGV 和传送带等）、各种机械手（三自由度、四自由度和三坐标机械手等）和自动化立体仓库等设备。它主要是执行具体的加工任务、运输任务和夹取任务等。

（2）感知层主要包括各种传感器设备（温度、光电、红外和压力传感器等）、各种自动识别系统（RFID、二维码和条形码等）和质量检测系统等。它主要采集车间设备层的加工、设备状态和车间物理环境等信息。

（3）网络层主要包括一些网络基础设备，如路由器、交换机、网卡、计算机和手机等。它主要承担监控系统内部的信息传输功能，通过内部的协议在互不相同的系统和网络之间实现高可靠性、高安全性和无障碍的通信功能。

（4）数据层主要包括设备状态库、订单库、工艺库、数控代码库、动态行为库、质量库和故障库等。它主要存储来自设备层的设备状态、加工进度、设备动态行为、质量和故障等信息，来自功能层的订单和控制指令等信息，以及来自用户层的工序和机床代码等信息。

（5）功能层由分析部分、显示部分、控制部分和监控对象组成。它通过把存储在数据层的数据进行分类、整理和分析，将部分数据和信息通过二维图表显示出来，将部分数据和信息备份存储起来，以及将部分数据和信息用来驱动车间内设备映射的三维模型。此外，它还可以协助控制系统工作，如通过使用订单模块给车间下放订单，通过控制面板控制底层设备初始化。

（6）用户层由车间管理者、企业管理者、工艺人员、研发人员、操作人员、客户等组成。用户直接与本系统提供的功能服务进行交互操作。例如，车间管理者通过功能层订单进度显示对整个生产环节进行把控，企业管理人员应用物料分析、质量分级等系统提供的分析功能对物联车间全局进行分析与把控，工艺人员通过程序下载指令对物联车间制造细节进行把控等。

7.3.4　物联制造车间的介入式三维可视化监控系统功能结构

利用模块化设计思想，将介入式三维可视化监控系统的模块分为系统管理单元、订单管理单元、车间信息集成单元、三维可视化显示单元和控制面板单元，如图7-9所示。

图7-9　监控系统的功能结构

（1）系统管理单元包括用户、安全和权限管理部分。本节设计的监控系统将用户分为技术人员和非技术人员，对于不同的用户，系统设置了不同的权限。非技术人员通过普通的注册就可以进入监控系统，但是只能完成下订单、对应订单信息跟踪和对应订单内的工件加工执行情况跟踪。技术人员一般为车间工作人员，拥有监控系统的所有权限，包括跟踪所有订单信息、所有工件加工信息和所有机器运行状态信息等。

（2）订单管理单元包括订单下放部分和订单审核部分。非技术人员和技术人员都可以下订单，但是非技术人员下订单后，因自身专业能力有限，必须通过技术人员审核才能下放制造车间，这样可以有效地避免用户定制的工件存在功能缺陷的问题。

（3）车间信息集成单元包括实时信息获取部分、规范信息格式部分、实时信息传输部分和实时信息存储部分。实时信息获取部分包括工件信息实时获取、机器状态信息实时获取和订单信息实时获取。工件信息包括工件所在位置、工件当前加工工序和工件剩余加工工序等；机器状态信息包括机器主轴转速、机器关键部位温度和机器当前刀具等；订单信息包括订单内在加工工件数量、订单内剩余加工工件数量和订单内工件的加工工序等。规范信息格式是指将各种异构的数据统一按照相同的格式封装，减轻数据传输的压力，以便被不同的模块解析。实时信息传输是指构建车间传输网络，使各个设备采集模块实现互联和信息交互。实时信息存储是指采用合适的数据库存储车间的实时信息，以便被后面的显示模块调用。

（4）三维可视化显示单元包括实时驱动模型显示部分、订单信息显示部分、生产过程跟踪部分、设备信息显示部分、瓶颈信息显示部分和故障信息显示部分。实时驱动模型显示部分将车间的实时信息中影响车间机器的位置、机械结构的运转和工件的尺寸变化的信息提取出来，用来驱动车间映射的三维模型内的相应模型的变化，将车间内的变化通过模型的动态变化表现出来。订单信息显示部分是将车间内的所有订单通过图表的形式显示出来。生产过程跟踪部分是指在三维场景内追踪工件的加工过程。设备信息显示部分是将设备的实时状态信息经分析处理后显示出来。瓶颈信息显示部分是将车间内限制车间高效生产的某些因素通过数据分析得到，并显示出来，如物料不足。故障信息显示部分是指当车间内设备发生故障时，在三维场景内有故障提示。

（5）控制面板单元是指当需要对车间现场的某些设备操作时，可以通过三维场景内的控制面板远程操作，但为了保证车间的安全性和稳定性，这个功能只有技术人员才可以操作。

7.3.5 物联制造车间的介入式三维可视化监控系统运行模式

面向物联制造车间的介入式三维可视化监控系统是对车间内的生产任务执行情况和车间的运行情况实时监控，有助于专业用户及时掌握车间运行状况和及时了解车间内的瓶颈信息和车间生产情况，并迅速对车间资源做出相应调整，合理分配并利用车间内的生产资源，快速低成本地生产出优质的产品；有助于普通用户及时了解自己订单的加工情况，及时跟踪自己订单相应的工件。本节设计的监控系统的运行模式如图 7-10 所示。

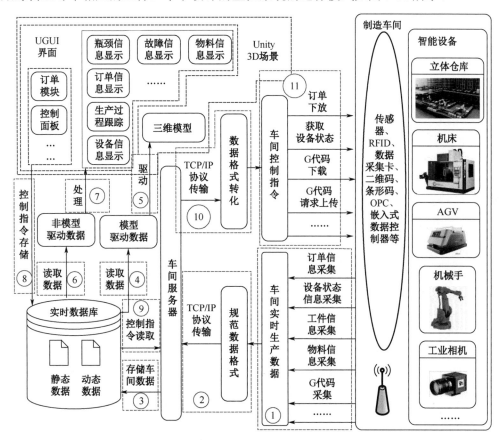

图 7-10 监控系统的运行模式

由图 7-10 可以看出，介入式三维可视化监控系统的运行过程分为 11 步。

（1）实时采集制造车间的订单信息、工件信息、物料信息、设备信息和设备 G 代码等车间生产数据。

（2）采集的车间生产数据格式规范化，并利用 TCP/IP 协议传送制造车间内采集的实时生产数据。

（3）利用车间服务器接收规范格式的制造车间实时生产数据并存储在实时数据库中。

（4）实时扫描实时数据库中新的模型驱动数据并读取。

（5）利用新的模型驱动数据驱动 Unity 3D 场景内的三维模型，动画显示制造车间的设备动态行为。

（6）读取实时数据库中的非模型驱动数据。

（7）利用非模型数据分析整理并处理后在 Unity 3D 场景内的 UGUI 界面上显示。

（8）收集 Unity 3D 场景内的 UGUI 界面发出的控制指令，并将控制指令存储在实时数据库中。

（9）利用车间服务器实时读取实时数据库的控制指令。

（10）将控制指令格式转化成车间设备能够识别的指令格式。

（11）将转化后的控制指令发送到制造车间，如订单下放指令、获取设备状态指令、G代码下载指令和 G 代码请求上传指令。

在介入式三维可视化监控系统中，技术人员可以根据不同的工序信息，给车间内设备传输不同的 G 代码，如果加工时 G 代码发生错误，可以远程请求设备上传对应的 G 代码，技术人员再根据上传的 G 代码，做出相应的调整，极大地提高了技术人员的工作效率。为了提高数据的实时性，如果技术人员想查看某一台设备的状态信息，只需单击该设备对应的模型，等待一段时间，控制该设备信息采集的装置就会采集该设备的信息发送给车间服务器并存储在数据库中。Unity 3D 场景实时扫描数据库中的数据变化并读取新增加的数据，经分析处理并显示出来，从而保证技术人员看到的数据是实时的。

7.3.6 物联制造车间的介入式三维可视化监控系统网络拓扑结构

车间环境复杂，具有不同的设备，如车床、铣床、刨床、钻床和磨床。针对车间内不同设备，根据自身特征分成智能设备和非智能设备。智能设备是指具有网络模块，能够主动或被动加入网络，并可以自组织、自适应和自调节的设备。非智能设备是指没有网络模块，不能主动或被动加入网络的设备。针对智能设备，可直接通过它的网络模块加入车间局域网中。针对非智能设备、RFID 读写器、传感器和手持终端等装备，因为无法直接加入互联网，可以先通过现场总线、I/O 接口或实时以太网等技术连接嵌入式控制器，这些装置和与其连接的嵌入式控制器组成一台智能设备，使其具有智能设备的功能，加入车间局域网中。针对车间内的手机、计算机和服务器，可直接通过网络模块连接到车间局域网。在物联制造车间中，这些智能手机、计算机、服务器和智能设备通过有线或无线相互连接，形成车间局域网。本地的智能手机和计算机通过路由器访问车间服务器。远程的智能手机和计算机通过广域网、防火墙和交换机访问车间服务器。监控系统的网络拓扑结构如图 7-11 所示。

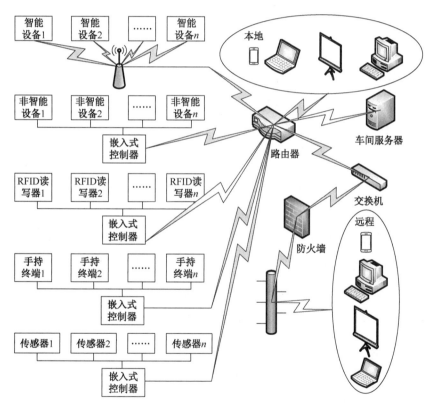

图 7-11　监控系统的网络拓扑结构

7.4　监控系统信息集成与处理技术

随着用户个性化定制需求的增加，产品日益多样化，使得物联制造车间的生产环境和加工工艺越来越复杂，产生大量多源异构的生产过程信息和设备信息。因此，作为实现监控系统的数据支撑，研究如何集成与处理这些大量多源异构的信息具有重要意义。本节将从设备监控模型构建、信息感知方法、信息传输方法和实时数据库模型构建四个方面研究面向物联制造车间的介入式三维可视化监控系统的信息集成与处理技术。

7.4.1　设备监控模型构建

为了实现监控系统的设备状态跟踪，有效集成各类设备信息，需要开发合适的设备监控模型。本节利用基于多智能体制造系统的设备监控模型，能够很好地应对设备生产商为了保护自身核心技术，只开放部分控制系统的接口的措施。

1. 监控模型构建

为了区别于其他用途的 Agent，本书针对监控系统开发的 Agent 统一命名为监控 Agent。根据物联制造车间的介入式三维可视化监控系统的实际需求，结合第 2.2.1 节介绍的 Agent 的四个基本特征，构建的监控 Agent 结构如图 7-12 所示。该监控 Agent 由通信部分、决策部分、执行部分和感知部分组成。通信部分负责设备实时信息的发送和来自上层监控系统服务器的控制指令的接收。感知部分负责采集设备的实时状态信息和实时生产信息。决策部分负责将来自感知部分的实时数据进行标准格式转化，统一数据格式，再发送给通信部分；将来自通信部分的控制指令也进行标准格式转化，统一数据格式，根据转化后的控制指令需求，分析处理生成新的控制指令。执行部分负责接收来自决策部分的控制指令，将该控制指令发送给对应的控制设备。执行设备、感知设备和通信网络是三个外部接口部分。执行设备与监控 Agent 的执行部分信息单向传递，感知设备与监控 Agent 的感知部分信息单向传递，通信网络与监控 Agent 的通信部分信息双向传递。

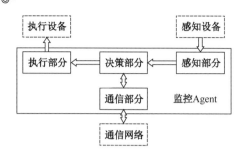

图 7-12 监控 Agent 结构

2．监控模型实现

在物联制造车间中，设备可以按照是否具有智能性统一分为智能设备和非智能设备。对于智能设备，可以直接对智能设备的软件系统进行二次开发，构建监控 Agent 模型；对于非智能设备，先将该设备通过 I/O 接口、CAN 总线、Profibus 总线、DeviceNet 网络、Modbus 总线、串口或 USB 的方式连接在具有相应接口的嵌入式控制器上，再在嵌入式控制器中开发监控 Agent 模型。

在物联制造车间仿真平台中，主要包含智能 AGV、简易智能仓库、非智能模拟机床、非智能机械手和非智能缓冲区。根据仿真平台的布局，将非智能模拟机床、非智能机械手和非智能缓冲区统一连接到一台嵌入式控制器上，组成智能加工单元。最后在智能加工单元上开发监控 Agent，称为 MA_{JGDY}。在智能 AGV 上直接开发监控 Agent，称为 MA_{AGV}。在简易智能仓库上亦直接开发监控 Agent，称为 MA_{CK}。针对这三种 Agent，开发的模块功能如表 7-1 所示。

表 7-1 仿真平台 Agent 模块功能

	MA_{JGDY}	MA_{AGV}	MA_{CK}
通信部分	将三自由度简易机械手的运动动作组序号、加工区域状态和缓冲区域状态信息发送给车间服务器；接收来自车间服务器的控制指令	将 AGV 的状态信息和电池实时电量通过通信网络实时发送给车间服务器；接收来自车间服务器的控制指令	将三坐标仓库机械手的运动动作组序号、毛坯信息和成品信息发送给车间服务器；接收来自车间服务器的控制指令
感知部分	采集三自由度简易机械手的运动动作组序号、加工区域状态信息和缓冲区域状态信息	采集 AGV 的状态信息，如电池电量、位置信息、有无工件等	采集三坐标仓库机械手的运动动作组序号、毛坯信息和成品信息

	MA$_{JGDY}$	MA$_{AGV}$	MA$_{CK}$
决策部分	将来自通信部分的控制指令智能划分为回初始位置指令、获取智能加工区域的状态指令，发送给执行部分；并将来自感知部分的三自由度简易机械手的运动动作组序号、加工区域状态信息和缓冲区域状态信息进行统一格式转化，发送给通信部分	将来自通信部分的控制指令智能划分为回初始位置指令、获取AGV的状态指令，发送给执行部分；并将来自感知部分的AGV的状态信息进行统一格式转化，发送给通信部分	将来自通信部分的控制指令智能划分为回初始位置指令、获取简易智能存储单元的状态指令，发送给执行部分；并将来自感知部分的三坐标仓库机械手的运动动作组序号、毛坯信息和成品信息进行统一格式转化，发送给通信部分
执行部分	如果是收到回初始位置指令，则将智能加工区域的三自由度简易机械手的各个舵机的目标旋转角度设定为初始位置；如果收到获取智能加工区域的状态指令，则将通知感知设备启动	如果是收到回初始位置指令，则将AGV的目标位置设定为初始位置；如果收到获取AGV的状态指令，则将通知感知设备启动	如果是收到回初始位置指令，则将简易智能存储单元的三坐标仓库机械手的各坐标轴的目标位置设定为初始位置；如果收到获取简易智能存储单元的状态指令，则将通知感知设备启动

7.4.2　监控系统信息感知

为了实现监控系统的生产过程跟踪，有必要研究自动识别技术。本节采取基于 RFID 的信息感知，有助于产品生产线的实时管理、产品生产过程的实时跟踪和产品各项参数的追溯等。

在车间内，毛坯可以分成两种情况：含有非加工表面的毛坯和不含非加工表面的毛坯。针对含有非加工表面的毛坯，可以直接将 RFID 电子标签粘贴在毛坯的非加工表面；针对不含非加工表面的毛坯，只能先为该毛坯定制一个可调节的夹具托盘，将 RFID 电子标签粘贴在该毛坯定制的夹具托盘表面。RFID 信息感知流程如图 7-13 所示。

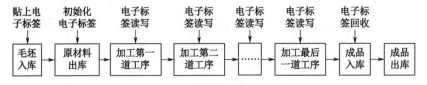

图 7-13　RFID 信息感知流程

在 RFID 的信息感知之前，需要设计电子标签的数据结构。本节设计的工件电子标签数据结构如图 7-14 所示。将工件的加工过程分割成若干个工序块，使每一道工序对应一个数据块。根据不同的加工工件有不同的加工工序数目。在每一个工序数据块中，存储着工序初始数据和工序加工数据。工序初始数据包括工件所在的订单编号、工件编号、工艺编号、工件优先级和计划加工时间等参数。工序加工数据包括当前工序的加工设备编号、开始加工时间、结束加工时间和工序加工状态等。

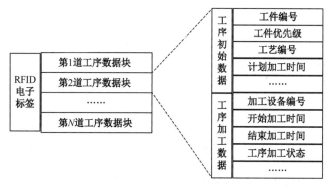

图7-14 工件电子标签数据结构

在初始化电子标签时，通过 RFID 读写器写入工件电子标签的每一道工序数据块的初始数据，使每一个电子标签唯一对应一个工件。当工件每经过一道加工工序时，准备加工之前，先通过 RFID 读写器读取该工件电子标签中对应的工序数据块的初始数据，然后按初始数据的要求加工该工序。该工序加工完成后，通过 RFID 读写器按照之前定义的工件电子标签的数据结构将该工序的加工数据写入工件电子标签，这样循环往复，直到最后一道工序加工完成，将该工件电子标签内的数据转移存储，最后回收该电子标签。

7.4.3 监控系统的信息传输

为了使监控系统的数据高效、准确地传输，需要制定一种监控系统的信息传输方式和统一的数据传输格式。本节采用基于 Socket 的通信和基于二进制的数据传输格式实现不同类型、不同格式和不同含义的信息交互。

1. 基于 Socket 的通信

Socket 是基于 OSI 的七层参考模型的网络连接标准，是应用程序和计算机网络之间的重要接口。Socket 自身不属于协议的范畴，利用 Socket 接口可以十分方便地使用 TCP/IP 协议。在设计模式中，Socket 相当于一个门面模式，把繁杂的 TCP/IP 协议隐藏在 Socket 接口后面，让 Socket 自身去整合并传输数据。

Socket 接口被广泛应用于利用 TCP/IP 协议簇的应用程序。Socket 通信实现模型如图 7-15 所示。实现过程描述如下：①在服务器端创建 ServerSocket，通过 Accept()方法等待接收请求；②在客户端创建 Socket 向服务器端发送请求，即打开连接的输入/输出流；③接收请求后创建连接 Socket，按照指定的使用协议利用 Socket 读写；④读写完成后关闭输入/输出流，关闭 Socket 与相关资源。

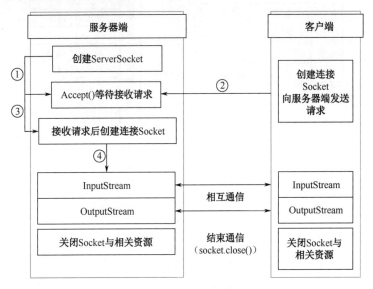

图 7-15　Socket 通信实现模型

2．基于二进制的数据传输格式

数据传输格式是发生数据传输的双方收发信息交互的基本要素。形象地说，就像一个只会说中文的人和一个只会说德语的人是难以交流的，因为他们所用的语言不一样。为了保证他们能正常交流，就必须让其中的一个人会说另外一个人的语言，数据传输格式就类似他们使用的语言。与语言类似，数据传输格式也定义了语法、语义和时序三要素。语法是规定数据结构，语义是指数据传输格式中的每一个数据所代表的含义，时序是指数据传输格式的指定顺序、速率匹配方式和排序方式。

为了最大化减少通信系统的负载，并提高数据传输的实时性，监控系统的数据传输格式采用二进制格式。本节设计的通用指令结构如表 7-2 所示。

表 7-2　指令结构

指令长度	发送方地址	接收方地址	指令类型	指令内容
1 Byte	1 Byte	1 Byte	1 Byte	N Byte

指令长度，即指令的字节总数。为了高效利用通信指令字节，减轻通信压力，不发送无意义的字节，不同的指令要求设置不同的指令长度。发送方和接收方地址用来标记并区分不同的发送方和接收方。指令类型用来标记并区分不同类型的指令。之前描述的不同的指令需指定不同的指令长度就是因为不同的指令有不同的内容，注意指令内容可以为空。

在物联制造车间仿真平台的监控系统中，设定所有的监控 Agent 地址如表 7-3 所示；指令类型和指令内容如表 7-4 所示；部分通信规则示例如表 7-5 所示。

表 7-3　监控 Agent 地址

监控 Agent	地址
1 号智能 AGV 监控 Agent	0x01
2 号智能 AGV 监控 Agent	0x02
简易智能仓库监控 Agent	0x03
1 号智能加工单元监控 Agent	0x04
2 号智能加工单元监控 Agent	0x05
3 号智能加工单元监控 Agent	0x06
4 号智能加工单元监控 Agent	0x07
车间服务器	0x08

表 7-4　指令类型和指令内容

指令类型	指令内容	备注
0x03		发送方发送给接收方回初始位置指令
0x02		发送方询问接收方的状态指令
0x01	如果发送方是智能 AGV，则发送位置、空闲/忙碌、有/无工件、工件号等信息；如果发送方是简易智能仓库，则发送空闲/忙碌、毛坯数量、成品数量、三坐标仓库机械手的动作组序号等信息；如果发送方是智能加工单元，则发送模拟机床空闲/忙碌、加工工件号、加工工件优先级、加工工序号、加工剩余时间等，三自由度简易机械手的空闲/忙碌、运动动作组序号等，以及加工缓冲区空闲/忙碌、工件号、工件优先级等信息	如果发送方是智能 AGV，反馈给接收方智能 AGV 的状态信息；如果发送方是简易智能仓库，反馈给接收方三坐标仓库机械手的运动动作组序号、毛坯信息和成品信息；如果发送方是智能加工单元，反馈给接收方三自由度简易机械手的运动动作组序号、加工区域状态信息和缓冲区状态信息

表 7-5　部分通信规则示例

指令	说明
0x08 0x01 0x08 0x01 0x01 0x02 0x01 0x00	1 号智能 AGV 向车间服务器发送自身位置(1,2)、忙碌、没有装载工件
0x04 0x08 0x03 0x02	车间服务器询问简易智能仓库的状态信息
0x04 0x08 0x05 0x03	车间服务器向 2 号智能加工单元发送回初始位置指令

7.4.4　基于 E–R–T 模型的实时数据库建模技术

在物联制造车间的监控系统中，一些数据是随时间改变的，如加工时间、加工进度和车间状态等，另外一些数据是静态的，如机床型号和参数、刀具参数和工序等，为了有效地存储这些数据，有必要研究合理的数据库建模技术。本节采用基于 E-R-T 模型的实时数据库建模技术，可以很好地弥补传统的数据库实时性差的缺点。

1. 实时数据库及 E-R-T 模型概述

传统的数据库中存储的数据是静态的，即无论数据是否发生改变，数据库中的数据仅表示当前值。如果需要改变该数据，只能通过 UPDATE 指令完成，原来的数据就被强制覆盖了。但是，当前制造环境下，用户不再满足于了解一些静态的数据，越来越关注动态变化的数据。因此，为了适应数据存储要求，就需要实时数据库。

实时数据库的数据对象是一个三元组，定义为 database:<value,currentTime, effectiveTime>。其中，database 是该数据对象的标识符；参数 value 是 database 的当前值；参数 currentTime 是 value 的开始时间；参数 effectiveTime 是该数据对象的有效期，即从 currentTime 开始 value 有效的时间长度。实时数据库具有实时、相互一致、内部一致和外部一致等特性。

E-R-T（Entity-Relationship-Time，实体—关系—时间）模型是一种基于 E-R 模型的扩展的面向对象的实时数据库建模技术。它扩展了许多对实时数据库建模很有用的特征，如关于时间、分类层次结构和复杂对象的建模技术。E-R-T 模型由模型结构元素、类、约束和抽象机制组成。模型结构元素包括基本对象、复杂对象、对象关系和对象有效期。基本对象包括基本值和基本实体，假设 BE 表示基本实体，v_i 为其属性 A_i 在某一时刻的值，E-ID 为实体的名称，则 BE::=E-ID($v_1,v_2,\cdots,v_n$)。复杂对象包括复杂值和复杂实体，假设 CE 表示

复杂实体，E-ID 为实体的名称，则 $CE::=E\text{-}ID(E_1,E_2,\cdots,E_m,v_1,v_2,\cdots,v_n)$，其中 $E_i::=CE|BE(i=1,2,\cdots,m)$。类包括值、实体和时期类。约束主要包括唯一性约束和基数约束。抽象机制是将现实世界中的实际对象以数学的方式来描述，E-R-T 模型中最常用的抽象机制包括聚集、分类、概括和组合。

2. 物联制造车间的数据类型

物联制造车间的介入式三维可视化监控系统需要的数据主要包括静态数据和动态数据。静态数据是指车间内一些固有属性，不会随时间的改变而改变。动态数据是指车间内一些变化的数据，会随着时间的改变而改变，如有些数据是缓慢变化的，有的是分段变化的，有的是连续变化的。表 7-6 对物联制造车间的立体仓库、机床、机械手和 AGV 这几种典型的物联制造车间的设备数据类型进行了分析。

表 7-6　物联制造车间几种典型设备的数据类型分析

典型设备	静态数据	动态数据
立体仓库	设备名称、生产厂家、生产日期、额定寿命、仓库容量、仓库占地面积和仓库额定功率等	仓库负责人、存储工件种类、存储工件数量、仓库状态、运行程序编号、运行时间和开机时间等
机床	设备名称、设备型号、生产厂家、生产日期、额定寿命、额定功率、额定负载、占地面积和加工属性等	机床负责人、机床状态、实际功率、实际负载、在加工工件编号、在加工工序、运行程序编号、工序加工进度、主轴转速、主轴温度、运行时间和当前刀具等
机械手	设备名称、生产厂家、生产日期、额定寿命、自由度数目、最大工作空间、额定功率、最大负载、机械特性和初始状态等	机械手负责人、机械手状态、实际功率、工作负载、夹取工件优先级、夹取工件号、各个机械臂当前位置、当前夹具和运行时间等
AGV	设备名称、生产厂家、生产日期、额定寿命、额定负载、电池类型、电池容量、初始位置、工作温度等	AGV 负责人、AGV 状态、实际功率、工作负载、运输工件优先级、运输工件号、当前位置、电池余量和运行时间等

3. 基于 E-R-T 模型的可视化监控系统的实时数据库建模

在物联制造车间中，设备种类繁杂，车间环境复杂，车间数据具有量大、来源广泛、增长速度快等特点。考虑到 E-R-T 模型的建模方法相同，这里只取物联制造车间中的几种典型的设备的部分数据进行 E-R-T 建模。通过分析物联制造车间的立体仓库、机床、机械手和 AGV 四种典型的设备的部分静态数据和动态数据，利用 E-R-T 建模技术设计的实时数据库 E-R-T 模型如图 7-16 所示。

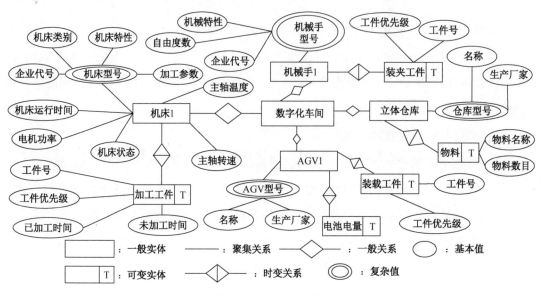

图 7-16　物联制造车间的实时数据库 E-R-T 模型

在物联制造车间仿真平台中,利用 E-R-T 建模技术设计的仿真平台的实时数据库 E-R-T 模型如图 7-17 所示。仿真平台包括简易智能仓库、智能 AGV、模拟机床、工件缓冲区和三自由度简易机械手四种一般实体。简易智能仓库的可变实体有工件,工件的基本值为工件号;简易智能仓库的一般实体有三坐标机械手,三坐标机械手的基本值为状态、属性、动作组号,三坐标机械手的可变实体有工件,工件的基本值为工件号。智能 AGV 的可变实体有工件,工件有基本值为工件号;智能 AGV 的一般实体有锂电池,锂电池的基本值有电量;智能 AGV 的基本值为状态;智能 AGV 的复杂值为位置,位置包含当前坐标和当前方向两个基本值。模拟机床的可变实体有工件,工件的基本值为工件号、优先级、加工工序、工序加工时间和当前工序序号;模拟机床的基本值为状态。工件缓冲区的可变实体有工件,工件的基本值为工件号、优先级、下一道加工工序和下一道工序序号;工件缓冲区的基本值为状态。三自由度简易机械手的可变实体有工件,工件的基本值为工件号;三自由度简易机械手的基本值为状态和动作组号。

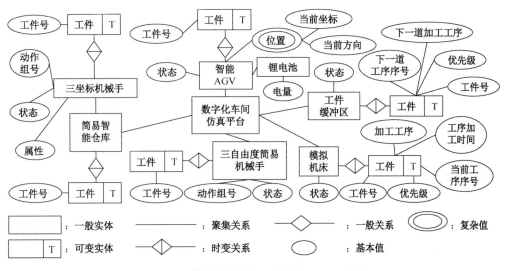

图 7-17　仿真平台的实时数据库 E-R-T 模型

7.5　监控系统信息交互技术

随着用户对监控系统的实时性、可视性和人机交互性的要求逐步提高，在监控系统中研究一种实时性高、可视性好和具有良好人机交互性的交互技术显得日益迫切。本节将从动态行为实现方式、自由漫游方式、鼠标拾取实现方式和 UGUI 实现方式这几个方面研究监控系统的交互技术。

7.5.1　监控系统中的模型动态行为

在监控系统中，为了跟踪物联制造车间的设备动作，需要研究监控系统中的模型动态行为。本节使用的模型动态行为跟踪方式，能够极大地提高监控系统的设备模型和实际设备模型动作的同步性，从而增加监控系统的可视性和物联制造车间的透明性。

1．模型动态行为实现原理

模型的动态行为主要包括模型的平移、旋转和缩放三种。在监控系统中，模型的平移是按照一定的顺序利用每个轴上的坐标值来变换坐标或向量的。模型的旋转包括欧拉旋转、矩阵旋转和四元素旋转。欧拉旋转是在局部坐标系内，旋转时按照一定的顺序每个坐标轴旋转指定的角度来改变坐标或向量。矩阵旋转是利用旋转轴和旋转角度建立的 4×4 的旋转矩阵来实现的。四元素旋转是利用一个 4 维的四元数描述的。模型的缩放是通过 X、Y 和 Z 三个坐标轴方向上的缩放因子建立 4×4 的缩放矩阵来实现的。下面对每一种动态行为的实现原理进行介绍。

（1）模型的平移。在空间坐标系 (x,y,z) 中，假设模型的当前坐标为 (x_1,y_1,z_1)。将模型沿 X 轴平移 Δx 长度，沿 Y 轴平移 Δy 长度，沿 Z 轴平移 Δz 长度，模型的目标坐标改变为 (x_{11},y_{11},z_{11})，用矩阵表示为

$$[x_{11},y_{11},z_{11},1]=[x_1,y_1,z_1,1]\begin{bmatrix}1&0&0&0\\0&1&0&0\\0&0&1&0\\\Delta x&\Delta y&\Delta z&1\end{bmatrix}=[x_1+\Delta x,y_1+\Delta y,z_1+\Delta z,1] \quad (7\text{-}5)$$

得 $x_{11}=x_1+\Delta x$，$y_{11}=y_1+\Delta y$，$z_{11}=z_1+\Delta z$。

（2）模型的欧拉旋转。在三维空间内的任何一个点的指向都可以用三个欧拉角来实现。在世界坐标系 (x,y,z) 中，假设模型的当前坐标系的欧拉角为 $(\alpha_1,\beta_1,\gamma_1)$。将模型沿世界坐标系 X 轴旋转 $\Delta\alpha$ 角度，沿世界坐标系 Y 轴旋转 $\Delta\beta$ 角度，沿世界坐标系 Z 轴旋转 $\Delta\gamma$ 角度，模型的目标坐标改变为 $(\alpha_{11},\beta_{11},\gamma_{11})$，则利用矩阵表示为

$$[\alpha_{11},\beta_{11},\gamma_{11},1]=[\alpha_1,\beta_1,\gamma_1,1]\begin{bmatrix}1&0&0&0\\0&1&0&0\\0&0&1&0\\\Delta\alpha&\Delta\beta&\Delta\gamma&1\end{bmatrix}=[\alpha_1+\Delta\alpha,\beta_1+\Delta\beta,\gamma_1+\Delta\gamma,1] \quad (7\text{-}6)$$

得 $\alpha_{11}=\alpha_1+\Delta\alpha$，$\beta_{11}=\beta_1+\Delta\beta$，$\gamma_{11}=\gamma_1+\Delta\gamma$。

（3）模型的矩阵旋转。在空间坐标系 (x,y,z) 中，假设模型的当前坐标为 (x_1,y_1,z_1)。将模型绕 X 轴旋转 θ 角度后，模型的目标坐标改变为 (x_{11},y_{11},z_{11})，用矩阵表示为

$$[x_{11},y_{11},z_{11},1]=[x_1,y_1,z_1,1]\begin{bmatrix}\cos\theta&\sin\theta&0&0\\-\sin\theta&\cos\theta&0&0\\0&0&1&0\\0&0&0&1\end{bmatrix} \quad (7\text{-}7)$$

将模型绕 Y 轴旋转 θ 角度后，模型的目标坐标改变为 (x_{11},y_{11},z_{11})，用矩阵表示为

$$[x_{11}, y_{11}, z_{11}, 1] = [x_1, y_1, z_1, 1] \begin{bmatrix} \cos\theta & 0 & -\sin\theta & 0 \\ 0 & 1 & 0 & 0 \\ \sin\theta & 0 & \cos\theta & 0 \\ 0 & 0 & 0 & 1 \end{bmatrix} \tag{7-8}$$

将模型绕 Z 轴旋转 θ 角度后，模型的目标坐标改变为 (x_{11}, y_{11}, z_{11})，用矩阵表示为

$$[x_{11}, y_{11}, z_{11}, 1] = [x_1, y_1, z_1, 1] \begin{bmatrix} 1 & 0 & 0 & 0 \\ 0 & \cos\theta & \sin\theta & 0 \\ 0 & -\sin\theta & \cos\theta & 0 \\ 0 & 0 & 0 & 1 \end{bmatrix} \tag{7-9}$$

（4）模型的四元数旋转。四元数旋转相比其他的旋转最大的优势就是能够有效地避免万向节锁，这也是 Unity 3D 引擎内部支持四元数的最大意义。通过一个四维的四元数可以便捷地实现任意绕着原点的向量旋转，且可以做连续旋转运动。其数学描述如下：四元数是一种高阶复数，能够依靠四元数简便快捷地实现刚体绕任意轴的旋转。四元数 q 可以表示为

$$q = (x, y, z, w) = xi + yj + zk + w \tag{7-10}$$

其中 i、j、k 满足：$i^2 = j^2 = k^2 = -1$，$ij = k, jk = i, ki = j$。由于 i、j、k 的特征很类似于笛卡尔坐标系中三个轴的交叉乘积，因此四元数可以写成如下形式。

$$q = (\vec{v} + w) = ((x, y, z), w) \tag{7-11}$$

当四元数用来描述三维空间的旋转时，如果模型绕单位向量 (x, y, z) 表示的轴旋转角度 θ 时，则对应的四原数为

$$q = ((x, y, z)\sin\frac{\theta}{2}, \cos\frac{\theta}{2}) \tag{7-12}$$

如果模型进行一个欧拉旋转，即分别绕 x 轴、y 轴和 z 轴旋转 X 度、Y 度和 Z 度，则对应的四元素为

$$x = \sin(Y/2)\sin(Z/2)\cos(X/2) + \cos(Y/2)\cos(Z/2)\sin(X/2) \tag{7-13}$$

$$y = \sin(Y/2)\cos(Z/2)\cos(X/2) + \cos(Y/2)\sin(Z/2)\sin(X/2) \tag{7-14}$$

$$z = \cos(Y/2)\sin(Z/2)\cos(X/2) - \sin(Y/2)\cos(Z/2)\sin(X/2) \tag{7-15}$$

$$w = \cos(Y/2)\cos(Z/2)\cos(X/2) - \sin(Y/2)\sin(Z/2)\sin(X/2) \tag{7-16}$$

$$q = ((x, y, z), w) \tag{7-17}$$

因此，AGV 中的点 $p:(P,0)$ （写成四元数的形式），旋转后的坐标 p' 为

$$p' = qpq^{-1} \qquad (7\text{-}18)$$

（5）模型的缩放。在空间坐标系 (x, y, z) 中，假设模型的当前坐标为 (x_1, y_1, z_1)。将模型在 X 轴上以缩放因子 a 缩放，在 Y 轴上以缩放因子 b 缩放，在 Z 轴上以缩放因子 c 缩放，模型的目标坐标改变为 (x_{11}, y_{11}, z_{11})，用矩阵表示为

$$[x_{11}, y_{11}, z_{11}, 1] = [x_1, y_1, z_1, 1] \begin{bmatrix} a & 0 & 0 & 0 \\ 0 & b & 0 & 0 \\ 0 & 0 & c & 0 \\ 0 & 0 & 0 & 1 \end{bmatrix} = [ax_1, by_1, cz_1, 1] \qquad (7\text{-}19)$$

得 $x_{11} = ax_1$，$y_{11} = by_1$，$z_{11} = cz_1$。

2．模型动态行为实现方式

基于上述三维图形转换的基本原理，Unity 3D 引擎针对模型的动态行为开发了配套插件，如目前最常用的是 iTween 插件。iTween 插件是一个免费的动画库，目的是小投入、高产出，用它可以轻松地实现各种动画，包括旋转、平移、晃动和循迹等。通过应用 iTween 插件，本章所提出的物联制造车间介入式 3D 可视化系统能够仿真实体模型的动态行为。下面将从平移、旋转和缩放三种模型的动态行为分别介绍 Unity 3D 引擎自带的实现方法和利用 iTween 插件的实现方法。

（1）Unity 3D 引擎自带的实现方法。

①模型的平移。Unity 3D 中常用的模型平移方法有 Transform.Translate()函数、Vector3.Lerp()函数、Vector3.Slerp()函数和 Vector3.MoveTowards()函数等。其使用方法如表 7-7 所示。

②模型的旋转。Unity 3D 中常用的模型旋转方法有 Transform.Rotate()函数、Vector3.RotateTowards()函数、Quaternion.Euler()函数、Quaternion.FromToRotation()函数、Quaternion.Inverse()函数、Quaternion.Lerp()函数、Quaternion.Slerp()函数和 Quaternion.RotateTowards()函数等。其使用方法如表 7-8 所示。

表 7-7 Unity 3D 引擎模型平移方法

函数	参数类型	功能
Transform. Translate(Vector3 translation, Space relativeTo)	Vector3 表示三维向量，Space 表示坐标系	在 relativeTo 坐标系中将移动对象沿 Translation 向量移动
Transform. Translate(float x, float y, float z, Space relativeTo)	float 表示浮点数，Space 表示坐标系	在 relativeTo 坐标系中将移动对象沿 X 轴移动 x 长度，沿 Y 轴移动 y 长度，沿 Z 轴移动 z 长度
Transform. Translate(Vector3 translation, Transform relativeTo)	Vector3 表示三维向量，Transform 表示模型对象	在 relativeTo 坐标系中将移动对象沿 Translation 向量移动
Transform. Translate(float x, float y, float z, Transform relativeTo)	float 表示浮点数，Transform 表示模型对象	在 relativeTo 坐标系中将移动对象沿 X 轴移动 x 长度，沿 Y 轴移动 y 长度，沿 Z 轴移动 z 长度
Vector3. Lerp(Vector3 a, Vector3 b, float t)	Vector3 表示三维向量，float 表示浮点数	在向量 a 和向量 b 之间线性插值，t 时间内移动对象平滑移动
Vector3. Slerp(Vector3 a, Vector3 b, float t)	Vector3 表示三维向量，float 表示浮点数	在向量 a 和向量 b 之间球面线性插值，t 时间内移动对象平滑移动
Vector3. MoveTowards(Vector3 current, Vector3 target, float maxDistanceDelta)	Vector3 表示三维向量，float 表示浮点数	不超过 maxDistanceDelta 时间将移动对象从 current 向量移动到 target 向量

表 7-8 Unity 3D 引擎模型旋转方法

函数	参数类型	功能
Transform. Rotate(Vector3 eulerAngles, Space relativeTo)	Vector3 表示三维向量，Space 表示坐标系	在 relativeTo 坐标系中将旋转对象沿 eulerAngles 旋转
Transform. Rotate(float xAngle, float yAngle, float zAngle, Space relativeTo)	float 表示浮点数，Space 表示坐标系	在 relativeTo 坐标系中将旋转对象沿 X 轴旋转 xAngle 度，沿 Y 轴旋转 yAngle 度，沿 Z 轴旋转 zAngle 度
Transform. Rotate(Vector3 axis, float angle, Space relativeTo)	Vector3 表示三维向量，float 表示浮点数，Space 表示坐标系	在 relativeTo 坐标系中将旋转对象沿 axis 轴旋转 angle 度
Vector3. RotateTowards(Vector3 current, Vector3 target, float maxRadiansDelta, float maxMagnitudeDelta)	Vector3 表示三维向量，float 表示浮点数	不超过 maxRadiansDelta 弧度且不超过 maxMagnitudeDelta 时间内将旋转对象从 current 旋转到 target
Quaternion. Euler(float x, float y, float z)	float 表示浮点数	围绕 X 轴旋转 x 度、Y 轴旋转 y 度、Z 轴旋转 z 度的欧拉旋转
Quaternion. FromToRotation(Vector3 fromDirection, Vector3 toDirection)	Vector3 表示三维向量	从 fromDirection 旋转到 toDirection
Quaternion. Inverse(Quaternion rotation)	Quaternion 表示四元数	绕着 rotation 逆时针旋转
Quaternion. Lerp(Quaternion a, Quaternion b, float t)	Quaternion 表示四元数，Float 表示浮点数	t 时间内从四元数 a 到四元数 b 的线性插值旋转

续表

函数	参数类型	功能
Quaternion. Slerp (Quaternion a, Quaternion b, float t)	Quaternion 表示四元数，float 表示浮点数	t 时间内从四元数 a 到四元数 b 的球面线性插值旋转
Quaternion. RotateTowards (Quaternion from, Quaternion to, float maxDegreesDelta)	Quaternion 表示四元数，float 表示浮点数	不超过 maxDegreesDelta 度从四元数 from 到四元数 to 旋转

（2）iTween 插件内部集成的实现方法。

①模型的平移。iTween 插件常用的模型平移实现方法有 MoveAdd()函数、MoveBy()函数、MoveFrom()函数、MoveTo()函数和 MoveUpdate()函数等。其使用方法如表 7-9 所示。

表 7-9　iTween 插件模型平移方法

函数	参数类型	功能
MoveAdd(GameObject target, Hashtable args)	GameObject 表示移动对象，Hashtable 表示哈希表	根据哈希表的参数设置，随时间移动物体的位置
MoveBy(GameObject target, Hashtable args)	GameObject 表示移动对象，Hashtable 表示哈希表	根据哈希表的参数设置，增加提供的坐标到模型的位置
MoveFrom(GameObject target, Hashtable args)	GameObject 表示移动对象，Hashtable 表示哈希表	根据哈希表的参数设置，将模型从目标位置移动到原始位置
MoveTo(GameObject target, Hashtable args)	GameObject 表示移动对象，Hashtable 表示哈希表	根据哈希表的参数设置，将模型从原始位置移动到目标位置
MoveUpdate(GameObject target, Hashtable args)	GameObject 表示移动对象，Hashtable 表示哈希表	根据哈希表的参数设置，类似于 MoveTo()函数，在 Update()函数方法或循环环境中调用，提供每帧改变属性值的环境

②模型的旋转。iTween 插件常用的模型旋转实现方法有 RotateAdd()函数、RotateBy()函数、RotateFrom()函数、RotateTo()函数和 RotateUpdate()函数等。其使用方法如表 7-10 所示。

表 7-10　iTween 插件模型旋转方法

函数	参数类型	功能
RotateAdd(GameObject target, Hashtable args)	GameObject 表示移动对象，Hashtable 表示哈希表	根据哈希表的参数设置，对模型的旋转角度随着时间增加指定的角度
RotateBy(GameObject target, Hashtable args)	GameObject 表示移动对象，Hashtable 表示哈希表	根据哈希表的参数设置，已知参数与 360 相乘，其余与 RotateAdd()函数相似
RotateFrom(GameObject target, Hashtable args)	GameObject 表示移动对象，Hashtable 表示哈希表	根据哈希表的参数设置，将模型从给定的角度旋转回原始角度

函数	参数类型	功能
RotateTo(GameObject target, Hashtable args)	GameObject 表示移动对象，Hashtable 表示哈希表	根据哈希表的参数设置，旋转模型到指定的角度
RotateUpdate(GameObject target, Hashtable args)	GameObject 表示移动对象，Hashtable 表示哈希表	根据哈希表的参数设置，类似于RotateTo()函数，在 Update()方法或循环环境中调用，提供每帧改变属性值的环境

③模型的缩放。在 Unity 3D 引擎中，关于模型的缩放，并没有如平移和旋转一样提供很多各有优势的缩放方法，所以在此只介绍 iTween 插件中的模型缩放方法，包括 ScaleAdd()函数、ScaleBy()函数、ScaleFrom()函数、ScaleTo()函数和 ScaleUpdate()函数等。其使用方法如表 7-11 所示。

表 7-11　iTween 插件模型缩放方法

函数	参数类型	功能
ScaleAdd(GameObject target, Hashtable args)	GameObject 表示移动对象，Hashtable 表示哈希表	根据哈希表的参数设置，增加模型的大小
ScaleBy(GameObject target, Hashtable args)	GameObject 表示移动对象，Hashtable 表示哈希表	根据哈希表的参数设置，成倍改变模型大小
ScaleFrom(GameObject target, Hashtable args)	GameObject 表示移动对象，Hashtable 表示哈希表	根据哈希表的参数设置，将模型的大小从指定的值变化到原来的大小
ScaleTo(GameObject target, Hashtable args)	GameObject 表示移动对象，Hashtable 表示哈希表	根据哈希表的参数设置，改变模型的比例大小到指定的值
ScaleUpdate(GameObject target, Hashtable args)	GameObject 表示移动对象，Hashtable 表示哈希表	根据哈希表的参数设置，类似于ScaleTo()函数，在 Update()方法或循环环境中调用，提供每帧改变属性值的环境

在面向物联制造车间的介入式三维可视化监控系统中，监控系统的三维模型的主要运动包括 AGV 的动作、机械手的动作和机床的加工动作三种类型。这三类运动中，即使是非常复杂的运动，都是由基本的模型平移、旋转和缩放所组成的。之前已经介绍过 Unity 3D 引擎自带的实现模型的平移和旋转的方法和利用 iTween 插件实现的模型平移、旋转和缩放的方法。它们可以说是各有优势，之间可以相互替代，在实际使用中可以根据监控系统内三维模型的实时运动映射情况来选择，具体由程序员根据监控系统设计要求和运行效果决定。

3. 模型动态行为驱动方式

AGV 的动作是通过实时数据中的起点坐标、终点坐标、起始方向、目标方向和所需时间设置的。机械手的动作是通过实时数据中的每一台电机的旋转角度、旋转方向和所需时间设置的。机床的加工动作是通过实时数据中的平移自由度和旋转自由度相关参数设置的，如果是平移自由度，则相关参数包括起点坐标、终点坐标、起始方向、目标方向和所需时间，如果是旋转自由度，则相关参数包括旋转角度、旋转方向和所需时间。总之，监控系统中模型的动态行为方式实现过程如图 7-18 所示，都是先从实时数据库中读取实时数据，将数据分析整理后驱动模型的动态行为，从而保证监控的实时性。

图 7-18　实时数据驱动模型

在 Unity 3D 引擎中，场景内的模型是呈层次分布的，父物体下面可能有多个子物体，子物体下面可能还有多个子物体，父物体如果发生运动，其所有子物体和发生运动的父物体之间的连接可以看成刚性连接，子物体跟随运动。因此，当实时数据驱动某一物体时，也同时驱动它的所有子物体。

4. 提高模型动态行为同步性的方法

为了提高监控系统中模型的动态行为和物联制造车间中设备动作的同步性，提出改进方法，具体步骤如下。

（1）在满足物联制造车间的某一动作物体的每一段动作都能发出一个触发信号的条件下，将该动作物体的一个完整的动作最大化细分成若干段的动作，并预估计每一段动作的持续时间。

（2）同时在监控系统中，根据动作物体每一段的动作和每一段动作的最小预估时间，利用 C#语言编写动作物体的对应模型的动作驱动程序，将每一段程序封装成一个协程。

（3）当监控系统检测到某一段动作的触发信号时，在驱动脚本的 Update()函数中，在该段动作的预估时间内，调用一次该段动作的协程。

根据上述步骤，假设某一动作最多可以细分成两段动作，动作 1 的触发信号是 a，动作 2 的触发信号是 b，动作 1 的最小预估时间是 t1，动作 2 的最小预估时间是 t2，一段动作开始的时间为 startTime，一段动作结束的时间为 endTime，脚本运行的当前时间为 curTime，检测的触发信号为 k，则设计的驱动脚本算法流程如图 7-19 所示。

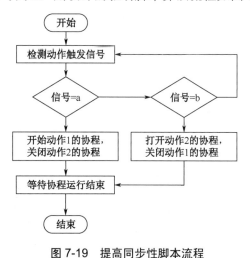

图 7-19　提高同步性脚本流程

该算法中的关键伪脚本如下。

```
void Update(){
    curTime = Time.time;
     if (curTime > endTime){
        if (k == a){
            StopCoroutine(GroupSec());
            startTime = Time.time;
            StartCoroutine(GroupFir());
            endTime = startTime + t1;}
        if (k == b){
            StopCoroutine(GroupFir());
            startTime = Time.time;
            StartCoroutine(GroupSec());
            endTime = startTime + t2;}}}
IEnumerator GroupFir(){……}//动作1
IEnumerator GroupSec(){……}//动作2
```

7.5.2　监控系统中人机交互方式设计与实现

为了提高监控系统的用户体验，有必要研究监控系统的交互方式。本节采用第一人称视角漫游，可以使用户在监控系统中漫游，方便地查看监控系统中设备模型的情况；采用鼠标拾取设备模型，可以实现操纵设备模型，从而从各个视角查看监控系统的设备模型；采用 UGUI 的界面设计，显著地提高了监控系统中用户界面的可视性；采用信息的介入式显示方法，可以有效地提高监控系统中设备信息的实时性和可视性。

1. 人机交互技术概述

人机交互技术（Human Computer Interaction Technology，HCIT）是指依靠计算机输入设备和输出设备，输入设备如键盘和鼠标等，输出设备如显示器和投影仪等，高效地实现人机对话。用户通过输入设备向计算机输入请求信息和回答信息等，计算机通过输出设备个性化显示计算机内部信息。

人机交互系统模式如图 7-20 所示。数字系统和用户之间存在一些输入设备和输出设备，这些输入设备和输出设备之间会发生一系列的相互作用。这些输入设备和输出设备上显示的内容称为界面；用户和机器相互之间的信息传递称为交互；交互过程中，用户产生的所有记忆、感受和知识等称为用户体验。

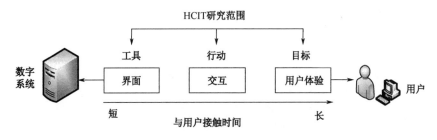

图 7-20　人机交互系统模式

2. 第一人称视角漫游设计与实现

在监控系统的交互系统设计中，面对大场景，用户很难将整个场景都显示在屏幕上，因此往往会采用合适的漫游方式，查看监控系统中设备的状态。第一人称视角漫游是一种很灵活的漫游方式，就好比人的双眼，使人有身临其境的感觉。用户通过操纵输入设备，如键盘和鼠标，达到根据自己的意愿决定计算机二维屏幕上显示的摄像机的视点方向和视点位置，从而改变屏幕上显示的三维场景。通过这种自由漫游方式，用户可以根据自己的需求精确查看监控系统的局部监控情况。实现第一视角漫游的操作步骤如下。

（1）添加第一人称视角相机，设置合理的视角和初始位置。

（2）定义第一人称视角进入和退出按键，定义相机向前、向后、向左、向右移动按键，定义绕 Y 轴旋转、绕 Z 轴旋转按键，如表 7-12 所示。

表 7-12　第一人称触发按键信息

第一人称移动方向	触发按键
进入第一人称视角	F1
退出第一人称视角	F2
向前移动	W
向后移动	S
向左移动	A
向右移动	D
绕 Y 轴旋转	Q
绕 Z 轴旋转	E

（3）编写相机切换脚本，设计第一人称相机切换算法，算法流程如图 7-21 所示。首先根据用户的输入检测输入按键，然后判断用户的输入按键，如果按键为 F1，则执行关闭所有相机，打开第一人称相机的操作；如果按键为 F2，则执行关闭所有的相机，打开主相机的操作。然后在场景内新建一个空物体，将相机切换脚本挂载在空物体上。

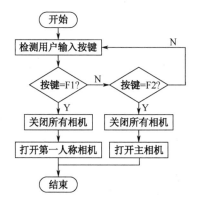

图 7-21　第一人称相机切换算法

第一人称相机切换算法的部分关键实现代码如下。

```
void OnGUI(){
    if (Input.GetKey(KeyCode.F1)){
        ChaCameras("strCameras", "First People Camera");}//按F1键切换到第
一人称相机
    if (Input.GetKey(KeyCode.F2)) {
```

```
                  ChaCameras("strCameras", " Main Camera ");}//按F2键切换到主相机
            }
       private void ChaCameras(string strCameraTag, string strCameraName){
            GameObject[] goCameras =
GameObject.FindGameObjectsWithTag(strCameraTag);
            foreach (var goItem in goCameras){
                goItem.GetComponent<Camera>().enabled = false;}//关闭所有的相机
                GameObject.Find(strCameraName).GetComponent<Camera>().enabled =
true;
            }//启用指定的相机
```

（4）编写第一人称视角漫游脚本，设计第一人称视角漫游算法，算法流程如图 7-22 所示。首先根据用户的输入检测输入按键，如果按键为 W，则计算第一人称视角相机平移矩阵，向上移动第一人称视角相机；如果按键为 S，则计算第一人称视角相机平移矩阵，向下移动第一人称视角相机；如果按键为 A，则计算第一人称视角相机平移矩阵，向左移动第一人称视角相机；如果按键为 D，则计算第一人称视角相机平移矩阵，向右移动第一人称视角相机；如果按键为 Q，则计算第一人称视角相机绕 Y 轴旋转矩阵，绕 Y 轴旋转第一人称视角相机；如果按键为 E，则计算第一人称视角相机绕 Z 轴旋转矩阵，绕 Z 轴旋转第一人称视角相机。最后将编写完成的漫游脚本挂载在第一人称相机上。

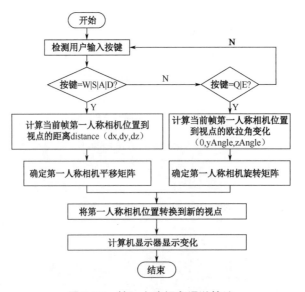

图 7-22　第一人称视角漫游算法

第一人称视角漫游算法的部分关键实现代码（绕 Z 轴旋转）如下。

```
    if (Input.GetKey(KeyCode.E)) {
        zCameraAngle = zCameraAngle - zAngle;
        desRotation = Quaternion.Euler(xCameraAngle, yCameraAngle,
zCameraAngle);//目标位置
        curRotation = transform.rotation;//当前位置
    transform.rotation = Quaternion.Lerp(curRotation, desRotation,
Time.deltaTime * 0.02f);}
```

3. 鼠标点击拾取设计与实现

监控系统的交互系统设计中，用户需要经常通过鼠标点击的方式拾取监控系统的模型与系统做交互。监控系统中模型最基本的拾取算法是射线拾取算法。在本监控系统中，三维模型的拾取方法都是利用该算法实现的。

射线拾取算法实现简单，拾取高效，应用广泛。借鉴射线拾取算法，设计的鼠标点击拾取模型算法流程如下。

（1）等待鼠标点击。

（2）获取鼠标点击的屏幕坐标。

（3）将视点相机的视点坐标转换成屏幕坐标，并将转换后的视点屏幕坐标的视点深度赋值给鼠标点击的屏幕坐标。

（4）将赋值后的屏幕坐标转化成世界坐标。

（5）以视点相机的位置为原点向上一步转化后的世界坐标作射线，检测射线是否和监控系统内的模型相交，如果相交，则拾取对象为射线第一次相交的模型，如图 7-23 所示，反之则回到步骤（1）。

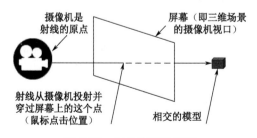

图 7-23 射线拾取示意图

（6）返回鼠标拾取的模型。

在 Unity 3D 引擎中，根据上述的鼠标点击拾取模型的基本步骤，设计的鼠标点击拾取方法的一般步骤如下。

（1）定义一个察看的摄像机 Camera、一条从 Camera 中心点发出的射线 Ray 以及反映碰撞的 RaycastHit。

（2）将 Ray 规定为从摄像机中心点发出，射向当前鼠标所在的屏幕坐标的射线。

（3）定义 RaycastHit 为 Ray 与有碰撞属性的物体的碰撞点。

关键实现代码如下。

```
ra = ca.ScreenPointToRay(Input.mousePosition); //ca为Camera类型，ca为Ray
类型
if (Physics.Raycast(ra, out hit)){……}//hit为RaycastHit类型
```

4．基于 UGUI 的界面设计与实现

Unity 3D 引擎从 4.6 版本开始，就使用内部集成的全新的 UI 系统 UGUI。目前，UGUI 系统已经相当成熟，它允许用户快速直观地创建图形用户界面，开发效率高，可以满足任意的 GUI 制作要求。UGUI 系统包括显示非交互文本的文本（Text）控件、显示非交互式图像的图像（Image）控件和原始图像（Raw Image）控件、响应来自用户单击事件的按钮（Button）控件、允许一个用户选中或取消选中某个复选框的开关（Toggle）控件、允许用户通过鼠标从一个预先确定的范围选择一个数值的滑动条（Slider）控件、允许用户滚动图像或其他可视物体太大而不能完全看到视图的滚动条（Scrollbar）控件、一种不可见的输入栏（Input Field）控件和布局元素（Layout Element）控件等控件；还包括画布（Canvas）组件、矩形变换（Rect Transform）组件、遮罩（Mask）组件、过渡选项（Transition Options）组件、导航选项（Navigation Options）组件、内容尺寸裁切（Content Size Fitter）组件、长宽比例裁切（Aspect Ratio Fitter）组件、水平布局组（Horizontal Layout Group）组件、垂直布局组（Vertical Layout Group）组件和网格布局组（Grid Layout Group）组件等组件。此外，还提供了所有组件和控件的脚本生成库。

在监控系统中，除了包括场景模型和模型的动态行为，还应包括 UGUI 界面系统。使用 UGUI 界面系统能更好地实现人机交互，增强信息的可视化，从而增强监控系统的可视性。与此同时，监控系统还需要更好的实时性。

为了提高监控系统的实时性，UGUI 界面系统显示效果利用实时数据驱动。实时数据驱动 UGUI 界面系统如图 7-24 所示。先从实时数据库读取实时数据，将实时数据分析整理

后驱动 UGUI 界面系统，UGUI 界面系统也可以发送控制指令存储在实时数据库中。监控系统中的订单显示部分、设备信息显示部分、监控结果显示部分等和其他的一些 UGUI 界面部分均是利用 Unity 3D 引擎自带的 UGUI 界面系统开发的，信息显示脚本也是以实时数据驱动 UGUI 界面系统为框架开发的。

图 7-24　实时数据驱动 UGUI 界面系统

5．一种基于三维模型的设备信息介入式显示方法

基于三维模型的设备信息介入式显示方法是基于鼠标点击拾取算法和 UGUI 信息显示方法开发的。如果车间内所有设备的信息同时显示在屏幕上，用户很难发现自己想了解的设备信息，从而造成人机交互的用户体验差。为了增加人机交互的用户体验，监控系统不同时显示所有的设备信息，如果用户想了解某一台设备的信息，只需右键单击监控系统中设备对应的模型，确定模型对应的设备，后台就会调用该设备的 UGUI 显示脚本。设备信息显示在监控系统内部的实现过程如下。

（1）用户用鼠标右键单击监控软件中想要查看设备信息的设备模型。

（2）利用射线拾取算法，确定鼠标右键单击模型对象，生成该模型对象的状态信息采集指令，并将指令存储在数据库对应的状态指令表中，然后扫描该模型数据库对应的状态表。

（3）车间服务器实时扫描状态指令表，读取到新的状态采集指令，发送给该模型对应实体的监控 Agent。

（4）该模型对应实体的监控 Agent 收到状态采集指令后，开始采集该实体的状态信息，然后发送给车间服务器。

（5）车间服务器收到该实体的状态信息，并将其存储在该模型数据库对应的状态表中。

（6）监控软件在该模型数据库对应的状态表中，扫描到新的状态信息。

（7）调用该模型的状态显示脚本，并弹出该模型对应的设备状态信息。

使用该方法，不仅提高了监控系统的可视性，还极大地提高了设备信息的实时性，并且减轻了运行该监控系统的硬件平台的运行压力。

监控系统设备信息显示的关键实现代码如下。

```
ra = ca.ScreenPointToRay(Input.mousePosition);//ca为Camera类型, ca为Ray
类型
if (Physics.Raycast(ra, out hit)){//hit为RaycastHit类型
if(hit.transform.name== "myObject")// myObject为某一设备名称
……//拾取完成后触发的操作, myObjectGUI为某一设备信息显示的GUI界面窗口
GameObject.Find("myObjectGUI").SetActive(enabled);}
```

7.6　原型系统设计与实现

前面几节已经对面向物联制造车间的介入式三维可视化监控系统的架构和实现该监控系统的关键技术进行了深入探讨。本节首先设计并开发了物联制造车间仿真平台，然后构建仿真平台的介入式三维可视化监控系统，最后进行实验验证。

7.6.1　原型系统开发流程

原型系统的开发包括物联制造车间仿真平台的搭建、信息集成与处理环境的开发和交互环境的构建。物联制造车间仿真平台的搭建，应最大化利用计算机网络、信息化和自动控制等技术，以自动化、智能化程度高，具有自主作业和协同作业能力，稳健性优越为搭建目标。信息集成与处理环境的开发应最大化利用自动感知技术、Agent 构建技术、计算机网络技术、数据库技术和 C/S（Client/Server，客户端/服务器端）架构技术，以实时采集、实时接收车间数据、实时存储车间数据、实时读写控制指令和实时发送控制指令为搭建目标。交互环境的构建应最大化利用计算机网络技术、3D 建模技术、Unity 3D 技术和 C/S 架构技术等技术，以实时读取数据驱动模型和信息显示、实时发送控制指令和订单信息为搭建目标。原型系统开发流程如图 7-25 所示。具体操作步骤如下。

（1）搭建物联制造车间仿真平台，包括两台智能 AGV、一个简易智能仓库、四台模拟机床、四个缓冲区、四台机械手和四台嵌入式控制器。

（2）设计并开发该仿真平台的介入式三维可视化监控系统的信息集成与处理环境。

（3）设计并开发该仿真平台的介入式三维可视化监控系统的交互环境。

（4）调试该仿真平台的监控系统，并发布该监控系统的 Windows 版和 Android 版程序。

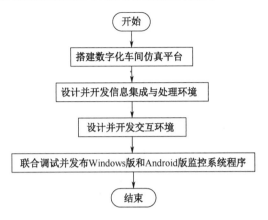

图 7-25　原型系统开发流程

7.6.2　物联制造车间仿真平台

物联制造车间仿真平台主要由仓储系统、加工系统和运输系统组成，平台中的硬件设备均为车间实际生产加工设备。平台布局如图 7-26 所示。

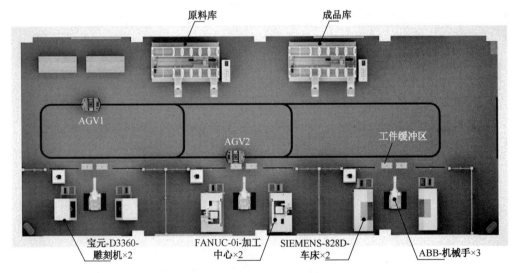

图 7-26　物联制造车间仿真平台布局

仿真平台主要由以下硬件单元组成：两台 SIEMENS 数控系统车床、两台 FANUC 数控系统加工中心、两台宝元数控系统雕刻机、两台 AGV、三台七自由度 ABB 机械手和两个自动化立体仓库。其中每台加工设备带有四个缓冲区。

如图 7-27 所示，6 台数控装备与机械手位于仿真平台一侧，每两台数控装备配备一个机械手，用于夹取与释放加工物料；仓库则位于仿真平台另一侧，分为原料库与成品库，物料的运输则由两台 AGV 完成。

（a）SIEMENS 数控系统车床　　（b）FANUC 数控系统加工中心　　（c）宝元数控系统雕刻机

（d）AGV　　　　　（e）自动化立体仓库　　　　（f）ABB 机械手

（g）仿真平台

图 7-27　平台主要制造装备与仿真平台

图 7-27（a）、(b）、（c）分别为 SIEMENS 数控系统车床、FANUC 数控系统加工中心与宝元数控系统雕刻机，每台数控机床配备四个工件缓冲区，缓冲区安装有红外线传感器用于检测工件出入是否成功。每台数控机床安装一台四通道 RFID 读写器，每个缓冲区上都安装 RFID 天线，用于读取工装板上的电子标签中的工件信息，工件在机床加工完毕后，更新电子标签内的信息。

图 7-27（d）为车间内的物流设备——AGV。车间由两台 AGV 负责工件运输工作，AGV 上也安装了 RFID 读写器，用于对物料的运输任务信息进行读写。AGV 是基于磁导引、单向行驶的，行驶方向为磁条箭头所指方向。

图 7-27（e）为自动化立体仓库，主要由铝型材支架、托盘装置和出入库传送带组成。车间中设置两个立体仓库，分别用作原料库与成品库。原料库负责出料动作，成品库负责入料动作，传送带两侧分别安装有红外线传感器与 RFID 天线，用于判断工件出入库位置是否准确。同时，原料库中的 RFID 读写器主要负责写入初始加工工艺信息，成品库中的 RFID 读写器主要负责读取整个加工过程信息用于存档。

在每种数控机床中间放置如图 7-27（f）所示的 ABB 机械手，每台机械手负责同一类型数控机床上下料的操作。机械手可以 270 度转动，扩大其臂展范围，并且每个机械手安装夹具工装台，用于放置夹取不同类型工件的夹具，每当机械手获取夹具不同工件的指令，会进行更换相应夹具的操作。

物联制造车间仿真平台加工控制过程如图 7-28 所示。

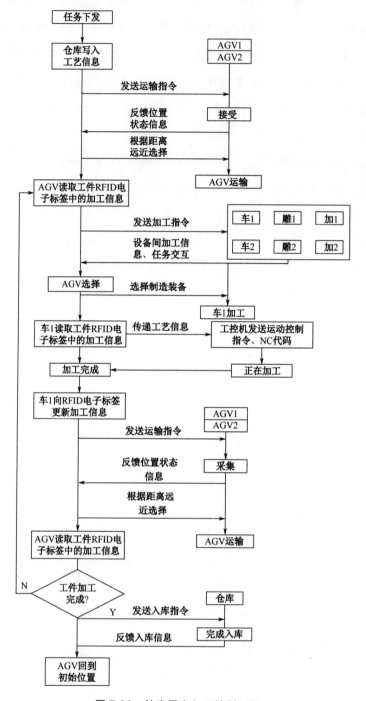

图 7-28　仿真平台加工控制过程

7.6.3　开发环境搭建

1. 开发语言

仿真平台软件系统采用 C#语言进行开发。C#是一种面向对象的语言，其中提供了用于网络编程的类库，使 C#在工业软件网络开发上有广泛应用，且 C#具有可移植性、动态性、支持并发编程等诸多优点。

不同厂商的数控系统提供了基本的开发链接库，可以通过 C#语言直接进行调用，因此采用 C#进行适配层的开发。同时为了方便功能之间的调用，系统中的所有软件层都采用 C#进行开发。用 C#开发的适配层可以生成 dll 链接库文件，用于功能层与应用层开发时使用。C#开发的应用层软件可以直接打包成 exe 可执行文件，在配备好运行环境的工控机中可直接执行，减少软件运行的配置项与文件项。

2. 数据库设计

数据库是仿真平台软件系统中的重要组成部分，根据软件系统的需求和具体的功能来进行数据库设计。本平台的数据库系统开发使用的软件及软件版本是 MySQL 5.1。MySQL是一个关系型数据库，使用 SQL 语言作为常用标准化语言，具有体积小、速度快、成本低并且开源的优点，足以解决中小企业中的数据管理问题。根据装备智能体加工过程中的功能需求，主要设计了状态库、控制信息库和工件任务信息库三个数据库，其中的表结构如图 7-29 所示，每个表的具体信息如表 7-13、7-14、7-15 所示。

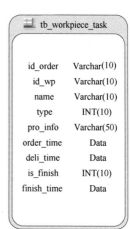

tb_machine_state	
id	INT(3)
type	Varchar(10)
name	Varchar(10)
s_door	INT(5)
s_fix	INT(5)
s_working	INT(5)
s_X	Varchar(10)
s_Y	Varchar(10)
s_Z	Varchar(10)
start_time	Data
stop_time	Data

tb_control_state	
id	INT(10)
de_info	Varchar(50)
task	Varchar(50)
is_closed	INT (10)
is_open	INT(10)
is_get	INT(10)
is_send	INT(10)
is_moved	INT(10)
is_finish	INT(10)
is_ready	INT(10)
time_est	Varchar(50)

tb_workpiece_task	
id_order	Varchar(10)
id_wp	Varchar(10)
name	Varchar(10)
type	INT(10)
pro_info	Varchar(50)
order_time	Data
deli_time	Data
is_finish	INT(10)
finish_time	Data

图 7-29　仿真平台软件系统主要数据库表结构

表 7-13　装备智能体状态表

字段名	数据类型	长度	主键否	允许 Null 值
装备编号	int	3	是	否
装备类型	varchar	10	否	否
设备名称	varchar	10	否	否
安全门状态	int	5	否	否
夹具状态	int	5	否	否
加工状态	int	5	否	否
X 轴坐标	varchar	10	否	否
Y 轴坐标	varchar	10	否	否
Z 轴坐标	varchar	10	否	否
开机时间	data	4	否	否
停机时间	data	4	否	否

表 7-14　控制信息表

字段名	数据类型	长度	主键否	允许 Null 值
装备编号	int	10	是	否
定义信息	varchar	50	否	否
任务信息	varchar	50	否	否
夹具是否闭合	int	10	否	否
夹具是否打开	int	10	否	否
是否获取物料	int	10	否	否
是否送走物料	int	10	否	否
机械手是否离开	int	10	否	否
加工是否结束	int	10	否	否
是否准备完成	int	10	否	否
加工时间预估	varchar	50	否	否

表 7-15　工件任务信息表

字段名	数据类型	长度	主键否	允许 Null 值
订单编号	varchar	10	是	否
工件编号	varchar	10	否	否
工件名称	varchar	10	否	否
工艺类型	int	10	否	否
工艺信息	varchar	50	否	否
下单时间	data	4	否	否
交货时间	data	4	否	否
是否完成	int	10	否	否
完成时间	data	4	否	否

3．装备智能体管理软件设计

装备智能体管理软件的开发语言采用 C#。C#程序开发环境为：Windows 7 系统，.Net Framework 4.5 环境，MySQL 5.1 数据库。软件开发工具为 Visual Studio。

管理软件是基于适配层开发的，主要功能是实现对装备智能体的控制、监测、文件传输，是对适配层中三层模型的应用。由于管理软件是面向管理人员的，因此具备基本的人机交互能力。软件设计采用三层架构，分别为表现层、逻辑控制层、持久层，如图 7-30 所示。

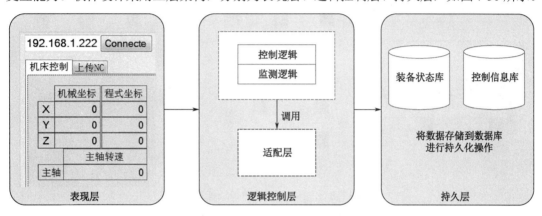

图 7-30　软件设计三层架构

表现层是用户直接可见的界面，是用户可以直接进行操作的部分，可以使用 C#语言直接设计窗体应用程序、添加相关控件实现表现层设计。逻辑控制层是软件系统架构中体现核心价值的部分，它处于表现层与持久层中间，起到数据交换中承上启下的作用。逻辑控制层主要负责系统领域业务的处理，负责逻辑性数据的生成、处理及转换，对所输入的逻辑性数据的正确性及有效性进行验证。对于管理软件来说，逻辑控制层主要负责控制逻辑以及监测逻辑的处理，通过调用适配层统一接口实现基本功能。持久层是用于数据存储、持久化的部分，一般对应对数据库的访问。对于管理软件来说，持久层主要负责对装备状态库和控制信息库的访问；同时将数据存储至数据库中，进行持久化操作，方便进行日志分析与处理操作。

根据上述设计模型，设计的装备智能体管理软件界面如图 7-31 所示。该界面包括两个部分，机床控制和上传 NC。其中，机床控制类似于机床的控制面板，可以实现运动控制、状态控制、模式控制等，同时相关状态监测也会显示在面板上；上传 NC 的主要功能为将本地 NC 文件上传到数控系统、将数控系统中的 NC 文件下载到本地。

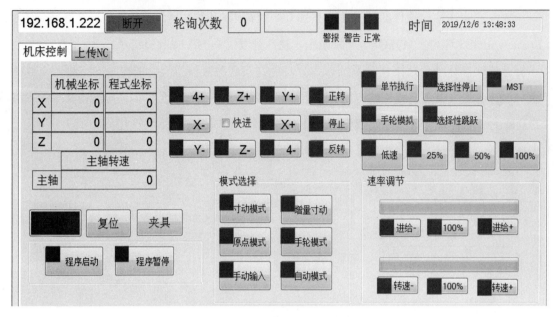

图 7-31　装备智能体管理软件界面

4．装备智能体运动软件设计

装备智能体运动软件是在仿真平台整体执行加工任务时，对装备智能体从准备完成到完成加工任务过程的控制软件。该软件由以下几个部分组成：适配层、交互层、分析决策层、辅助层。软件构建按照装备智能体构建需求来确定。

由于装备智能体运动功能繁多，单一线程显然无法实现需求，因此采用多线程模型对运动软件进行设计。基于多线程的装备智能体运动软件设计模块如图 7-32 所示。其开启了四个线程，分别负责装备控制、状态监测、与其他装备体交互、分析决策。

（1）Thread-1：控制线程。该线程主要负责对装备智能体在加工过程中的运动控制，通过读取控制信息数据库中相关的信息，实现对装备的夹具、安全门、NC 文件传输、加工程序启停等的控制。图 7-33 所示为夹具闭合控制部分代码。

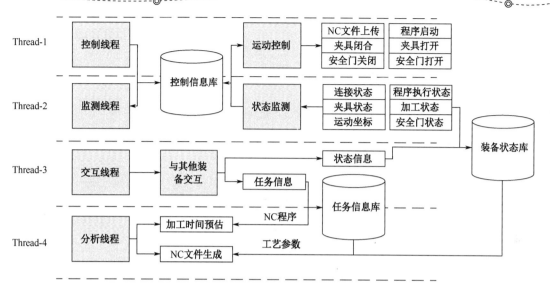

图 7-32 基于多线程的装备智能体运动软件设计模型

```
/// <summary>
/// 夹具关闭
/// </summary>
1 个引用
public void CloseJ(ushort Flibhndl)
{
    SupervisorMachineFANUC su = new SupervisorMachineFANUC();
    int str = su.SupervisoFixMode(Flibhndl);    //获取当前控制信息
    if (str == 1)
    {
        Focas1.IODBPMC0 pmcdata2 = new Focas1.IODBPMC0(); // for 1 Byte
        pmcdata2.cdata = new byte[8];
        pmcdata2.type_a = 5;
        pmcdata2.type_d = 0;

        string _datano_s = "982";
        string _datano_e = "983";
        string _cdata = "1";   //00000100;

        pmcdata2.datano_s = short.Parse(_datano_s);   //写入控制信息
        pmcdata2.datano_e = short.Parse(_datano_e);
        pmcdata2.cdata[0] = byte.Parse(_cdata);

        short ret2 = Focas1.pmc_wrpmcrng(Flibhndl, 10, pmcdata2);// 调用适配层统一接口控制夹具闭合
```

图 7-33 夹具闭合控制代码

（2）Thread-2：监测线程。该线程主要负责对装备智能体自身状态进行监测，通过调用适配层统一接口中的函数，实现对当前连接状态、夹具状态、运动坐标、加工状态进行监测。监测结果一部分用于对装备智能体运动实现控制，另一部分则存储在状态库中，用

于在装备智能体间信息交互时获取状态信息。图 7-34 所示为 *X* 运动轴位置监测部分代码。

```
/// <summary>
/// 获得机床机械坐标
/// </summary>
1 个引用
public double GetMachineCor1(ushort Flibhndl)          //X轴
{
    double cor1;
    Focas1.ODBAXIS odbaxis = new Focas1.ODBAXIS();

    short ret = Focas1.cnc_machine(Flibhndl, (short)(1), 8, odbaxis);
    cor1 = odbaxis.data[0] * Math.Pow(10, -4);
    return cor1 * 10;

}
```

图 7-34　*X* 运动轴位置监测代码

（3）Thread-3：交互线程。该线程主要负责与其他装备智能体进行信息交互，交互的信息主要包括自身状态信息与当前加工任务信息。在交互线程中，不仅要从数据库中读取状态信息，而且要根据定义的格式将交互信息进行封装；同时对于接收到的状态信息与任务信息，需要存储到状态库与任务信息库中。

（4）Thread-4：分析线程。该线程主要负责在加工过程中的相关辅助操作。对于装备智能体构建的分析决策层，由于需要根据状态信息对自身动作做出决策和根据环境信息对任务进行选择，需要对加工时间进行预估，需要根据任务信息生成相应的 NC 代码。因此该线程主要负责读取数据库中的状态信息与任务信息，生成 NC 文件，同时根据 NC 代码进行加工时间的预测。

7.6.4　仿真平台的介入式三维可视化监控系统开发

1.　信息集成与处理环境开发

信息集成与处理环境的开发主要包括监控 Agent 模型的实现、信息感知方法实现、信息传输、服务器构建及数据库的开发。

根据第 7.4 节对简易智能仓库监控 Agent 实现模型、智能 AGV 监控 Agent 实现模型和智能加工区域监控 Agent 实现模型的研究，并依据仿真平台的核心控制芯片 STM32F103ZET6 支持 UCOSII 多任务操作系统，将监控 Agent 的每一个功能模块划分成一个 UCOSII 任务。通用的监控 Agent 模型的关键实现代码如图 7-35 所示，然后按照每一个监控 Agent 的具体实现模型编写任务函数。

```
//监控Agent决策任务
#define JUECE_TASK_PRIO          9          //设置任务优先级
#define JUECE_STK_SIZE           128        //设置任务堆栈大小
OS_STK JUECE_TASK_STK[JUECE_STK_SIZE];      //任务堆栈
void JUECE_TASK(void *pdata);               //任务函数
//监控Agent通信任务
#define TONGXING_TASK_PRIO       8          //设置任务优先级
#define TONGXING_STK_SIZE        128        //设置任务堆栈大小
OS_STK TONGXING_TASK_STK[TONGXING_STK_SIZE];//任务堆栈
void TONGXING_TASK(void *pdata);            //任务函数
//监控Agent感知任务
#define GANZHI_TASK_PRIO                    //设置任务优先级
#define GANZHI_STK_SIZE          256        //设置任务堆栈大小
OS_STK GANZHI_TASK_STK[GANZHI_STK_SIZE];    //任务堆栈
void GANZHI_TASK(void *pdata);              //任务函数
//监控Agent执行任务
#define ZHIXING_TASK_PRIO        5          //设置任务优先级
#define ZHIXING_STK_SIZE         128        //设置任务堆栈大小
OS_STK ZHIXING_TASK_STK[ZHIXING_STK_SIZE];  //任务堆栈
void ZHIXING_TASK(void *pdata);             //任务函数
```

图 7-35　监控 Agent 关键实现代码

基于 RFID 的信息感知的实现主要是将 RFID 电子标签粘贴在工件的非加工表面，每当一个工件经过加工设备时，利用布置在加工设备处的 RFID 读写器对工件上的电子标签进行读写，从而达到跟踪工件加工的目的。RFID 信息感知实现示意图如图 7-36 所示。

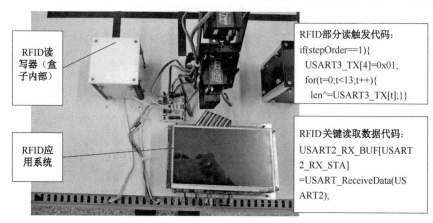

图 7-36　RFID 信息感知实现示意图

为了提高信息的传输速率，提高信息的实时性，监控系统的信息传输采用 Socket 的多线程传输，设计的通信系统如图 7-37 所示。各个监控 Agent 与车间服务器之间通过 Socket 接口连接，利用多线程可以同时接受多个 Agent 的连接请求，进行数据的发送和接收。

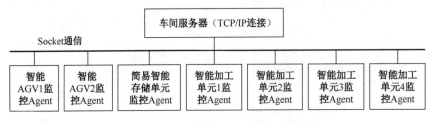

图 7-37　基于 Socket 的通信系统

监控系统的服务器端的开发包括服务器界面和数据库的开发。服务器端代码采用 C# 语言编写，数据库利用 MySQL 5.1 版本的数据库，服务器关键代码和相关数据库如图 7-38 所示。服务器通过 MySQL 增删查改语句与数据库信息交互，实时读取数据库中的控制指令和订单指令，实时存储来自底层的设备信息。服务器通过 Socket 多线程通信，与底层设备的监控 Agent 的通信模块信息交互，实时接收来自监控 Agent 的状态信息和实时扫描数据库中的控制指令并发送给监控 Agent。

2．交互环境构建

利用 3DS MAX 对仿真平台等价造型，并利用前文所述的方法将模型进行适当的模型优化和场景优化，然后输出.FBX 格式的文件，接着导入 Unity 3D 中，进行场景环境构建，开发用户交互界面，并编写动态行为实现脚本、交互方式实现脚本和对数据库实时读取和存储的脚本，最后发布.exe 和.app 文件。完成后的交互界面如图 7-39 所示。

系统登录界面实现系统管理中的用户管理、安全管理和权限管理的功能，用户根据自身属性选择技术人员或非技术人员。技术人员登录后的交互界面如图 7-39 所示，非技术人员登录后的交互界面相对图 7-39 缺少控制面板和介入式信息显示面板。其菜单栏包括开始菜单、视图菜单、生成菜单和帮助菜单。开始菜单通过订单下达和订单审核实现订单管理。视图菜单通过切换不同的相机，包括 1 号智能 AGV 和 2 号智能 AGV 跟随相机，原料库和成品库相机，SIEMENS 车床（2 台）、FANUC 加工中心（2 台）和宝元雕刻机（2 台）及第一人称视角相机，从而实现不同视角的状态监控。生成菜单包括订单信息统计、剩余物料统计、完成产品统计、在加工工件统计、设备运行时间统计和故障信息统计等功能。帮助菜单包括操作手册、订单手册、维护手册和软件授权的功能。生产信息实时跟踪面板实时显示订单信息、工件信息、加工信息和加工过程。实时信息滚动显示面板通过实时扫描数据库中的状态信息表，读取并以文字方式显示状态信息。介入式信息显示面板是指如果用户想查看某一设备的信息，用鼠标单击相应的模型设备，该设备的状态信息将以文字方式显示出来。控制面板是在用户单击某一个按钮后，实时存储该按钮指向的设备的回到初始位置和初始状态指令。

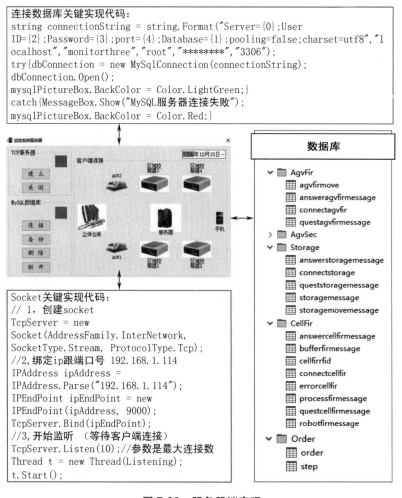

图 7-38　服务器端实现

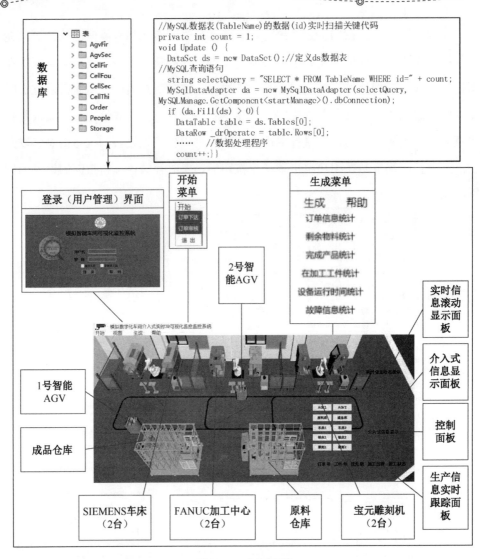

图 7-39　交互界面

　　该交互界面实时扫描数据库的数据变化，从而实时驱动系统内部的模型做三维可视化运动，实现实时监控仿真平台内设备的动态行为，并实时驱动用户交互界面显示，实现设备状态信息监控和生产信息跟踪。

7.7 本章小结

本章以物联制造车间为研究对象，设计了一种实时性好、可视性高、透明度高和具有良好人机交互性的介入式三维可视化监控系统。该监控系统不仅能实时动态反映车间的状态、生产过程、订单和故障等信息，而且可以与控制系统协同工作。

第**8**章

基于多智能体制造系统的混线生产调度案例分析

本章将面向混线车间生产过程建立多智能体制造系统调度实验，首先分析混线生产车间调度问题与传统 FJSP 问题之间的区别，并阐述混线生产车间中的组合加工约束与混线生产约束，最后根据混线生产车间的约束特性设计实验算例，对多智能体制造系统的自组织、自适应、自学习等功能进行验证。面向混线生产的多智能体制造车间调度实验包括三部分：调度策略自学习实验、动态扰动下混线生产调度实验及基于实际案例的综合实验。

8.1 混线生产车间调度问题

混线生产车间调度问题是在经典 FJSP 基础上的一种拓展。在经典的 FJSP 中，仅存在两种约束条件：工艺路线约束和机器加工约束。然而在混线生产车间中，存在研制件与批产型号件混线生产情况，这可视为一种额外的约束。此外，混线生产车间中将涉及对结构件的加工，存在组合加工约束。因此，混线生产车间调度问题是一种比经典 FJSP 更加复杂的组合优化问题。本章研究的混线生产车间调度问题和 FJSP 的包含关系可用图 8-1 来说明。

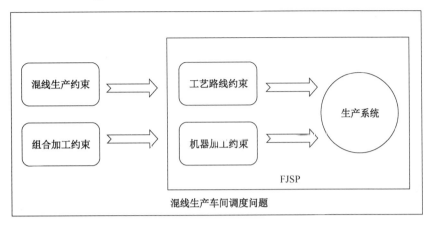

图 8-1　混线生产车间调度问题与 FJSP 的关系

8.1.1　混线生产约束

在混线生产车间中，混线生产通常指研制件和批产型号件同时在车间中进行生产加工。批产型号件生产即常见的车间生产情况，该类生产规模大、工艺稳定并且具有预见性。生产厂家在生产该批工件前，能够从客户那里获得每个工件的具体信息，如工件中每道工序的所属类型、加工时间等各种进行调度所需要的先验知识，也就可以提前制定好生产计划。但研制件与批产型号件不同，何时投入生产、工件工序类型、工序加工时间一般都无法提前得知，也就无法提前制定生产计划。这种突发的研制件生产任务会对原本制定好的批产型号件生产计划造成极大的影响，降低整个系统的生产效率，甚至无法在规定的计划内完成生产任务。因此，如何有效处理研制件生产问题、确保车间生产效率是多智能体制造系统需要重点解决的问题之一。

研制件的生产问题，其本质与普通批产型号件的插单扰动类似，后者是车间生产中存在的一种车间扰动情况。普通批产型号件的插单，在采用了多智能体制造系统的车间调度方法后，可以获得有效的解决。因此，本章将研制件的生产问题归为车间中紧急订单扰动。

8.1.2　组合加工约束

在常规的生产调度问题中，一般假设一台机器在同一时间段内只能加工单个工件，这也符合普通生产加工车间的实际情况。然而，在混线生产车间中涉及对结构件的加工，某些工件之间存在装配关系，如果将这些工件分别单独加工，将难以保证装配所需要的精度。因此，为了满足装配精度要求，必须在一台机器上同时对这些工件的若干工序进行加工，即组合加工。如图 8-2 所示，工件 J_1、J_2 分别先对其中的两道工序进行了加工，记工件 J_i 的第 j 道工序为 O_{ij}，而两个工件的第三道工序 O_{13} 和 O_{23} 则需要进行组合加工，并且只有当 O_{13} 和 O_{23} 的组合加工完成，才能继续加工 O_{14} 和 O_{24}。根据上述说明，可以给出组合加工约束的定义：组合加工约束是两个或两个以上工件的不同工序必须同时在一台机器上进行加工，并且只有当两个工件都加工完成才能进行后续工序的加工。

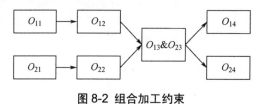

图 8-2 组合加工约束

8.1.3 实验算例设计

作业车间包含 10 台机床，分别标记为 M1~M10，需要加工 10 种类型的工件。工件中包含 5 种组合件，每种组合件包含两个工件，并至少有一道工序要进行组合加工，具体信息如图 8-3 所示。所有工件的具体加工信息如表 8-1 所示。其中，带括号的工序是需要进行组合加工的，括号内是其组合加工工序；数字是该道加工工序在对应机器上的加工时间；"一"代表此道加工工序不可以在此机器上进行加工。

在混线生产车间中，工件通常是成批量且间断性地投放到车间中进行生产加工的。因此，在本章的所有模拟实验算例中，都是假设工件成批地到达，每批工件的数量在 5~10 之间随机产生，工件类型从表 8-1 的 10 种工件中随机选择产生，但包含组合加工关系的工件必须同时选择。实验算例主要用于验证多智能体制造系统应用在混线生产车间中的有效性。

在标值评估的规则方面，任务分配阶段采用常用的处理时间最短优先规则，缓冲区工件选择阶段采用常用的先入先出规则。在这些调度规则组合下，仿真实验就能计算出完成这批工件加工任务的最大化完工时间（Makespan），并根据调度方案画出对应的甘特图。

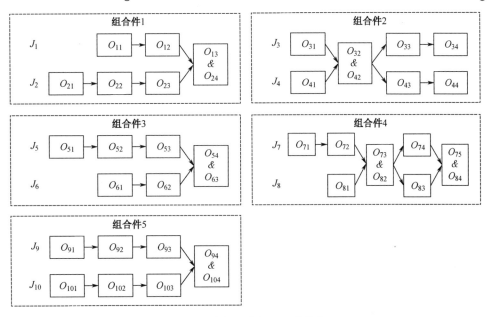

图 8-3　案例组合加工工件信息

表 8-1　工件加工信息

零件	工序	机床加工时间/h									
		M1	M2	M3	M4	M5	M6	M7	M8	M9	M10
J_1	O_{11}	10	8	—	—	—	—	—	—	—	—
	O_{12}	—	—	—	—	—	—	—	—	5	6
	$O_{13}(O_{24})$	—	—	—	—	4	6	—	—	—	—
J_2	O_{21}	8	10	—	—	—	—	—	—	—	—
	O_{22}	—	—	—	—	—	—	—	—	4	5
	O_{23}	—	—	—	—	—	—	5	3	—	—
	$O_{24}(O_{13})$	—	—	—	—	4	6	—	—	—	—
J_3	O_{31}	12	9	—	—	—	—	—	—	—	—
	$O_{32}(O_{42})$	—	—	—	—	8	6	—	—	—	—
	O_{33}	—	—	—	—	—	—	3	6	—	—
	O_{34}	—	—	—	—	—	—	—	—	8	6
J_4	O_{41}	—	—	5	8	—	—	—	—	—	—
	$O_{42}(O_{32})$	—	—	—	—	8	6	—	—	—	—
	O_{43}	—	—	—	—	—	—	—	—	7	9
	O_{44}	—	—	—	—	—	—	4	3	—	—

续表

零件	工序	机床加工时间/h									
		M1	M2	M3	M4	M5	M6	M7	M8	M9	M10
J_5	O_{51}	—	—	6	8	—	—	—	—	—	—
	O_{52}	9	5	—	—	—	—	—	—	—	—
	O_{53}	—	—	—	—	2	3	—	—	—	—
	$O_{54}(O_{63})$	—	—	—	—	—	—	—	—	7	5
J_6	O_{61}	—	—	6	4	—	—	—	—	—	—
	O_{62}	—	—	—	—	10	12	—	—	—	—
	$O_{63}(O_{54})$	—	—	—	—	—	—	—	—	7	5
J_7	O_{71}	—	—	10	8	—	—	—	—	—	—
	O_{72}	4	6	—	—	—	—	—	—	—	—
	$O_{73}(O_{82})$	—	—	—	—	—	—	6	8	—	—
	O_{74}	—	—	—	—	3	7	—	—	—	—
	$O_{75}(O_{84})$	—	—	—	—	—	—	—	—	6	8
J_8	O_{81}	—	—	13	11	—	—	—	—	—	—
	$O_{82}(O_{73})$	—	—	—	—	—	—	6	8	—	—
	O_{83}	3	5	—	—	—	—	—	—	—	—
	$O_{84}(O_{75})$	—	—	—	—	—	—	—	—	6	8
J_9	O_{91}	9	6	—	—	—	—	—	—	—	—
	O_{92}	—	—	4	5	—	—	—	—	—	—
	O_{93}	—	—	—	—	—	—	8	7	—	—
	$O_{94}(O_{104})$	—	—	—	—	—	—	—	—	4	9
J_{10}	O_{101}	—	—	3	8	—	—	—	—	—	—
	O_{102}	—	—	—	—	9	4	—	—	—	—
	O_{103}	—	—	—	—	—	—	3	5	—	—
	$O_{104}(O_{94})$	—	—	—	—	—	—	—	—	4	9

8.2 调度策略自学习实验

本节描述了验证基于 CB 的多 Agent 自学习调度决策机制有效性的仿真实验。仿真实验采用 Python 3 语言完成，基于 PyCharm 集成开发环境。整个仿真实验运行在一台拥有

3.3GHz 双核 CPU 和 8GB 内存的计算机上。

8.2.1　可行性实验分析

本实验用于验证第 6.4.3 节所述基于 CB 的自学习调度决策机制的可行性，因此，仅使用一批量工件来作为实验算例。首先，对所述方法进行 800 个回合的调度策略学习过程，每回合的最大完工时间如图 8-4 所示。从图 8-4 可以看到，经过学习更新，最大完工时间在逐渐下降，最终稳定在 41 左右。图 8-5 所示是采用基于 CB 的自学习调度决策机制在训练过程中获得的最好调度方案结果图，其 Makespan 为 40。该调度方案满足了混线生产车间的组合加工约束、工艺路线约束和机器加工约束，可以证明本章所述方法的有效性。此外，该调度方案的结果优于单一调度规则，基于单一调度规则的 Makespan 为 43。在 Makespan 性能指标上提高了 7%，可见采用基于 CB 的自学习调度决策机制的优势。由于本节主要验证该方法的可行性，使用的实验案例较小，更详细的性能比较分析见下一小节的实验分析。

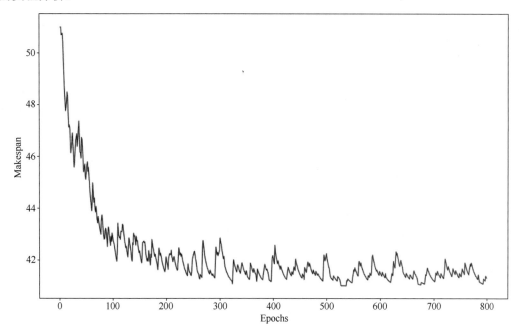

图 8-4　基于 CB 的自学习调度策略过程中的 Makespan 变化

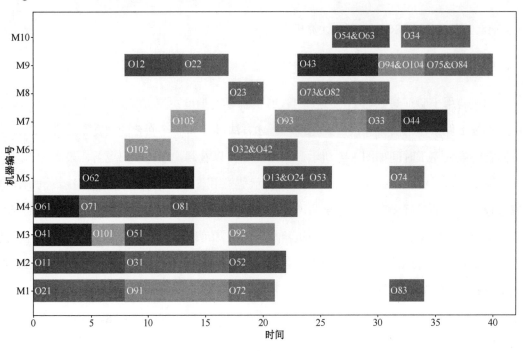

图 8-5 调度结果甘特图

8.2.2 优越性实验分析

本实验用于验证基于 CB 的自学习调度策略相比于传统单一调度规则方法的优越性，为了更好地体现出基于 CB 的自学习调度决策机制的优越性，采用 5 批随机产生的工件，每一批订单中所包含的具体工件类型如表 8-2 所示。将每批订单到达时间间隔设定为 5，然后采用单一调度规则和自学习调度决策机制分别计算完成 5 批工件加工的 Makespan 并进行比较。

表 8-2 随机产生的 5 批工件信息

批号	包含的工件类型
批号 0	工件 1~10
批号 1	工件 1~8
批号 2	工件 1~6, 9, 10
批号 3	工件 1, 2, 5, 6, 9, 10
批号 4	工件 3~10

　　针对随机产生的 5 批工件进行调度，调度的规则包括 9 种单一的分配规则组合（SQ+FIFO，SQ+SJF，SQ+LIFO，LQE+FIFO，LQE+SJF，LQE+LIFO，SPT+FIFO，SPT+SJF，SPT+LIFO），以及基于 CB 的自学习调度决策机制。基于 CB 的自学习调度决策机制首先进行 800 个回合的学习，每回合的最大完工时间如图 8-6 所示。从图 8-6 可以看到，通过学习，最大完工时间逐渐下降，最终稳定在 110 到 115 之间。对最后 10 个回合的训练结果取平均值，作为基于 CB 方法的结果与单一调度规则方法结果进行对比，如图 8-7 所示。从图 8-7 可以看出，采用基于 CB 方法能够获得优于单一调度规则方法的方案，其结果相较于单一调度规则中最好的 SPT+FIFO 也有超过 10%的提升，证明了采用基于 CB 的自学习调度决策机制的高效性。图 8-8 所示为采用单一调度规则中效果最好的 SPT+FIFO 组合获得的调度结果甘特图，其 Makespan 为 126。图 8-9 所示为采用基于 CB 的自学习调度决策机制在训练过程中获得的最好调度结果甘特图，其 Makespan 为 111，相对于单一调度规则中最好的 SPT+FIFO 规则组合在 Makespan 性能指标上提升了 12%。

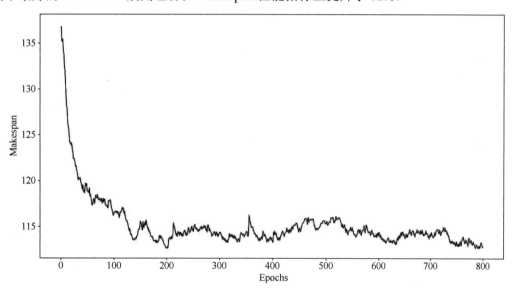

图 8-6　基于 CB 的自学习调度策略每回合的 Makespan 变化

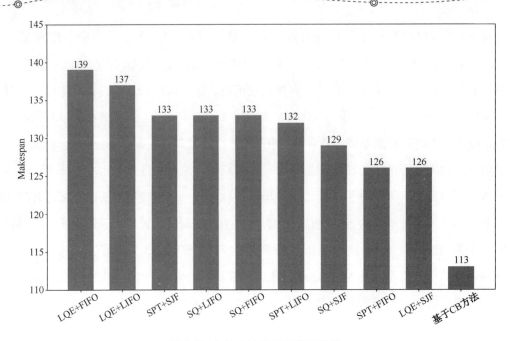

图 8-7　各种方法的调度结果比较

　　图 8-10 所示为采用基于 CB 的自学习调度决策机制时各种调度规则被选取的分布。从图 8-10 也可以看出，在不同的时刻选择的调度规则的组合是不同的，这也是基于 CB 的自学习调度决策机制优于传统单一调度规则方法的原因所在。

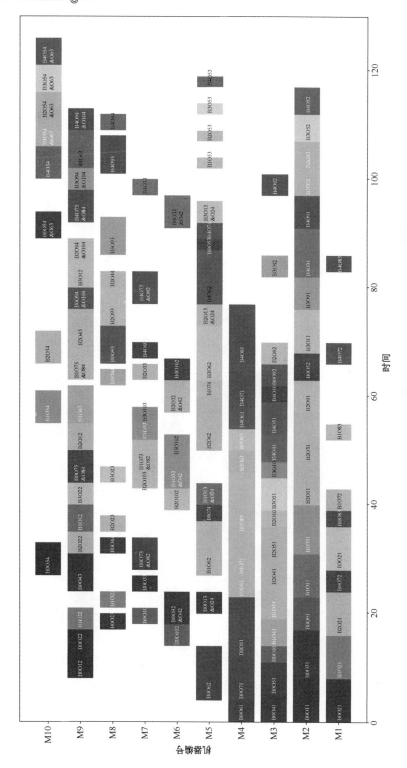

图 8-8　SPT+FIFO 规则组合获得的调度结果甘特图

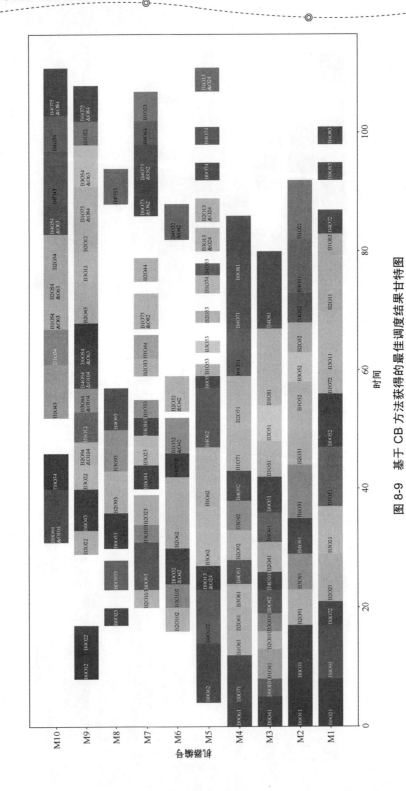

图 8-9 基于 CB 方法获得的最佳调度结果甘特图

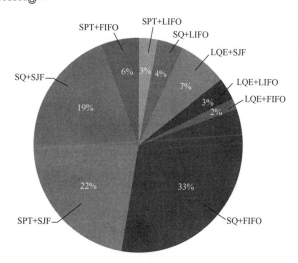

图 8-10 采用 CB 方法时各调度规则组合的分布

8.3 动态扰动下混线生产调度实验

本节针对混线生产车间中存在的动态扰动问题进行实验分析，分别设计了机器故障、普通订单扰动和紧急订单扰动三种常见的实验场景。通过对比计算机仿真实验结果来验证本书所提出的多智能体制造系统扰动处理机制在混线生产车间中的可行性、有效性。

8.3.1 机器故障下调度实验

本实验主要用于验证本书提出的机器故障扰动处理策略的可行性和高效性。首先验证该扰动处理策略的可行性，仅使用一批 10 个工件作为实验算例，并且使用基于 CB 的自学习调度决策机制作为调度方法。假设在时刻 10，机器 M2 发生了故障，机器故障需要的维修时间为 10，即在时刻 20 处可以恢复正常。此外，由于当正在加工的工件报废时，机器故障问题变成了普通型号件插单问题，所以在本实验中仅考虑正在加工的工件可以二次加工的情况，从而可以更加充分地考虑机器故障扰动事件的解决。此时，在基于 CB 方法的机器故障扰动处理策略下，生成如图 8-11 所示的调度甘特图，其 Makespan 为 50。从图 8-11可以看出，当发生机器故障扰动事件时，机器不再继续加载工件，直到时刻 20 时故障修复，机器才加载了工件工序 O_{72}。

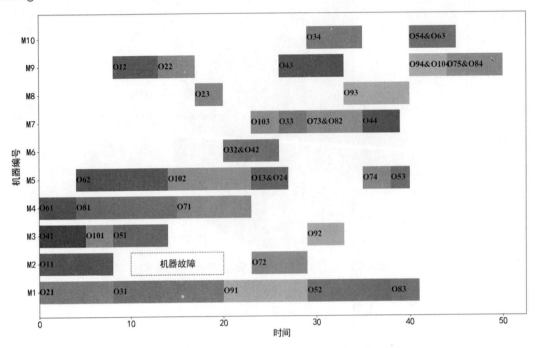

图 8-11　基于 CB 方法的机器故障调度甘特图

此外，故障时间段内正在加工的工件及缓冲区存储的工件也成功地进行了再调度，完成了后续的加工任务。此外，该调度结果中满足了混线生产车间所有的约束条件，可以证明机器故障扰动处理策略的可行性。该调度结果与仅采用单一调度规则组合进行故障机器上工件重调度的调度结果的比较如图 8-12 所示。从图 8-12 可以看出，基于 CB 方法的机器故障扰动处理方法获得的调度结果优于采用单一调度规则组合进行扰动处理的调度结果。图 8-13 是采用单一调度规则组合进行扰动处理时的最佳调度结果甘特图，其 Makespan 为51，采用的调度组合是 SQ+LIFO。

在一批工件的情况下，车间性能未充分发挥，为了更好地比较基于 CB 方法的机器故障扰动处理策略的高效性，本实验选择在 5 批随机产生的工件订单情形下进行比较，订单的时间间隔设为 5。表 8-3 描述了每一批订单中所包含的具体工件类型。此外，假设机器发生故障所需的修复时间及两次故障之间的间隔时间服从指数分布，两个指数分布的平均值分别是平均故障修复时间（Mean Times To Repair，MTTR）和平均故障间隔时间（Mean Times Before Failure，MTBF），取 MTTR 为 10，MTBF 为 20。采用基于 CB 方法的机器故障扰动处理策略和单一调度规则组合分别计算完成所有工件加工的 Makespan 并进行比较。

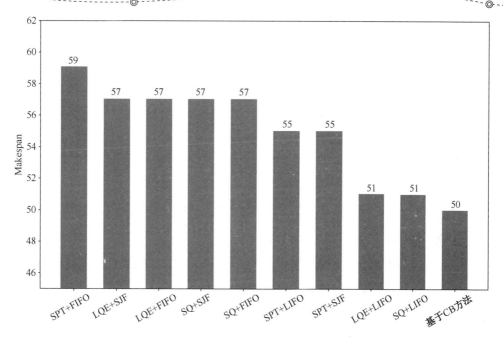

图 8-12　各种方法的调度结果比较

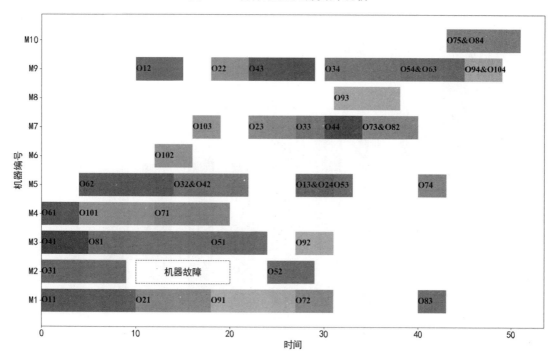

图 8-13　单一调度规则组合最佳调度结果

表8-3　随机产生的5批工件信息

批号	包含的工件类型
批号 0	工件 1~10
批号 1	工件 1~8
批号 2	工件 1~6, 9, 10
批号 3	工件 1, 2, 5, 6, 9, 10
批号 4	工件 3~10

针对随机产生的 5 批工件进行调度，调度的规则包括 9 种单一的分配规则组合（SQ+FIFO，SQ+SJF，SQ+LIFO，LQE+FIFO，LQE+SJF，LQE+LIFO，SPT+FIFO，SPT+SJF，SPT+LIFO），以及采用基于 CB 的自学习调度决策机制。图 8-14 所示为采用各种方法时获得的调度结果比较，其中采用基于 CB 方法可以获得 172 的 Makespan，优于其余各单一调度规则组合的方法。图 8-15 所示为采用基于 CB 方法获得的调度结果甘特图，相对于单一调度规则组合中最好的 SPT+SJF 在 Makespan 上有 5.5%的提升。图 8-16 所示为采用单一调度规则组合 SPT+SJF 获得的调度结果甘特图。

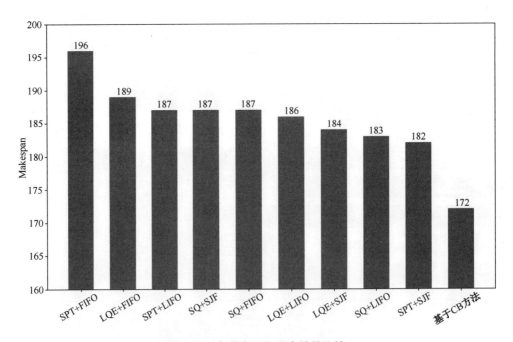

图 8-14　各种方法的调度结果比较

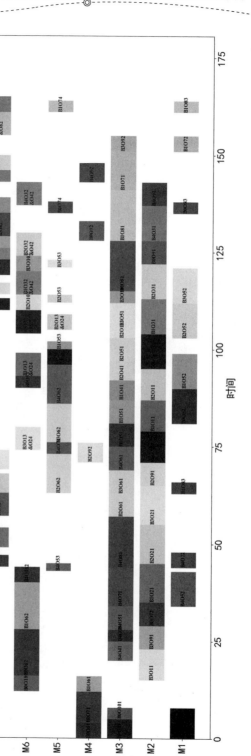

图 8-15　基于 CB 方法获得的调度结果甘特图

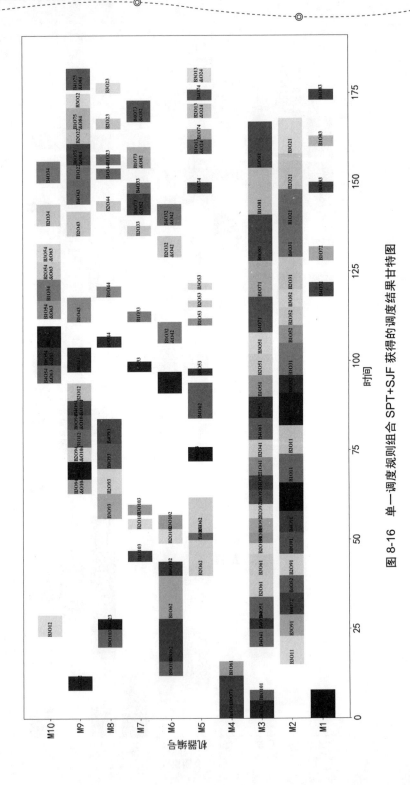

图 8-16　单一调度规则组合 SPT+SJF 获得的调度结果甘特图

8.3.2　普通订单扰动下调度实验

本实验主要用于验证本书提出的普通件插单扰动处理策略的可行性和高效性。为了验证该扰动处理策略的可行性，仅使用一批工件作为实验算例，并且使用基于 CB 的自学习作为调度方法。假设在时刻 20，车间插入一批新的订单，订单详细信息如表 8-4 所示。因为验证的是普通件插单扰动处理策略，因此这批订单中的工件都是原本订单中已经存在的，并且通过一段时间的自学习，已经具备了相应的调度知识。当发生插单时，插入的工件会根据相同工件的调度知识进行调度。在该扰动策略下，获得的调度结果甘特图如图 8-17 所示，Makespan 为 53，其中带有"INSERT"标志的为插单工件的工序，其余为正常调度工件的工序。在这种扰动处理方法下，插入的普通件订单成功地进行了生产调度，满足了混线生产车间的所有约束，证明了基于 CB 方法的普通件插单扰动处理策略的有效性。

表 8-4　插单工件信息

零件	工序	机床加工时间/h									
		M1	M2	M3	M4	M5	M6	M7	M8	M9	M10
J_1	O_{11}	10	8	—	—	—	—	—	—	—	—
	O_{12}	—	—	—	—	—	—	—	—	5	6
	$O_{13}(O_{24})$	—	—	—	—	4	6	—	—	—	—
J_2	O_{21}	8	10	—	—	—	—	—	—	—	—
	O_{22}	—	—	—	—	—	—	—	—	4	5
	O_{23}	—	—	—	—	—	—	5	3	—	—
	$O_{24}(O_{13})$	—	—	—	—	4	6	—	—	—	—
J_7	O_{71}	—	—	10	8	—	—	—	—	—	—
	O_{72}	4	6	—	—	—	—	—	—	—	—
	$O_{73}(O_{82})$	—	—	—	—	—	—	6	8	—	—
	O_{74}	—	—	—	—	3	7	—	—	—	—
	$O_{75}(O_{84})$	—	—	—	—	—	—	—	—	6	8
J_8	O_{81}	—	—	13	11	—	—	—	—	—	—
	$O_{82}(O_{73})$	—	—	—	—	—	—	6	8	—	—
	O_{83}	3	5	—	—	—	—	—	—	—	—
	$O_{84}(O_{75})$	—	—	—	—	—	—	—	—	6	8

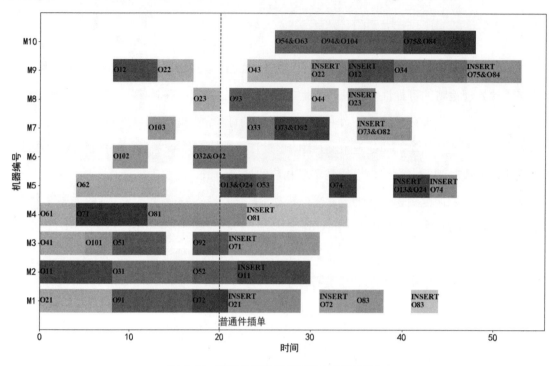

图 8-17　普通件插单扰动调度结果甘特图

　　该调度结果与仅采用单一调度规则组合处理普通件插单扰动的调度结果之间的比较如图 8-18 所示。从图 8-18 可以看出，基于 CB 方法的普通件插单扰动处理方法获得的调度结果优于采用单一调度规则组合进行扰动处理的调度结果。图 8-19 所示为采用单一调度规则组合进行扰动处理时的最佳调度结果甘特图，其 Makespan 为 57，采用的调度组合是 SQ+FIFO。基于 CB 方法的普通件插单扰动处理方法获得的调度结果与单一调度规则组合进行扰动处理时的最佳结果相比，提升了 7%，证明了基于 CB 的方法在处理普通件插单扰动时的高效性。

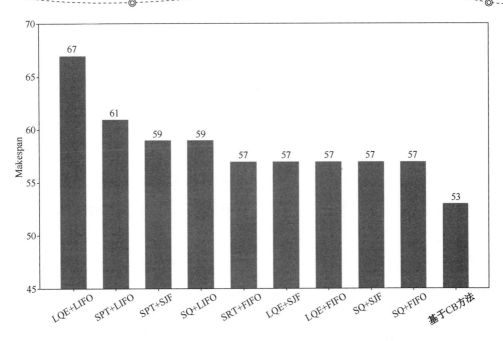

图 8-18　各方法在普通件插单扰动下的 Makespan 比较

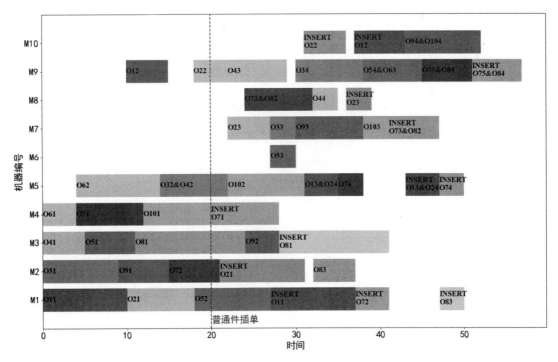

图 8-19　单一调度规则组合扰动处理时的最佳调度结果甘特图

8.3.3　紧急订单扰动下调度实验

本实验主要用于验证本书提出的紧急订单扰动处理策略的可行性和高效性。首先验证该扰动处理策略的可行性，仅使用一批工件作为实验算例，并且使用基于 CB 的自学习调度决策机制作为调度方法。假设在时刻 20，车间插入一批紧急订单，紧急订单的详细信息如表 8-5 所示。因为验证的是研制件插单扰动处理策略，所以这批订单中的工件都是原本订单中没有的，需要通过 K 最近邻（K-Nearest Neighbor，KNN）算法寻找最相似的工件并继承该工件的知识。当发生研制件插单时，该紧急订单会通过最相似工件的调度知识进行调度。基于该扰动处理策略下，获得的调度结果甘特图如图 8-20 所示，Makespan 为 50，其中带有"DEV"标志的为紧急订单的工序，其余均为普通优先级工序。根据实验结果可知，插入的研制件订单在扰动处理方法作用下成功地进行了生产调度，满足了混线生产车间的所有约束，证明了基于 CB 方法的面向紧急订单的扰动处理策略的有效性。

表 8-5　紧急订单信息

零件	工序	机床加工时间									
		M1	M2	M3	M4	M5	M6	M7	M8	M9	M10
J_{11}	O_{111}	—	—	—	—	—	—	—	—	9	7
	O_{112}	—	—	—	—	—	—	4	5	—	—
	$O_{113}(O_{124})$	—	—	5	8	—	—	—	—	—	—
J_{12}	O_{121}	—	—	—	—	—	—	7	9	—	—
	O_{122}	—	—	5	7	—	—	—	—	—	—
	O_{123}	4	5	—	—	—	—	—	—	—	—
	$O_{124}(O_{113})$	—	—	—	—	3	5	—	—	—	—
J_{13}	O_{131}	—	—	—	—	11	10	—	—	—	—
	$O_{132}(O_{142})$	—	—	7	5	—	—	—	—	—	—
	O_{133}	—	—	—	—	—	—	—	—	4	7
	O_{134}	7	5	—	—	—	—	—	—	—	—
J_{14}	O_{141}	—	—	—	—	—	—	4	7	—	—
	$O_{142}(O_{132})$	—	—	—	—	7	5	—	—	—	—
	O_{143}	6	8	—	—	—	—	—	—	—	—
	O_{144}	—	—	4	3	—	—	—	—	—	—

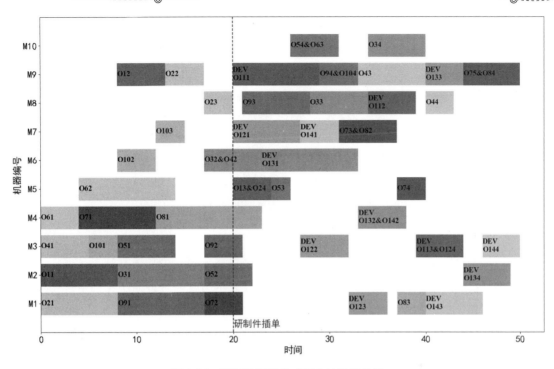

图 8-20　研制件插单扰动调度结果甘特图

　　表 8-6 是在调度过程中，根据研制件插单扰动处理策略为研制件工序寻找到的最相似的工序。研制件通过继承这些相似工序的调度知识来指导自己的工序调度，以此来对调度性能指标进行相关的优化。从表 8-6 可见，研制件工序与最相似批产型号件工序的距离很近，具备调度知识复用的条件。

表 8-6　研制件最相似工序信息

研制件工序号	最相似批产型号件工序号	欧式距离
O_{111}	O_{73}	0.5738096890290044
O_{112}	O_{23}	0.3826677003213775
O_{113}	O_{24}	0.2986082032254787
O_{121}	O_{73}	0.5224518220190267
O_{122}	O_{13}	0.6036045742773795
O_{123}	O_{52}	0.3078823855453335
O_{131}	O_{71}	0.3683683085342101
O_{132}	O_{72}	0.43335940480424134
O_{133}	O_{12}	0.5203503270008748

续表

研制件工序号	最相似批产型号件工序号	欧式距离
O_{134}	O_{13}	0.5109602062880947
O_{141}	O_{73}	0.49679605659009224
O_{143}	O_{52}	0.3085594063618249
O_{144}	O_{24}	0.7140943550557152

该调度结果与仅采用单一调度规则组合处理研制件插单扰动的调度结果比较如图 8-21 所示。从图 8-21 可以看出，基于 CB 方法的研制件插单扰动处理方法获得的调度结果优于采用单一调度规则组合进行扰动处理的调度结果。图 8-22 所示为采用单一调度规则组合进行扰动处理时的最佳调度结果甘特图，其 Makespan 为 53，采用的调度组合是 SPT+SJF。基于 CB 方法的研制件插单扰动处理方法获得的调度结果与单一调度规则组合进行扰动处理时的最佳结果相比，提升了 5.7%，证明了基于 CB 的方法在处理研制件插单扰动时的高效性。

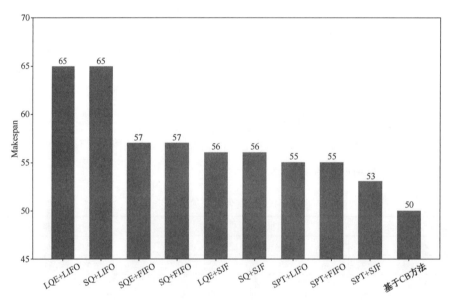

图 8-21　各方法在研制件插单扰动下的 Makespan 比较

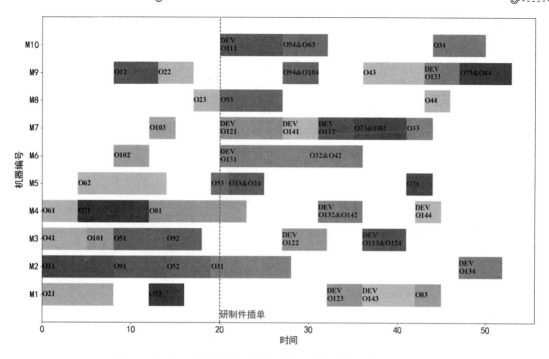

图 8-22　单一调度规则组合扰动处理时的最佳调度结果甘特图

8.4　组合加工案例实验

8.4.1　组合加工案例分析

上海某航天精密机械研究所是一所承担火箭、导弹等飞行器研制的科研单位，其下辖的某工厂主要负责导弹结构件的制造加工。导弹结构件的加工过程极其复杂，结构件种类及包含的工序数量众多，并且部分结构件包含需要组合加工的工序。该厂的生产情况也比较复杂，研制件和批产型号件会同时在车间中进行混线生产。此外，加工过程中具有设备柔性，即每道工序的加工都有若干台机器可选。根据以上情况可以发现，该车间调度问题就是本章在探讨的混线生产车间调度问题，可以用基于 CB 的自学习调度决策机制来予以高效解决。

图 8-23 所示为该厂的车间布置，共包括 4 个车间，分别是车间 1、车间 2、车间 3 和车间 4。每个车间都配有一定数量的加工设备。车间 1 配备有若干台普通车床、铣床，即

具有对工件进行普车、普铣加工的能力；车间 2 配备有若干台数控车床，即具有对工件进行数控车加工的能力；车间 3 配有数控铣床，即具有对工件进行数控铣加工的能力；车间 4 配有钳工台，即具有对工件进行钳工加工的能力。工件毛坯通过在这 4 个车间内流转，利用每个车间具有的设备和加工能力，完成整个工件的加工。该厂负责加工的工件一般都是包含组合加工工序的复杂结构件，工序完成加工所要花费的时间很长，相对而言，运输时间可忽略不计。因此，该厂调度问题可以用考虑组合加工约束的 FJSP 数学模型来描述，并可以使用基于 CB 的自学习调度决策机制和扰动处理机制来解决。

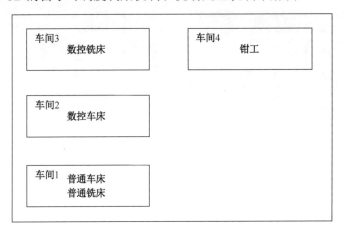

图 8-23　厂区车间布置示意图

根据以上描述，本案例的加工设备信息设置如表 8-7 所示，一共包含 10 台设备，分别是 2 台普通车床、2 台普通铣床、2 台数控车床、2 台数控铣床及两组钳工。

表 8-7　加工设备信息表

加工单元编号	加工单元类型	所属车间
M1	普通车床	车间 1
M2	普通车床	车间 1
M3	普通铣床	车间 1
M4	普通铣床	车间 1
M5	数控车床	车间 2
M6	数控车床	车间 2
M7	数控铣床	车间 3
M8	数控铣床	车间 3
M9	钳工	车间 4
M10	钳工	车间 4

加工工件的详细信息如图 8-24 和表 8-8 所示。本案例中共有 10 种类型的工件，其中包含两组需要组合加工的工件（本体、压盖和内翼、外翼），另外还包含 6 种不需要组合加工的工件（底板、壁板、舱体、燃气罩、法兰、空气舵面）。在表 8-8 中，带括号的工序是需要进行组合加工的，括号内是其组合加工工序；数字是该工序在对应机器上进行加工所需要花费的时间；"—"代表该工序不可以在此机器上进行加工。

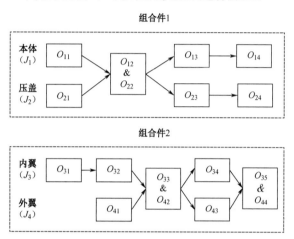

图 8-24　需要组合加工的导弹结构件

表 8-8　加工工件信息

零件	工序	工艺类型	机床加工时间/h									
			M1	M2	M3	M4	M5	M6	M7	M8	M9	M10
本体 J_1	O_{11}	普车	9	7	—	—	—	—	—	—	—	—
	$O_{12}(O_{22})$	数控铣	—	—	—	—	—	—	5	6	—	—
	O_{13}	钳工	—	—	—	—	—	—	—	—	6	8
	O_{14}	数控车	—	—	—	—	11	9	—	—	—	—
压盖 J_2	O_{21}	普车	8	10	—	—	—	—	—	—	—	—
	$O_{22}(O_{12})$	数控铣	—	—	—	—	—	—	5	6	—	—
	O_{23}	数控车	—	—	—	—	5	3	—	—	—	—
	O_{24}	钳工	—	—	—	—	—	—	—	—	4	6
内翼 J_3	O_{31}	普铣	—	—	12	10	—	—	—	—	—	—
	O_{32}	数控铣	—	—	—	—	—	—	7	6	—	—
	$O_{33}(O_{42})$	钳工	—	—	—	—	—	—	—	—	4	5
	O_{34}	普铣	—	—	8	6	—	—	—	—	—	—
	$O_{35}(O_{44})$	数控铣	—	—	—	—	—	—	10	8	—	—

续表

零件	工序	工艺类型	机床加工时间/h									
			M1	M2	M3	M4	M5	M6	M7	M8	M9	M10
外翼 J_4	O_{41}	普铣	—	—	5	8	—	—	—	—	—	—
	$O_{42}(O_{33})$	钳工	—	—	—	—	—	—	—	—	4	5
	O_{43}	数控车	—	—	—	—	7	9	—	—	—	—
	$O_{44}(O_{35})$	数控铣	—	—	—	—	—	—	10	8	—	—
底板 J_5	O_{51}	普铣	—	—	6	8	—	—	—	—	—	—
	O_{52}	普车	9	5	—	—	—	—	—	—	—	—
	O_{53}	数控车	—	—	—	—	2	3	—	—	—	—
	O_{54}	钳工	—	—	—	—	—	—	—	—	7	5
壁板 J_6	O_{61}	普铣	—	—	6	4	—	—	—	—	—	—
	O_{62}	普车	10	12	—	—	—	—	—	—	—	—
	O_{63}	数控车	—	—	—	—	—	—	7	5	—	—
舱体 J_7	O_{71}	普车	10	8	—	—	—	—	—	—	—	—
	O_{72}	普铣	—	—	6	8	—	—	—	—	—	—
	O_{73}	数控铣	—	—	—	—	—	—	5	6	—	—
	O_{74}	钳工	—	—	—	—	—	—	—	—	6	8
燃气罩 J_8	O_{81}	普车	13	11	—	—	—	—	—	—	—	—
	O_{82}	普铣	—	—	3	5	—	—	—	—	—	—
	O_{83}	普车	6	8	—	—	—	—	—	—	—	—
	O_{84}	普铣	—	—	7	8	—	—	—	—	—	—
法兰 J_9	O_{91}	普车	9	6	—	—	—	—	—	—	—	—
	O_{92}	钳工	—	—	—	—	—	—	—	—	4	5
	O_{93}	普铣	—	—	8	7	—	—	—	—	—	—
	O_{94}	数控铣	—	—	—	—	—	—	4	9	—	—
空气舵面 J_{10}	O_{101}	普铣	—	—	3	8	—	—	—	—	—	—
	O_{102}	普车	9	5	—	—	—	—	—	—	—	—
	O_{103}	钳工	—	—	—	—	—	—	—	—	4	5
	O_{104}	数控铣	—	—	—	—	—	—	5	9	—	—

8.4.2 自学习调度决策机制

针对这批工件，采用基于 CB 的自学习调度决策机制进行调度，得到的调度结果甘特图如图 8-25 所示，其 Makespan 为 43。该调度方案满足了混线生产车间的组合加工约束、工艺路线约束和机器加工约束，可以证明第 6.4 节所述方法及该原型系统的可行性。

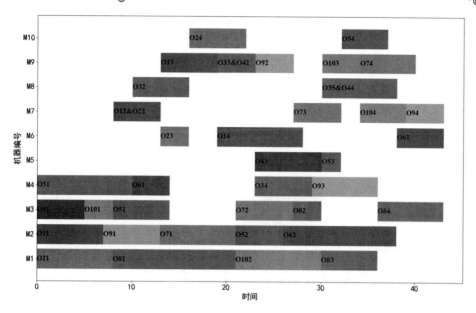

图 8-25   案例调度结果甘特图

8.4.3   多扰动事件下调度决策机制

在时刻 10 处，混线生产车间中的机器 M2 发生了故障并需要 10 个单位的维修时间，即在时刻 20 处可以恢复正常生产，并且发生故障机器上正在加工的工件可以进行二次加工，即可以进行重调度。此时，在机器故障扰动处理策略下，生成如图 8-26 所示的调度甘特图，其 Makespan 为 64。从图 8-26 中可知，当机器故障扰动事件发生时，机器不再继续加载工件，直到时刻 20 故障修复，机器才加载工件工序。故障时间段内正在加工的工件及缓冲区存储的工件也成功地进行了再调度，完成了后序的加工任务。

在时刻 20，车间中插入一批工件，包括本体、压盖、内翼、外翼、底板、壁板。在普通件插单扰动处理策略下，获得的调度结果甘特图如图 8-27 所示，Makespan 为 63，其中带有"INSERT"标志的为插单工件的工序，其余为正常调度工件的工序。在普通件插单扰动处理方法下，插入的普通件订单成功地进行了生产调度，满足了混线生产车间的所有约束。

在时刻 20 处，混线车间中插入一批新研制的工件，包括新研制的内翼、外翼、舱体、燃气罩，其详细信息如表 8-9 所示。在研制件插单扰动处理策略下，获得的调度结果甘特图如图 8-28 所示，Makespan 为 87，其中带有"DEV"标志的工序为插单研制件的工序，其余为正常调度工序。在研制件插单扰动处理方法下，插入的研制件订单成功地进行了生产调度，满足了混线生产车间的所有约束。

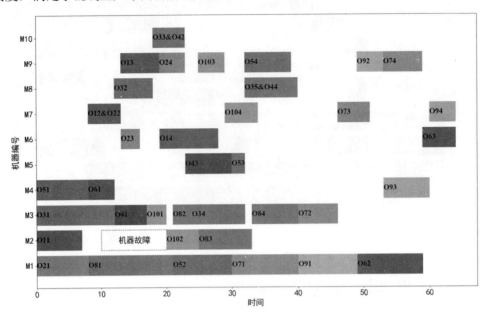

图 8-26　机器故障扰动下的调度甘特图

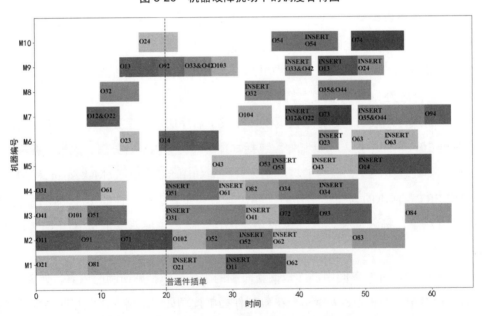

图 8-27　普通件插单扰动下的调度结果甘特图

表 8-9　研制件加工信息

零件	工序	工艺类型	机床加工时间/h									
			M1	M2	M3	M4	M5	M6	M7	M8	M9	M10
内翼 (在研) J_{11}	O_{111}	数控车	—	—	—	—	9	10	—	—	—	—
	$O_{112}(O_{123})$	数控铣	—	—	—	—	—	—	7	6	—	—
	O_{113}	数控车	—	—	—	—	7	8	—	—	—	—
	O_{114}	普铣	—	—	8	6	—	—	—	—	—	—
	$O_{115}(O_{125})$	钳工	—	—	—	—	—	—	—	—	13	15
	O_{116}	数控铣	—	—	—	—	—	—	7	9	—	—
外翼 (在研) J_{12}	O_{121}	数控铣	—	—	—	—	—	—	9	11	—	—
	O_{122}	数控车	—	—	—	—	8	10	—	—	—	—
	$O_{123}(O_{112})$	数控铣	—	—	—	—	—	—	7	6	—	—
	O_{124}	数控车	—	—	—	—	11	9	—	—	—	—
	$O_{125}(O_{115})$	钳工	—	—	—	—	—	—	—	—	13	15
舱体 (在研) J_{13}	O_{131}	数控车	—	—	—	—	11	9	—	—	—	—
	O_{132}	普铣	—	—	13	15	—	—	—	—	—	—
	O_{133}	数控铣	—	—	—	—	—	—	9	10	—	—
	O_{134}	钳工	—	—	—	—	—	—	—	—	13	15
燃气罩 (在研) J_{14}	O_{141}	数控车	—	—	—	—	13	15	—	—	—	—
	O_{142}	普铣	—	—	7	9	—	—	—	—	—	—
	O_{143}	数控铣	—	—	—	—	—	—	10	12	—	—
	O_{144}	数控车	—	—	—	—	9	10	—	—	—	—

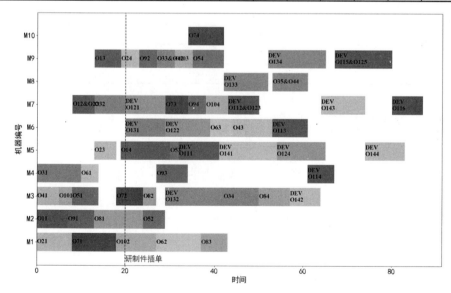

图 8-28　研制件插单扰动下的调度结果甘特图

表 8-10 是在调度过程中，根据研制件插单扰动处理策略为研制件工序寻找到的最相似的工序。研制件通过继承这些相似工序的调度知识来指导自己的工序调度并对相应的性能指标进行优化。从表 8-10 可见，研制件工序与最相似批产型号件工序的距离很近，具备调度知识复用的条件。

表 8-10 研制件最相似工序信息

研制件工序号	最相似批产型号件工序号	欧式距离
O_{111}	O_{31}	0.29568690860847674
O_{112}	O_{42}	0.43850909126282234
O_{113}	O_{43}	0.513425468904631
O_{114}	O_{34}	0.6849171995562192
O_{115}	O_{13}	0.8897298125432869
O_{116}	O_{44}	0.648907029095827
O_{121}	O_{31}	0.5939134827329279
O_{122}	O_{43}	0.5592876446126807
O_{124}	O_{43}	0.5989246009854668
O_{131}	O_{61}	0.673712457609746
O_{132}	O_{62}	0.7190784186876626
O_{133}	O_{12}	0.9339400388919554
O_{134}	O_{44}	0.6285963014919094
O_{141}	O_{31}	0.5837962255890875
O_{142}	O_{72}	0.7711623976317074
O_{143}	O_{13}	0.6672737159815408
O_{144}	O_{14}	0.3922769356125901

8.5 本章小结

混线生产车间调度问题是在经典 FJSP 基础上的一种拓展，涉及工件组合加工。本章主要介绍了混线生产车间调度问题并进行了案例验证，在调度策略自学习、动态扰动处理等方面验证了多智能体制造系统调度方法的有效性、可行性与优越性。

第9章

面向个性化定制的多智能体制造系统动态调度案例分析

利用 J2EE 技术构建面向个性化定制的多智能体制造系统,为用户提供个性化定制工件及订单实时追踪的功能,同时通过向多智能体制造系统开放接口,实现个性化订单系统向多智能体系统下达订单及获取装备智能体实时信息等功能。通过该个性化订单系统,实现了从订单收集到完成加工整个过程的全自动化。本章将分析个性化订单系统的运行模式,设计个性化订单系统的架构,并描述个性化订单系统与多智能体制造系统协同运作过程。

9.1 个性化订单系统

9.1.1 个性化订单系统的应用开发

Web 应用系统最早采用如图 9-1 所示的设计模式。该模式中 JSP 同时承担了接收客户请求和响应视图界面两个角色,内部实现时,将 HTML 代码和 Java 代码揉和在一起,使应用程序的可读性下降、扩展性降低。

随着技术的革新,Web 应用系统的设计模式得到了改善,出现了如图 9-2 所示的 MVC(Model-View-Controller,模型—视图—控制器)设计模式。该模式使用 Servlet 模块去接收用户的请求,分担了 JSP 的部分功能,使 JSP 专门负责响应视图的工作,达到模块分离、各司其职的目的。

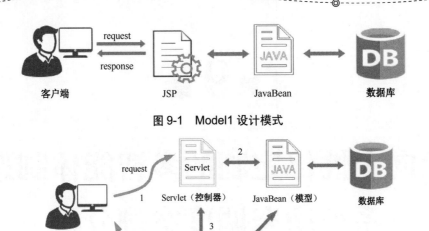

图 9-1   Model1 设计模式

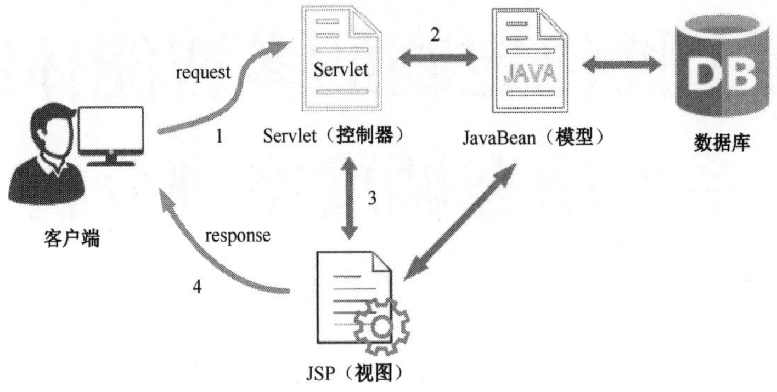

图 9-2   MVC 设计模式

综上，MVC 设计模式可以优化系统内部结构，使程序具有高聚合、低耦合的优点。因此本节将以 MVC 设计模式开发个性化订单系统。

本节研究的个性化订单系统同时面向用户和多智能体制造系统。用户的需求主要是提交个性化订单、订单状态追踪，需要用简单的可视化界面进行设计；而多智能体制造系统的工作主要是与个性化订单进行数据交互，关注的是数据，不需要可视化界面。因此本节将 MVC 设计模式中的控制器、视图分为面向多智能体制造系统（生产车间）和面向用户两种，如图 9-3 所示。用户控制器收到请求，在调用模型处理业务后，将可视化界面交给视图返回给用户。车间控制器设计了三类接口：订单下放接口、请求 G 代码接口和实时数据交互接口，分别用于多智能体制造系统的不同请求，在调用模型处理业务后，由车间视图将数据返回给生产车间。

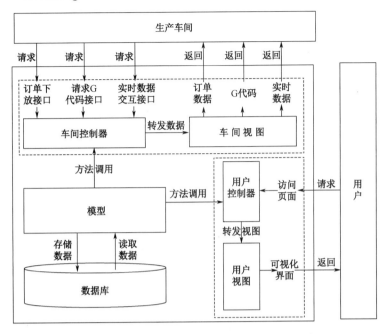

图 9-3　基于 MVC 设计模式的个性化订单系统

9.1.2　个性化订单系统架构及功能模块设计

个性化订单系统架构如图 9-4 所示。系统主要由用户模块、与车间交互模块和系统管理模块构成。各模块主要功能介绍如下。

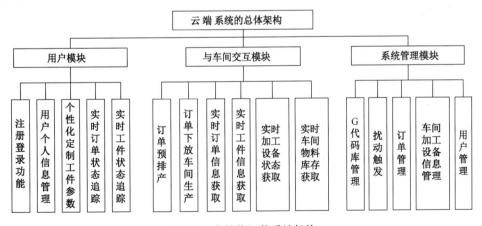

图 9-4　个性化订单系统架构

1．用户模块

随着用户需求个性化特点越来越强，基于用户个性化定制的多品种、小批量的生产模式呈现快速发展的趋势。为了应对这种现状，用户模块提供了个性化定制工件的功能。

工件个性化定制及订单追踪界面如图 9-5 所示。工件个性化定制界面设计了直观的工件参数个性化定制功能，用户可以定制自己需要的尺寸、材料和数量等参数，并采用 Web 中的 Canvas 和 WebGL 等技术对工件进行二维和三维动态展示。订单提交并被系统下放到生产车间加工后，可以在用户订单中实时追踪订单状态信息，如订单是否开始加工、加工完成了几个、某个工件正在加工第几道工序、某道工序是由哪台机床完成的等。用户注册并登录后，才能提交个性化定制订单，其界面如图 9-6 所示。

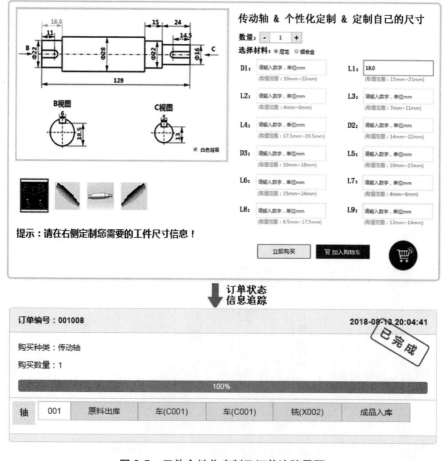

图 9-5　工件个性化定制及订单追踪界面

图 9-6　用户注册与登录界面

2．与车间交互模块

实时数据交互接口用于将车间系统实时信息收集到个性化订单（如订单状态信息、物料信息等）；请求 G 代码接口用于车间系统设备向个性化订单请求某道工序的加工 G 代码及相应工艺装备参数。如图 9-7 所示，车间系统通过 HTTP 协议访问个性化订单接口，交互的数据采用标准的 JSON 格式表示。

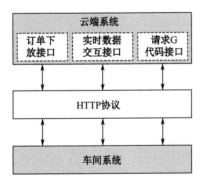
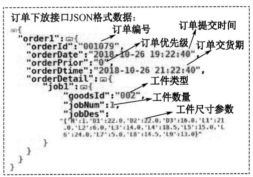

图 9-7　个性化订单与车间系统交互接口及 JSON 格式数据

订单下放生产车间加工前需要对订单进行预排产。订单预排产是个性化订单系统对所有订单进行排产并下放筛选出的部分订单到生产车间生产的过程。由于个性化订单系统每次下放一定数量的订单，如果不进行排产，而是按订单提交顺序下放订单，会造成以下两个问题。

（1）订单权重得不到保证。

通常根据订单的交货期、优先级等信息，给每个订单评定一个权重。个性化订单系统按照订单提交顺序下放生产车间，会使提交时间较晚但交货期紧、优先级高的订单被积压在个性化订单，致使订单权重得不到保证。

（2）多智能体制造系统资源利用不平衡问题。

多智能体制造系统资源得不到平衡利用也是一个预排产需解决的重要问题。如图 9-8 所示，个性化订单上的一组订单按顺序下放到生产车间，由于先提交的这些订单绝大部分使用车床资源，使得车床负载普遍较大，而铣床负载小，甚至有空闲的铣床，而个性化订单系统上仍存在需利用铣床的订单，造成订单任务没有完成，机床却空闲的结果。

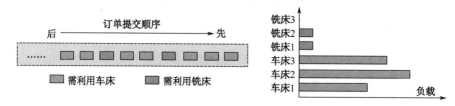

图 9-8　机床负载

为了解决以上问题，需对订单进行一次预排产。其过程是计算出订单权重，并按权重进行订单排序，最后根据多智能体制造系统的全局信息下放权重高的订单。

本节提出以下规则计算订单权重。先明确影响订单权重的指标，如交货期、订单优先级、客户等级等，每个指标对订单权重有一个影响因数 C，在实际生产中，该影响因数需要企业专家根据企业实际情况进行确定，将影响因数 C 输入到系统，且各影响因素总和 $\sum_{l=1}^{n}C_l=1$。现假设影响订单权重的指标有交货期、订单优先级和客户等级三个，影响因数分别为 0.5、0.2、0.3，某订单距离交货期还有 10 天，订单优先级为 5、客户等级为 2，则该订单的权重为 $(1/10)\times0.5+5\times0.2+2\times0.3=1.65$，其中交货期与订单权重成反比关系，因此采用交货期的倒数进行计算。

订单按权重进行排序后，订单下放到生产车间进行筛选，具体流程如图 9-9 所示。每次选择权重最高的一个订单，依次判断 G 代码库中是否存在该订单加工程序、该订单所需物料在车间是否有库存、是否利于车间机床资源使用平衡三个条件，依次循环，直到订单列表中达到下放所需数量后，将订单下放生产车间。

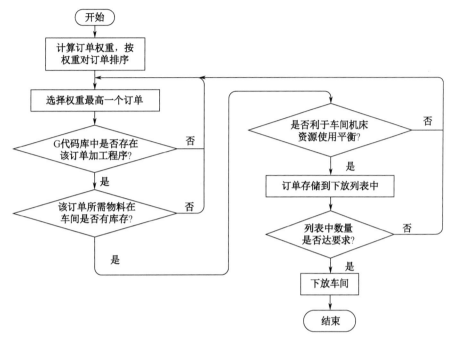

图 9-9　订单筛选过程

3．系统管理模块

系统管理模块提供了各种数据维护功能，只有管理员才能登录使用。其中 G 代码库和扰动触发是该模块中最主要的两个功能。

（1）G 代码库功能。

传统数控机床在加工时，工件尺寸发生变化后，需要人工重新生成加工 G 代码并上传到数控系统，这种生产方式在大批量生产时是可行的。然而随着用户需求个性化特点越来越强，个性化定制作为一种新型生产模式呈现出快速发展的趋势，个性化订单具有多品种、小批量和产品参数复杂多变等特点。继续沿用上述生产方式，会造成大量时间都用在 G 代码上传上，造成生产效率低。

为此，本案例在个性化订单系统上设计了 G 代码库，用户提交的订单由工艺部门设计工艺，并生成工件各工序加工 G 代码及对应工序的工艺装备参数，由工艺部门上传到个性化订单系统的 G 代码库里，如图 9-10 所示。多智能体制造系统生产过程中可以通过工件编号及加工工序号向个性化订单系统请求对应工序的加工 G 代码及工艺装备参数。由机床主动完成 G 代码下载和上传数控系统，并调用相应刀具完成加工，该过程使多智能体制造系统加工变得更简单。

图 9-10 提交 G 代码及工艺装备参数

（2）扰动触发功能。

扰动触发功能主要是负责完成扰动事件触发，主要是提交紧急订单。紧急订单插入前需要指定订单编号、工件类型、数量及尺寸参数。

搭建云服务平台需要安装 Tomcat 服务器、JDK 运行环境及 MySQL 数据库。将个性化订单系统程序放入 Tomcat 指定目录并启动 Tomcat 服务器后，该系统正常运行。

个性化订单系统与多智能体制造系统协同工作的过程如图 9-11 所示。运行过程描述如下。

（1）用户提交个性化订单。

（2）多智能体制造系统对个性化订单进行工艺设计，并对每个工序都生成 G 代码及该工序对应的工艺装备参数，将 G 代码和工艺装备参数上传到个性化订单系统 G 代码库。

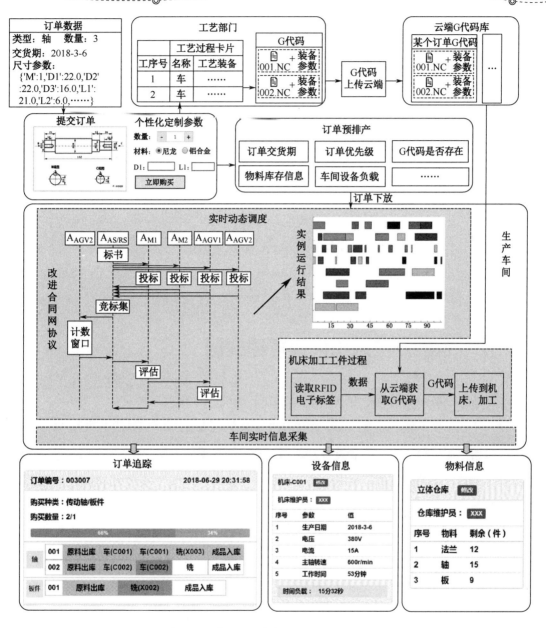

图 9-11　个性化订单系统与多智能体制造系统协同运作过程

（3）个性化订单系统根据订单交货期、订单优先级、多智能体制造系统物料库存信息等进行预排产，并将订单下放多智能体制造系统。

（4）多智能体制造系统接收到订单后，采用改进合同网协商机制进行实时调度任务分配，协商完成后 AGV 将工件运送至相应机床。

（5）机床在开始加工前，会从工件携带的 RFID 电子标签内读取工件编号及加工工序，并向个性化订单系统请求加工 G 代码。个性化订单从 G 代码库中查找相应工序的 G 代码及工艺装备参数后返回给机床，机床上传 G 代码，调用对应刀具进行加工。

（6）加工过程中，多智能体制造系统将订单信息、设备信息和物料信息实时推送给个性化订单系统。据此，用户可以追踪到订单加工进度，而设备信息和物料信息可以为预排产提供参考指标。

通过个性化订单系统与多智能体制造系统的协同运作，可以实时追踪到订单加工进度、设备和物料等实时信息，实现了个性化订单，有效地为预排产提供依据。同时系统上建立了 G 代码库，为多智能体制造系统提供加工 G 代码及工艺装备参数，解决了订单在多品种、小批量和参数复杂多变情况下，机床如何有效获取加工 G 代码的问题。

9.2 智能调度系统构架搭建实例

多智能体制造系统调度原型系统在微软公司 Windows 10 操作系统上使用 Java 语言进行开发，并包括以下软件环境：Java 软件开发工具包 JDK 1.8.0、集成开发环境 MyEclipse 2016、数据库 MySQL 5.1。多智能体制造系统调度原型系统主要包含三个功能：一是管理多智能体制造系统调度中需要使用的设备信息、工件工序信息；二是管理和控制在基于 CB 的调度决策机制下具有自学习能力的 Agent；三是能够运用案例进行仿真并且输出相应的调度结果。

9.2.1 智能调度系统框架搭建

基于实际混线生产车间的智能调度需求，本节设计了如图 9-12 所示的混线生产车间调度原型系统框架。该框架共包含 5 个模块，分别是设备管理模块、任务管理模块、学习管理模块、调度管理模块及帮助模块。

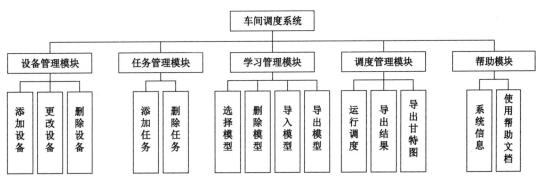

图 9-12   生产车间调度原型系统框架

以上各模块的具体功能介绍如下。

1. 设备管理模块

设备管理模块的主要功能是实现对多智能体制造系统中所有设备的集中统一管理，从而方便车间管理人员查看设备情况及对设备进行扩展。设备管理模块的用户操作界面如图 9-13 所示。其中，图 9-13（a）为该模块的整个界面，上半部分主要显示设备当前的具体情况，包括设备编号、加工类型、所在工作车间及备注信息，下半部分提供添加、更改和删除设备的相关功能，便于多智能体制造系统管理人员对生产车间进行动态的管理；图 9-13（b）显示所有可选的加工类型，根据实际情况设置普车、普铣、数控车、数控铣、钳工共 5 种加工类型；图 9-13（c）显示了所有可选的工作车间，根据实际情况共设置了 4 个车间。

2. 任务管理模块

任务管理模块的主要功能是实现对多智能体制造系统所有加工任务的统一管理，从而方便车间管理人员查看加工任务情况及对加工任务进行增删改等操作。任务管理模块的用户操作界面如图 9-14 所示。该界面的上半部分主要显示多智能体制造系统当前的生产任务情况，从工序的角度出发，显示了该工序的编号、其所属订单及零件编号、前一道及后一道工序的编号、预计需要的加工时间、需要的加工类型、组合加工工序的编号、是否为研制件、最相似工序的编号，方便车间管理人员查看。该界面的左下区域提供对加工任务进行动态添加、修改、删除的功能；右下区域同样从订单的角度提供了类似的实用功能，方便了车间管理人员对生产加工任务进行动态的管理。

（a）界面

（b）所有加工类型

（c）所有工作车间

图 9-13　设备管理模块的用户操作界面

图 9-14　任务管理模块的用户操作界面

3．学习管理模块

学习管理模块的主要功能是实现对多智能体制造系统调度知识（即每道工序通过

LinUCB 算法学习得到的线性模型）进行统一的管理，从而方便车间管理人员查看各工序的调度知识模型及对模型进行导入/导出等操作。学习管理模块的用户操作界面如图 9-15 所示。该界面的上半部分主要显示选定的加工工序的信息，包括工序编号、加工类型、预计加工时长、前道工序类型、后道工序类型、是否为研制件、最相似工序编号，便于车间管理人员查看核对。该界面的左下区域提供查询信息的输入功能，通过输入相应的信息可以对工序调度模型进行查询；右下区域提供对工序调度模型的删除、导入、导出操作，方便对调度模型进行更改。

图 9-15　学习管理模块的用户操作界面

4．调度管理模块

调度管理模块的主要功能是实现对调度运行结果的可视化，包括实际生产时的实时调度结果及仿真实验时的调度结果，从而方便车间管理人员对多智能体制造系统实时状态及最终调度方案的查看分析。调度管理模块的用户操作界面如图 9-16 所示。该界面的上半部分主要显示该生产车间中实时的调度信息，可以显示所有零件的实时加工状态，也能够显示此时生产车间中所有加工设备的运行状态。该界面的左下区域提供对调度的控制功能，可以选择进行仿真实验还是实际生产，并控制开始运行，还可以导出实时的调度结果或是调度方案的甘特图；右下区域提供对零件或加工设备的实时状态的查询功能，可以以零件编号或设备编号查询，便于车间管理人员对多智能体制造系统运行细节的查看与管理。

图 9-16　调度管理模块的用户操作界面

5．帮助模块

帮助模块的主要功能是向车间管理人员提供该系统的使用帮助，方便使用者的快速入门。此外，该模块还提供了系统开发者的信息，便于以后的维护更新。帮助模块的用户操作界面如图 9-17 所示。

图 9-17　帮助模块的用户操作界面

以上各个模块共同组成了混线生产车间调度原型系统，提供了混线多智能体制造系统调度所需要的所有基本功能，通过良好的图形用户界面（Graphical User Interface, GUI）方便了车间管理人员对整个多智能体制造系统实时状态的管理把控。

9.2.2 多智能体系统开发环境搭建

1. 智能体开发框架——JADE

JADE（Java Agent DEvelopment framework，Java 智能体开发框架）是由 TILAB 开发的用于多智能体系统搭建的主流开源开发框架。该框架遵循 FIPA（the Foundation for Intelligent Physical Agent，智能物理 Agent 基金会）规范，并提供了很多的基本功能，具有灵活、可移植、易扩展的特点，极大地简化了开发多智能体系统的过程。JADE 为开发者提供了以下的一系列基本功能。

（1）智能体平台服务。

JADE 为多智能体系统的开发提供了诸多的基本服务组件，包括生命周期管理、白页服务、黄页服务、消息传输服务等，如图 9-18 所示。这些服务组件的存在使得 JADE 具有很大的灵活性，并且极大地缩短了多智能体系统的开发周期。

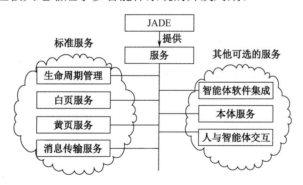

图 9-18 JADE 提供的智能体平台服务

（2）图形化操作界面。

JADE 为多智能体系统的调试和管控提供了图形化的操作界面，使得开发人员可以更加方便地对 Agent 程序进行调试，更加直观地了解系统中各个智能体的状态。JADE 提供的多智能体系统图形用户管理界面如图 9-19（a）所示。通过该用户管理界面，可以实时监控各智能体的当前状态，同时提供了创建、暂停、回收智能体等一系列实用功能。JADE 提供的图形化监控工具 Sniffer Agent 可以实时显示智能体之间协商通信的过程，如图 9-19（b）所示。该工具以 UML 序列图的形式显示智能体间实时的通信过程，可以直观地反映当前系统的运行状态。

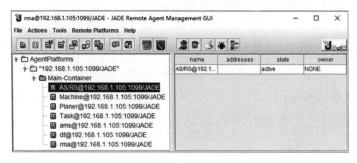

（a）用户管理界面

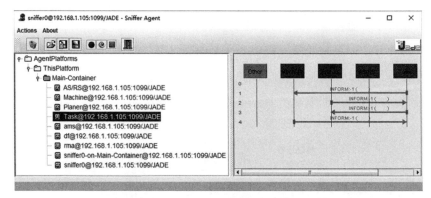

（b）通信状态监控

图 9-19　JADE 图形化操作界面

（3）智能体开发包。

JADE 内置了一系列在智能体开发过程中常用的函数 API，包括 jade.core、jade.lang.acl、jade.content、jade.wrapper、jade.proto 等。通过这些现成的 API，可以很方便地构建智能体运行程序。

2. 数据库系统开发——MySQL

数据库主要用于存储多智能体系统运行过程中的状态信息及调度结果信息。一个好的数据库系统的设计能够极大地提高数据的存取速度，从而提升整个多智能体系统的工作效率。MySQL 是由瑞典 MySQL AB 公司所开发的目前最流行的开源数据库管理系统，具备优秀的性能、性价比与可靠性，非常适合在生产调度系统中使用。本节基于 MySQL 5.1 开发应用于多智能体制造系统调度的数据库系统，并通过 Java 程序与数据库系统通信的标准 API——JDBC（Java DataBase Connection，Java 数据库连接）实现与 MySQL 交互。

多智能体制造系统数据库的主要数据表如图 9-20 所示，数据库系统为这些数据提供了良好的管理和高效率的存取服务。此外，在该数据库系统的辅助下，这些数据成为整个系统高效运行、判断、决策的基础。

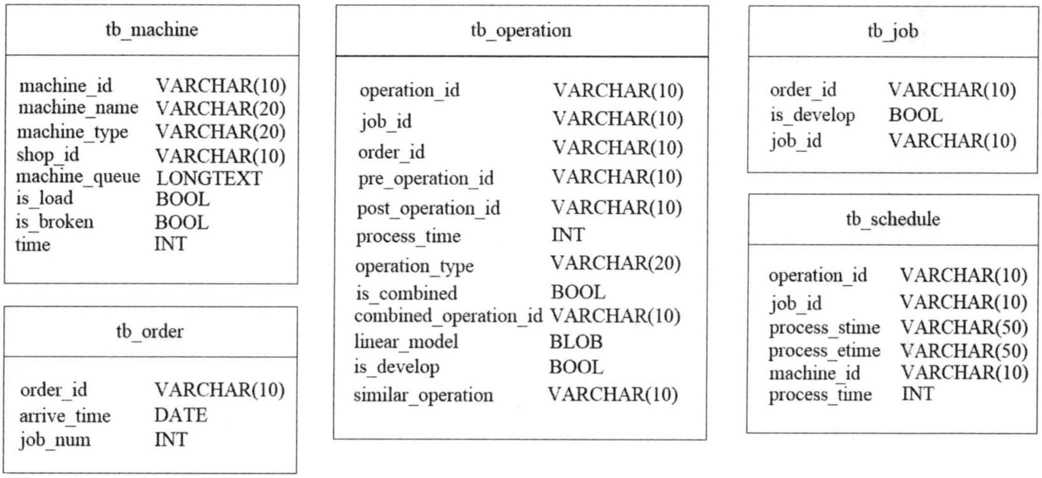

tb_machine	
machine_id	VARCHAR(10)
machine_name	VARCHAR(20)
machine_type	VARCHAR(20)
shop_id	VARCHAR(10)
machine_queue	LONGTEXT
is_load	BOOL
is_broken	BOOL
time	INT

tb_operation	
operation_id	VARCHAR(10)
job_id	VARCHAR(10)
order_id	VARCHAR(10)
pre_operation_id	VARCHAR(10)
post_operation_id	VARCHAR(10)
process_time	INT
operation_type	VARCHAR(20)
is_combined	BOOL
combined_operation_id	VARCHAR(10)
linear_model	BLOB
is_develop	BOOL
similar_operation	VARCHAR(10)

tb_job	
order_id	VARCHAR(10)
is_develop	BOOL
job_id	VARCHAR(10)

tb_schedule	
operation_id	VARCHAR(10)
job_id	VARCHAR(10)
process_stime	VARCHAR(50)
process_etime	VARCHAR(50)
machine_id	VARCHAR(10)
process_time	INT

tb_order	
order_id	VARCHAR(10)
arrive_time	DATE
job_num	INT

图 9-20　多智能体制造系统数据库的主要数据表

多智能体制造系统数据库的主要数据表包括机器信息表（tb_machine）、订单信息表（tb_order）、工件信息表（tb_job）、工序信息表（tb_operation）及调度信息表（tb_schedule）。其详细的存储信息如表 9-1 所示。

表 9-1　数据表存储信息

数据表名称	存储信息	使用对象
tb_machine	记录机器状态信息	机器 Agent
tb_order	记录订单信息	管理 Agent
tb_operation	记录工序的信息	工件 Agent
tb_job	记录工件的信息	工件 Agent
tb_schedule	记录实时调度信息	管理 Agent/工件 Agent

每个数据表都是由若干个字段构成的，这些字段定义了表的内容及数据格式。如表 9-2 所示，机器信息表的字段包括机器编号（machine_id）、机器名称（machine_name）、机器类型（machine_type）、车间编号（shop_id）、机器缓冲区队列（machine_queue）、是否空闲（is_load）、是否故障（is_broken）、当前时间（time），为车间的调度提供了加工机器的实时状态信息。

表 9-2　机器信息表

字段名	数据类型	描述
machine_id	字符型	记录机器编号
machine_name	字符型	记录机器名称
machine_type	字符型	记录机器类型
shop_id	字符型	记录机器所属车间编号
machine_queue	字符型	记录机器缓冲区信息
is_load	布尔型	记录机器是否空闲
is_broken	布尔型	记录机器是否故障
time	整型	记录当前时间

多智能体制造系统的加工任务具体信息由订单、工件及工序三个信息表记录，详细描述如表 9-3～表 9-5 所示。订单信息表的字段包括订单编号（order_id）、订单到达时间（arrive_time）、包含工件数量（job_num）。工件信息表的字段包括所属订单编号（order_id）、是否为研制件（is_develop）、工件编号（job_id）。工序信息表的字段包括工序编号（operation_id）、所属工件编号（job_id）、所属订单编号（order_id）、前道工序编号（pre_operation_id）、后道工序编号（post_operation_id）、加工时间（process_time）、工序类型（operation_type）、是否是组合件（is_combined）、组合加工工序编号（combined_operation_id）、线性模型（linear_model）、是否为研制件（is_develop）、相似工序（similar_operation）。三个数据表共同为多智能体制造系统的调度提供了加工任务的实时信息，实现了车间数据的高效流动。

表 9-3　订单信息表

字段名	数据类型	描述
order_id	字符型	记录订单编号
arrive_time	日期型	记录订单到达时间
job_num	整型	记录订单包含的工件数量

表 9-4　工件信息表

字段名	数据类型	描述
order_id	字符型	记录所属订单编号
is_develop	布尔型	记录是否为研制件
job_id	字符型	记录所属工件编号

表 9-5　工序信息表

字段名	数据类型	描述
operation_id	字符型	记录工序编号
job_id	字符型	记录工序所属工件编号
order_id	字符型	记录工序所属订单编号
pre_operation_id	字符型	记录前一道工序编号
post_operation_id	字符型	记录后一道工序编号
process_time	整型	记录加工时间
operation_type	字符型	记录工序类型
is_combined	布尔型	记录是否需要组合加工
combined_operation_id	字符型	记录组合加工工序编号
linear_model	二进制型	记录调度模型数据
is_develop	布尔型	记录是否为研制件
similar_operation	字符型	记录最相似的工序

调度信息表主要记录调度过程中的工序加工实时信息，便于管理人员实时查看，如表 9-6 所示。该表的字段包括工序编号（operation_id）、所属工件编号（job_id）、加工开始时刻（process_stime）、加工结束时刻（process_etime）、所属加工设备编号（machine_id）、加工时间（process_time）。

表 9-6　调度信息表

字段名	数据类型	描述
operation_id	字符型	记录工序编号
job_id	字符型	记录该工序所属工件编号
process_stime	字符型	记录该工序加工开始时刻
process_etime	字符型	记录该工序加工结束时刻
machine_id	字符型	记录所属加工设备编号
process_time	整型	记录所需加工时间

9.3 多智能体制造系统动态调度问题

相关学者对离散车间动态调度的研究方向做出了预测，认为该类研究将分为三类同时进行，分别为预测反应式调度、前涉性调度和完全反应式调度。

（1）预测反应式调度是指在调度的生成阶段不考虑制造环节的不确定性，只在不确定因素发生时重新进行调度。这种调度模式是目前众多学者研究的重点。其目的是为了兼顾发展较为成熟的离线集中式调度理论和新兴的智能动态调度方法，使优秀的理论调度结果能够真正应用起来。在运行过程中，通过离线调度方法产生初始调度序列，该序列在理论上通常接近最优；在加工过程中，则应用动态调度方法来排除偏差，解决理论调度序列的不足，通过局部重调度、自组织调度、感知调度等方法对理论调度序列进行小范围修改或是局部重调度，维持理论序列的执行。

但预测反应式调度很难解决个性化定制的问题。个性化定制的订单具有随机性和间断性，订单到来时间不确定，此时工厂的运行状况难以提前预计，需要在线频繁重建调度模型，也就意味着建立在准确车间模型基础上的调度序列难以产生。

（2）前涉性调度基于对不确定因素的预测模型在生成的初始调度中预留一定的冗余，以吸收和消化调度执行中遭遇的不确定性，避免造成实际执行的调度相对初始调度的过度偏离。此种调度方法更多地应用于单机调度生产，与本书所研究的离散车间也不契合。

（3）完全反应式调度不生成具体调度序列，只依据资源负载、交货期等情况下放任务，在制品的生产完全依靠实时调度进行，制造过程具有强实时性。这种调度模式随着信息化水平的提高，以及对 MAMS、HMS 等理论体系研究的深入，已经具备了可行性，依靠智能体间的信息交互和智能体内的高效运算，动态处理突发事件，同时合理安排在制品加工序列。相对于预测反应式调度，完全反应式调度更加适合应对个性化定制任务。本节将围绕此理论设计相应实验。

9.3.1 问题描述

面向个性化定制的离散制造系统如图 9-21 所示，客户通过网络对产品进行定制，可定制产品的类型确定。为了能够直观地研究离散车间如何应对个性化订单带来的挑战，做出如下假设。

（1）离散车间层可从个性化订单直接获取个性化订单，而不必经过设计部门。

（2）每种产品的加工路线确定且唯一，客户可以定制加工特征的特征参数，如内径值、外径值、孔定位等，而不能定制加工特征。

（3）最终产品全部由机床加工得到，不涉及装配。

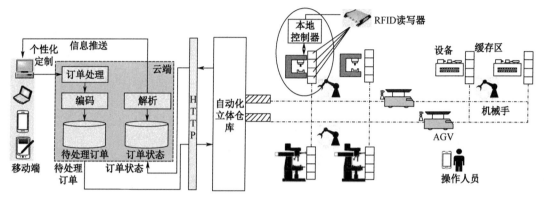

图 9-21　面向个性化定制的离散制造系统

系统中放置有自动化立体仓库，用于存放系统中的工件原料或成品，自动化立体仓库的出口与入口只提供一个工件的流通通道；加工设备一次加工只能容纳一个工件；加工设备拥有各自的缓存区，缓存区存放的工件数量一定；加工设备和自动化立体仓库、加工设备和加工设备之间铺设有两两相连的单向通行道路，构成全连通有向图；工件在加工设备之间的物料转移采用基于托盘运输单位的方式由轨道车或 AGV 完成，在每个加工设备节点上，托盘车运送的加工零件物料将从上一道加工工序的缓存区运送到当前工序的缓存区；加工完成后再从当前工序的缓存区送往下一道工序的缓存区，直至最后运送到成品库储存；缓存区与加工设备之间的搬运及装夹过程由机械手完成；机械手夹具更换可自动完成，加工设备刀具和夹具的更换需要操作人员完成。

9.3.2　实验算例设计

1. 机床参数设置

本实验设置了 6 台机床，其中包括 2 台车床、2 台铣床和 2 台雕刻机。具体工艺能力信息如表 9-7 所示。

表 9-7　机床工艺能力信息

机床	工艺类型	缓冲区容量	空转功率(P_w)/kW	加工功率(P_{iw})/kW
M1	车床	2	0.3	5.5
M2	车床	2	0.2	4.7
M3	铣床	2	0.2	5.0
M4	铣床	2	0.4	4.5
M5	雕刻机	2	0.1	3.4
M6	雕刻机	2	0.1	4.2

说明：设备空转功率、加工功率从车间历史数据库取得。

2. AGV 参数设置

系统设置了两台 AGV 构成物流系统，各 AGV 的运输参数如表 9-8 所示。

表 9-8　AGV 运输参数

AGV	速度(v_k)/m·s^{-1}	单次转弯补偿(W_T)/m	单次运输个数
AGV1	0.78	0.22	1
AGV2	0.63	0.31	1

说明：AGV 单次转弯补偿由 AGV 速度与 AGV 转弯时间的乘积得出。

3. 工件设置

本实验提供了如表 9-9 所示的三种工件，工件相关尺寸可以在云平台进行定制。

表 9-9　工件类型

编号	名称	简图	工艺路线
1	法兰		铣—车—车—雕刻
2	轴		车—车—铣

续表

编号	名称	简图	工艺路线
3	板		雕刻—铣

4．订单设置

实验时在云平台按表9-10的格式进行订单提交。

表9-10 订单提交表

订单号	工件号	工件类型	工艺路线	下单时刻	交货时刻
001	1	法兰	铣—车—车—雕刻	0	340
	2	法兰	铣—车—车—雕刻	0	340
	3	轴	车—车—铣	0	340
	4	板	雕刻—铣	0	340
002	5	轴	车—车—铣	30	400
	6	法兰	铣—车—车—雕刻	30	400
	7	板	雕刻—铣	30	400
	8	板	雕刻—铣	30	400
003	9	板	雕刻—铣	50	420
	10	板	雕刻—铣	50	420
	11	法兰	铣—车—车—雕刻	50	420
	12	板	雕刻—铣	50	420
	13	轴	车—车—铣	50	420

9.4 多智能体系统动态实时调度实验

针对表9-10所给出的订单数据，分别使用动态实时调度模型和传统模型进行对比实验。其中传统模型采用遗传算法来进行调度求解和重调度计算。

9.4.1 无扰动实验

无扰动情况下，基于动态实时调度模型的调度甘特图如图9-22所示；基于传统模型的调度甘特图如图 9-23 所示。由于传统模型属于离线式调度，在无扰动情况下能够求出调度问题的近似最优解。动态实时调度模型更加针对具有"小批量、分散且到达时间不确定"特点的订单场合，具有强实时性，能实现个性化订单的自组织生产。

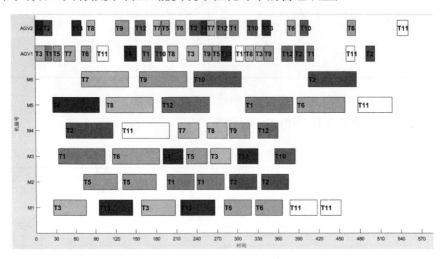

图 9-22　无扰动时基于动态实时调度模型的调度甘特图

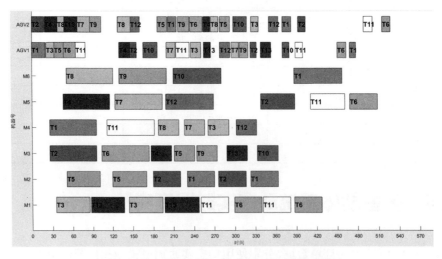

图 9-23　无扰动时基于传统模型的调度甘特图

9.4.2　紧急订单扰动实验

紧急订单扰动实验所用的订单数据集与表 9-10 一致，但将时刻 50 时下单的任务 T_{10} 设置为紧急订单，即此时 T_{10} 的任务优先级最高，在资源设备空闲时将优先执行任务 T_{10}。紧急订单扰动下基于动态实时调度模型的调度甘特图如图9-24所示，任务 T_{10} 的完工时刻为315，相比图9-22无扰动情况下任务 T_{10} 的完工时刻提前了90。紧急订单扰动下基于传统模型的调度甘特图如图9-25所示，相比图9-23无扰动情况下任务 T_{10} 的完工时刻仅提前了17。显然，动态实时调度模型在应对紧急订单扰动时的表现更优。

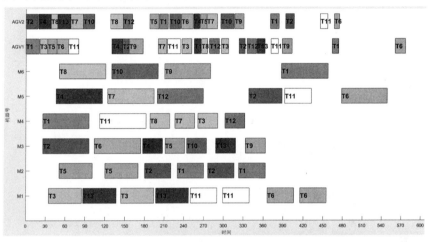

图 9-24　紧急订单时基于动态实时调度模型的调度甘特图

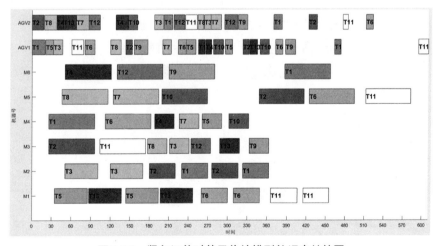

图 9-25　紧急订单时基于传统模型的调度甘特图

9.4.3　机床故障扰动实验

当机床发生故障时，按照动态实时扰动处理策略，可以将该故障设备从在线设备注册表中删除，并对受干扰任务进行处理。图 9-26 和图 9-27 分别是机床故障时基于动态实时调度模型和基于传统模型的调度甘特图。M3 在时刻 134 发生故障，此时机床正在加工任务 T_6，且缓冲区有任务 T_4 等待加工，A_C 感知到机床故障事件后将任务 T_4 转移到 M4 进行加工，将任务 T_6 重新放入 A_{MW} 进行任务分配，同时通知车间人员对故障机床进行修复。故障机床在时刻 272 恢复运行，A_C 感知到后重新将其加入在线设备注册表，继续参与任务投标和工件加工。

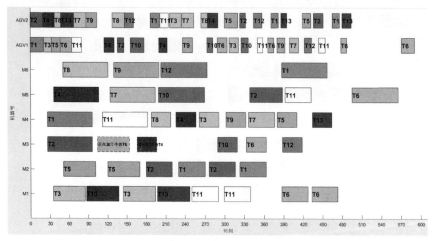

图 9-26　机床故障时基于动态实时调度模型的调度甘特图

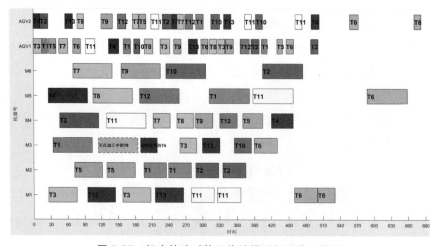

图 9-27　机床故障时基于传统模型的调度甘特图

9.4.4　订单优先级调整扰动实验

订单优先级调整扰动实验所用的订单数据集与表 9-10 一致。图 9-28 和图 9-29 分别是订单优先级调整时基于动态实时调度模型和基于传统模型的调度甘特图。在时刻 150 将任务 T_{11} 的优先级调至最高，A_C 随即广播该优先级调整事件，任务 T_{11} 随后的工序加工和物流运输都将优先执行。基于动态实时调度模型，任务 T_{11} 的完工时刻为 444，相比图 9-22 无扰动情况下任务 T_{11} 的完工时刻提前了 107；基于传统模型，任务 T_{11} 的完工时刻为 477，相比图 9-23 无扰动情况下任务 T_{11} 的完工时刻仅提前了 24。显然，动态实时调度模型在应对订单优先级调整扰动时的表现更优。

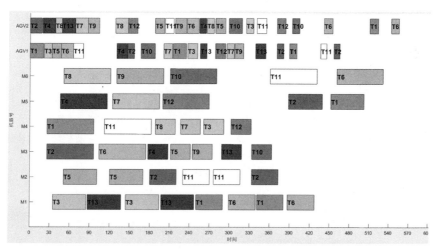

图 9-28　订单优先级调整时基于动态实时调度模型的调度甘特图

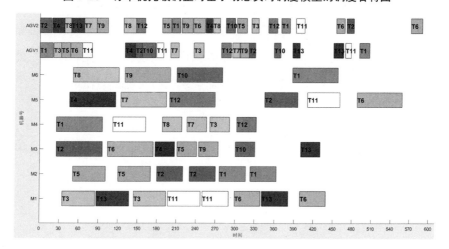

图 9-29　订单优先级调整时基于传统模型的调度甘特图

上述四组实验的完工时间和能耗对比如图 9-30 所示。综合上述分析可以发现：在无扰动情况下，由于传统模型有较好的全局最优解搜索能力，故其完工时间和能耗均略优于动态实时调度模型；在扰动事件发生时，由于传统模型在应对扰动时需要进行重调度计算，其收敛速度较慢，而动态实时调度模型无论从完工时间、能耗和扰动事件处理速度上均明显优于传统模型。

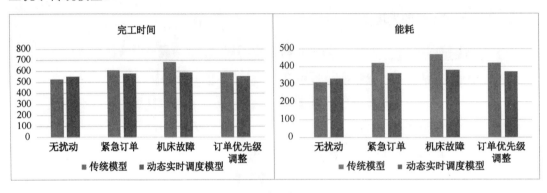

图 9-30　实验数据对比

9.5　本章小结

在多智能体制造系统实际运行过程中，大量的个性化订单对系统的正常运行造成了冲击。为了支持多智能体制造系统按需提供服务，如何实现个性化订单是促进多智能体制造系统落地应用的关键问题之一。本章从构建个性化订单系统出发，完善了多智能体制造系统的运行模式，并在多种动态调度实验下，验证了系统的先进性与稳定性。

反侵权盗版声明

电子工业出版社依法对本作品享有专有出版权。任何未经权利人书面许可，复制、销售或通过信息网络传播本作品的行为；歪曲、篡改、剽窃本作品的行为，均违反《中华人民共和国著作权法》，其行为人应承担相应的民事责任和行政责任，构成犯罪的，将被依法追究刑事责任。

为了维护市场秩序，保护权利人的合法权益，我社将依法查处和打击侵权盗版的单位和个人。欢迎社会各界人士积极举报侵权盗版行为，本社将奖励举报有功人员，并保证举报人的信息不被泄露。

举报电话：（010）88254396；（010）88258888

传　　真：（010）88254397

E-mail：　dbqq@phei.com.cn

通信地址：北京市万寿路 173 信箱

　　　　　电子工业出版社总编办公室

邮　　编：100036